工业和信息化"十三五"高职高专人才培养规划教材

安徽省高等学校省级规划教材

U0740727

计算机

网络技术

第2版

朱士明 主编

周杰 副主编

Computer Network Technology

人民邮电出版社

北京

图书在版编目（CIP）数据

计算机网络技术 / 朱士明主编. -- 2版. -- 北京：
人民邮电出版社，2019.8（2023.6重印）
工业和信息化"十三五"高职高专人才培养规划教材
ISBN 978-7-115-49630-0

Ⅰ. ①计… Ⅱ. ①朱… Ⅲ. ①计算机网络－高等职业
教育－教材 Ⅳ. ①TP393

中国版本图书馆CIP数据核字(2018)第229397号

内 容 提 要

本书主要介绍了计算机网络的知识和技术，共分 12 章，内容包括计算机网络概述、计算机网络
协议与结构体系、Windows 的常用网络命令、局域网组建技术、网络互联技术、传输层、网络操作
系统中常用服务器的配置与管理、网络安全、云计算技术、网络故障、网络技术应用、组网方案实
例。

本书的特点是强调应用性、针对性和技术性，知识覆盖范围广，图文并茂。

本书适合作为高职高专院校电子信息大类相关专业的教材，也可供爱好者自学。

- ◆ 主　编　朱士明
　　副主编　周　杰
　　责任编辑　范博涛
　　责任印制　马振武
- ◆ 人民邮电出版社出版发行　　北京市丰台区成寿寺路 11 号
　　邮编　100164　　电子邮件　315@ptpress.com.cn
　　网址　http://www.ptpress.com.cn
　　固安县铭成印刷有限公司印刷
- ◆ 开本：787×1092　1/16
　　印张：15.5　　　　　　　　　2019 年 8 月第 2 版
　　字数：386 千字　　　　　　　2023 年 6 月河北第 9 次印刷

定价：49.80 元

读者服务热线：(010)81055256　印装质量热线：(010)81055316
反盗版热线：(010)81055315
广告经营许可证：京东市监广登字20170147号

前　言　　FOREWORD

近年来随着互联网技术的迅速普及和应用，我国的通信和电子信息产业正以几何级数的增长方式发展，了解和掌握最新的网络通信技术也变得愈发重要。计算机网络是电子信息大类相关专业学生的必修课，也是一门重要的专业课。该课程在专业建设和课程体系中占据重要的地位。

为了适应市场需求的不断变化，适应社会职业技能的要求，笔者编写了本书，带领读者在学习中一步一步地走进神奇的计算机网络世界，了解计算机网络的基本结构、应用及发展，从而有能力使用、建设、管理和维护小型网络。

本书不仅系统介绍了计算机网络技术基础理论知识，还通过大量实训操作增加学习的趣味性、强化动手能力，使学习目的更加明确。笔者以能力培养为目标，精心设计课程框架和内容。每章先明确知识点和学习目标，接着展开各节内容，然后以案例实训进一步加深学生对关键知识的理解，从而逐步提高学生的实践技能。章末的小结、习题既便于教师指导学生把握重点，也利于学生自学和复习时巩固提高，书中实训案例均采用模拟软件 Cisco Packer Tracer（思科官方模拟器）。

本书被评为安徽省"十三五"规划教材，其特色如下。

● 本书具有很强的实用性、针对性、技术性。本书将计算机网络理论知识和实际应用结合起来，具有较强的可读性和可操作性。

● 本书新增了当前应用最广泛、人们最关心的网络新技术 FTTH、三网融合和物联网技术。

● 本书提供了大量的实验与网络仿真实训，突出培养实践动手能力和知识应用能力。

本书由朱士明任主编，周杰任副主编，余飞、郭鹏、孙涛、陈小永参编。具体编写情况如下：第 1、2 章由余飞编写，第 3、7 章由朱士明编写，第 4、11 章由周杰编写，第 5、8 章由郭鹏编写，第 10、12 章由陈小永编写，第 6、9 章由孙涛编写。全书由朱士明策划和统稿。

在本书的编写过程中，得到了许多朋友的关心和支持，在此表示感谢。

由于编者知识水平和经验有限，书中不妥之处在所难免，敬请各位读者和专家提出宝贵意见，以便进一步完善教材内容。为配合本书在教学中的使用，我们免费提供教学课件 PPT 和习题参考答案，读者可从人民邮电出版社教育社区（www.ryjiaoyu.com）下载。

编者
2019 年 5 月

目录 / CONTENTS

1
Chapter

第1章
计算机网络概述

学习目标
- 掌握计算机网络的基本概念
- 了解计算机网络的分类
- 理解计算机网络的软硬件组成

　　随着计算机技术的快速发展与普及，计算机网络正以前所未有的速度向世界上的每一个角落延伸。计算机网络应用领域极其广泛，包括现代工业、军事国防、企业管理、科教卫生、政府公务、安全防范、智能家电等。网络已经成为社会生活和家庭生活中不可或缺的一部分，如 Internet、局域网甚至手机通信的 GPRS，生活中到处体现着网络的力量。同时，网络传媒、电子商务等新生事物给更多企业带来了无限的商机。因此学习计算机网络基础知识对于掌握计算机网络操作技能、融入社会生活是非常重要的。

1.1　计算机网络的初步认识

　　计算机网络是众多计算机借助通信线路连接形成的结果。计算机通过连接的线路相互通信，从而使得位于不同地理位置的人利用计算机可以互相沟通。由于计算机是一种独立性很强的智能化机器系统，因此网络中的多个计算机可以相互协作共同完成某项工作。由此可见，计算机网络是计算机技术与通信技术紧密结合的产物。

　　除此以外，计算机网络还可用于共享资源。计算机硬盘和其他存储设备中存储了大量的文字或数据等软件资源，网络中也可接入许多功能性设备（如打印机、扫描仪等）等硬件资源，位于计算机网络中的任何计算机都可通过网络通信得到这些资源的使用权，并借助通信线路传输指令，获得软件资源，控制硬件资源，由此便达到了共享资源的目的。

1.1.1　计算机网络的定义

　　计算机网络是将位于不同地理位置并具有独立功能的多个计算机系统通过通信设备和线路系统连接起来，并配以完善的网络软件（网络协议、信息交换方式及网络操作系统等）来实现网络通信和软、硬件资源共享的计算机集合。简化的计算机网络如图 1.1 所示。

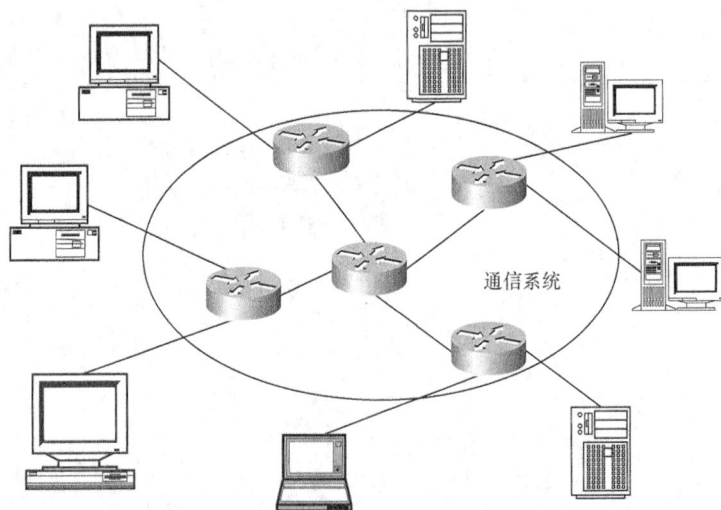

图1.1　简化的计算机网络

　　建立计算机网络的作用就是为了使得在不同地方的人能够利用计算机网络相互交流和协作，从而共同创造资源和共享资源。例如，一家公司在全国各地拥有诸多公司分部和办事机构，要想使这些部门保持持久联系，可以使用电话等传统的通信方式，这将耗费大量的时间和金钱。

如果把各个部门用计算机网络连接起来，那么他们可以利用本部门的计算机在网络上进行实时通信，并且可以共同协作，交流资源。例如公司要求对全国各地的客户进行产品使用的调查，公司总部可在第一时间将调查项目通过网络传输给各个办事机构，各个办事机构则可一起在网上讨论，将调查项目按照要求分工，从而进行协作，以及通过资源共享交流调查数据，最终完成调查工作并将调查数据汇总至公司总部。此公司计算机网络如图 1.2 所示。

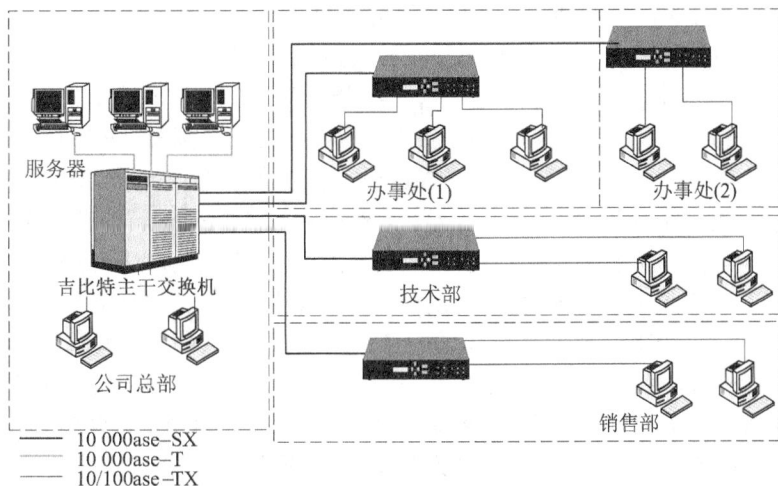

图 1.2　公司计算机网络

在计算机网络的定义中需要强调的是，计算机网络一定是计算机的集合。图 1.1 和图 1.2 所示，计算机网络除了通信设备和线路系统外，其末端都是一台独立的计算机。网络末端设备通常称为终端，而终端并不一定都是能够独立处理信息的智能化很强的计算机，如超市里最后为人们计算总价并开票的机器和购买体育彩票时所用的"电脑"都不能算作一台计算机。它们尽管被通信设备和线路系统连接，但本身并不独立，只能算作一个信息输入/输出系统，也称哑终端。这种哑终端的数据处理实际上是通过网络中的中央计算机进行的（见图 1.3）。哑终端把已经输入的信息传给中央计算机，中央计算机进行处理，然后把处理好的数据交给哑终端显示。由于中央计算机的性能很好，处理速度很快，所以感觉这些数据就像是哑终端自己处理一样。有的哑终端甚至只有显示器和键盘。因此，网络的终端是计算机的才能被称为计算机网络，而以哑终端构架的网络不属于计算机网络。

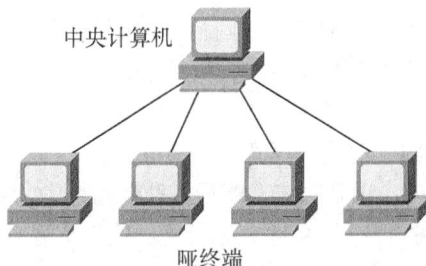

图 1.3　哑终端

1.1.2　计算机网络的发展

1．计算机网络在美国的发展

20 世纪 80 年代末以来，在网络领域最引人注目的就是起源于美国的因特网（Internet）的飞速发展。现在，因特网已影响到人们生活的各个方面。那么因特网是怎么产生的，又是怎么发展起来的？下面分别介绍 ARPANET、NSFNET 及因特网。

（1）ARPANET

在 20 世纪 60 年代中期，正是冷战的高峰，美国国防部希望有一个控制网络能在未来核战争的条件下幸免于难。传统的电路交换电话网络太脆弱，因为损失一条线路或开关，就会终止所有使用它们的会话，甚至部分网络。国防部把这个问题指派给其研究部门 ARPA（国防部高级研究计划署）。

ARPA 的成立是由于苏联于 1957 年发射了人造卫星，它的任务是研究可能用于军事的高技术。ARPA 没有科学家和实验室，它通过资助和合同方式，让技术比较先进的公司和大学来完成该项任务。在与多个专家进行一些讨论后，ARPA 认为国防部需要的网络应该是当时比较先进的分组交换网，由子网（接口处理机连接而成）和主机组成。建成的由子网和主机组成的阿帕网（ARPANET），由子网软件、主机协议与应用软件支持。在 ARPA 的支持下，ARPANET 得到了快速增长。随着对协议研究的不断深入，发现 ARPANET 协议不适合于在多个网络上运行，最后产生了 TCP/IP 模型和协议。TCP/IP 模型是为在互联网上通信而专门设计的。有了 TCP/IP，就可以把局域网很容易地连接到 ARPANET。到了 1983 年，ARPANET 运行稳定并且很成功，拥有了数百台接口处理机和主机。此时，ARPA 把管理权交给了美国国防部通信局。

在 20 世纪 80 年代，其他网络陆续连接到 ARPANET。随着规模的扩大，寻找主机的开销太大了，域名系统 DNS 被引入。到了 1990 年，ARPANET 被它自己派生的 MILNET 网络取代。

（2）NSFNET

20 世纪 70 年代末期，美国国家科学基金会（NSF）注意到 ARPANET 在大学科研上的巨大影响，为了能连上 ARPANET，各大学必须和国防部签合同。由于这一限制，NSF 决定开设一个虚拟网络 CSNET，以一台机器为中心，支持拨号入网，并且与 ARPANET 及其他网络相连。通过 CSNET，学术研究人员可以拨号发送电子邮件。它虽然简单，但很有用。

1984 年，NSF 设计了 ARPANET 的高速替代网，为所有的大学研究组织开放。主干网是由 56Kbit/s 租用线路连接组成子网，其技术与 ARPANET 相同，但软件不同，从一开始就使用 TCP/IP，使它成为第一个 TCP/IP 广域网。

NSF 还资助了一些地区网络，它们与主干网相连，允许数以千计的大学、研究实验室、图书馆、博物馆里的用户访问任何超级计算机，并且相互通信。这个完整的网络包括主干网和地区网，被称为 NSFNET，并与 ARPANET 连通。

NSFNET 的第二代主干网络的带宽被升级到 1.5Mbit/s。

随着网络的不断增长，NSF 意识到政府不能再资助该网络了。1990 年，一个非营利机构 ANS（高级网络和服务）取代了 NSFNET，并把 1.5Mbit/s 的带宽提升到了 45Mbit/s，从而形成了 ANSNET。此网 1995 年出售给了美国在线（America Online）。

（3）因特网

当 1983 年 1 月 1 日 TCP/IP 成为 ARPANET 上唯一的正式协议后，ARPANET 上连接的网络、终端和用户快速增长；NSFNET 和 ARPANET 互连后，更是以指数级增长。很多地区网络开始加入，并且开始与加拿大、欧洲和太平洋地区的网络连接。

到了 20 世纪 80 年代中期，人们开始把互连的网络集看成互联网，就是后来的因特网。在因特网上，如果一台计算机运行 TCP/IP，有一个 IP 地址，就可以向因特网上其他主机发送分组。许多个人计算机可以通过调制解调器呼叫因特网服务供应商（ISP），获取一个临时的 IP 地址，并且向其他因特网主机发送分组。

20 世纪 90 年代中期，因特网在学术界、政府和工业研究人员之间已非常流行。一个全新的应用——万维网（World Wide Web，WWW）改变了一切，让数以百万计的非学术界的新用户登上了互联网，这也是由于浏览器的出现和超级链接的作用结果。WWW 使得一个站点可以设置大量主页，以提供包括文本、图片、声音甚至影像的信息，每页之间都有链接。通过点击链接，用户就可以切换到该链接指向的页面。很快就有了大量的其他主页，包括地图、股市行情等。

Internet 的成功经验如下。

（1）长期不断的政府支持

美国政府支持 Internet 技术的研究长达 20 多年，终于获得了世界范围的巨大成功，使美国的计算机网络及其应用技术领先于世界上其他任何国家，同时也产生了十分巨大的经济利益回报。

（2）具有远见的政府决策

在 Internet 发展的许多关键时刻，政府的正确决策起了至关重要的作用，如 TCP/IP 的实验网研究、NSFNET 的建立、Internet 商业化。另外，在支持 Internet 的研究过程中，给各研究单位创造出公平竞争、鼓励发展的政策环境也是十分重要的。美国在基础通信方面，先期进行了公平竞争的改革，为 Internet 的迅速商业化奠定了良好的基础。

（3）技术先导的示范工程

通观 Internet 的发展历史，人们会发现不同时期的实验研究性示范网络都建立在大学和研究单位。这样做的原因，除了因为大学和研究单位有最强的研究实力外，还因为大学也是为社会培养网络及其应用人才的场所。

（4）开放公开的技术标准

Internet 的技术和标准从一开始就是开放的，也就是说是公开的，为人们了解、参与和开发这种技术奠定了较好的基础。

（5）充满活力的企业参与

从建设时通信公司的积极参与，到发展时 IT 企业的积极参与和支持，企业在 Internet 技术的发展过程中扮演了十分重要的角色。从 NSFNET、Internet 商业化时许多企业大量投资，到成为提供骨干网服务的网络服务提供商（NSP）或提供 Internet 接入服务的 Internet 服务提供商（ISP），反映出现代信息产业中高风险投资的重要趋势。

2．计算机网络在我国的发展

我国最早着手建设计算机广域网的是原铁道部。原铁道部在 1980 年即开始进行计算机连网实验，当时的几个节点是北京、济南、上海等铁路局及其所属的 11 个分局。节点交换机采用的是 PDP-11，而网络体系结构为 Digtal 公司的 DNA。原铁道部的计算机网络是专用计算机网络，其目的是建立一个在上述地区范围、为铁路指挥和调度服务的运输管理系统。

1987 年我国发出第一封电子邮件。

1988 年清华大学校园网采用从加拿大哥伦比亚大学（University of British Columbia，UBC）引进的采用 X400 协议的电子邮件软件包，通过 X.25 网与加拿大 UBC 大学相连，开通了电子邮件应用；中国科学院高能物理研究所采用 X.25 协议使该单位的 DECnet 成为西欧中心 DECnet 的延伸，实现了计算机国际远程连网，以及与欧洲和北美地区的电子邮件通信。

1989 年 2 月，我国第一个公用分组交换数据通信网 CHINAPAC（或简称 CNPAC）通过试运行和验收，达到了开通业务的条件。它由 3 个分组节点交换机、8 个集中器和 1 个双机组成的网络管理中心组成。这 3 个分组节点交换机分别设在北京、上海和广州，而 8 个集中器分别设在沈阳、天津、南京、西安、成都、武汉、深圳和北京的原邮电部数据所，网络管理中心设在北京电报局。此外，我国还开通了北京至巴黎和北京至纽约的两条国际电路。

在 20 世纪 80 年代后期，公安部和军队相继建立了各自的专用计算机广域网，这对迅速传递重要的数据信息起着重要的作用；还有一些部门也建立了专用的计算机网络。

除了上述的广域网外，从 20 世纪 80 年代起，国内的许多单位都陆续安装了大量的局域网。局域网的价格便宜，其所有权和使用权都属于本单位，因此非常便于开发、管理和维护。局域网的发展很快，它使更多的人能够了解计算机网络的特点，知道在计算机网络上可以做什么，以及如何才能更好地发挥计算机网络的作用。

1990 年我国注册登记了顶级域名 CN，并委托德国卡尔斯鲁厄大学运行 CN 域名服务器。

1994 年 3 月，我国获准加入互联网，并在同年 5 月完成全部连网工作。

我国网络的发展不能不提四大公用数据通信网，它们为我国 Internet 的后续发展创造了条件。它们是：

（1）中国公用分组交换数据通信网（CHINAPAC）。

（2）中国公用数字数据网（CHINADDN）。

（3）中国公用帧中继网（CHINAFRN）。

（4）中国公用计算机互联网（CHINANET）。

有关资料显示，1994 年以来，中国建立了以北京、上海、广州三个骨干直联点为主、交换中心为辅的骨干网间互联顶层架构。2013 年，新增成都、武汉、西安、沈阳、南京、重庆、郑州 7 个骨干直联点。2008 年至 2014 年，中国骨干网容量大幅提升，中国骨干网间互通带宽提升 8 倍。中继光缆长度增至近 100 万公里，单端口带宽能力从 kbit/s 提升至 Gbit/s 级别，骨干网带宽已超 100Tbit/s。截至 2017 年，中国国际出口带宽为 7 974 779Mbit/s。

我国陆续建造了基于因特网技术并可以和因特网互联的 10 个全国范围的公用计算机网络。它们是：

（1）中国公用计算机互联网（CHINANET）。

（2）中国科学技术网（CSTNET）。

（3）中国教育和科研计算机网（CERNET）。

（4）中国金桥信息网（CHINAGBN）。

（5）中国联通互联网（UNINET）。

（6）中国网通公用互联网（CNCNET）。

（7）中国移动互联网（CMNET）。

（8）中国国际经济贸易互联网（CIETNET）。

（9）中国长城互联网（CGWNET）。

（10）中国卫星集团互联网（CSNET）。

这些基于因特网的计算机网络技术发展得非常快，读者可以在有关网站上查找计算机网络的最新数据。

中国互联网络信息中心（CNNIC）于 2018 年第 42 次发布《中国互联网络发展状况统计报告》显示：中国网名规模达到 8.02 亿人，手机网民达 7.88 亿人，中国手机用户使用率前五的应用分别为：微信、QQ、淘宝、手机百度和支付宝。在一些细分领域，用户也出现了快速增长。比如，网络购物用户规模达到 5.69 亿，网上外卖用户规模达到 3.64 亿人，网络直播用户规模达到 4.25 亿人，网络支付用户规模达到 5.69 亿，使用比例达到 71.0%，其中，手机支付用户规模为 5.66 亿；网络预约出租车用户规模达 3.46 亿人，网络预约专车快车用户规模为 2.99 亿，共享单车用户规模达到 2.45 亿，占网民总体的 30.6%。

1.1.3　计算机网络的分类

计算机网络有很多种类，其划分标准也有不同。例如按照技术分类，计算机网络可分为以太网、令牌环网、X.25 网、ATM 网等。按照交换功能分类，可分为报文交换网络、分组交换网络、混合交换网络等。按照网络使用者分类，有专用网和公用网等。随着网络技术的高速发展，很多种类的网络已经被市场淘汰，现在用的网络都是以太网，数据交换方式为分组交换。因此对于网络种类的划分最常用的是按照其覆盖的地理范围。

按照地理覆盖范围，计算机网络可分为广域网、城域网、局域网和接入网。

1. 广域网

广域网（Wide Area Network，WAN）的作用范围通常是几十千米到几千千米以上，是覆盖范围最大的一种网络。它可以把不同省份、不同国家、不同地域的计算机或计算机网络连接起来，形成国际性的计算机网络。广域网也是因特网的核心，其任务是长距离运送主机所发送的数据。由于传送距离过长，广域网的通信设备和线路都有能够高速传输大量信息的特点。广域网一般由国家和大规模的通信公司利用卫星、海底光缆、公用网络等组建。

2. 城域网

城域网（Metropolitan Area Network，MAN）的覆盖范围仅次于广域网，作用范围是几十千米以内的大量的企业、学校、机关等。一般人们认为它可以横跨一座城市，也可以是属于一个城市的公用网。当然一个城市的多个教育机构或者多家企业也可以拥有自己的城域网。

3. 局域网

局域网（Local Area Network，LAN）的作用范围很有限，只有 1km 左右。一般只能作用于一个社区、一个企业、一个校园，甚至一栋大楼和一间房子。一个单位可拥有多个局域网。平时所说的校园网、企业网都属于局域网。局域网也是人们日常生活最常见、应用最广泛的计算机网络，本书第 4 章将详细讲述局域网技术。图 1.4 所示是最简单的局域网。

图1.4　最简单的局域网

4. 接入网

接入网（Access Network，AN）又称为本地接入网或居民接入网，它也是近年来由于用户对高速上网需求的增加而出现的一种网络技术。如电信和网通提供给用户接入因特网的 ADSL 接入技术，还有 FTTX（如 FTTH 光纤到家、FTTZ 光纤到社区、FTTC 光纤到路边）技术。如图 1.5

所示，接入网是个人计算机、局域网和城域网之间的接口，它提供的高速接入技术使用户接入到因特网的瓶颈得到某种程度的解决。本书第 11 章将会介绍 FTTH 技术。

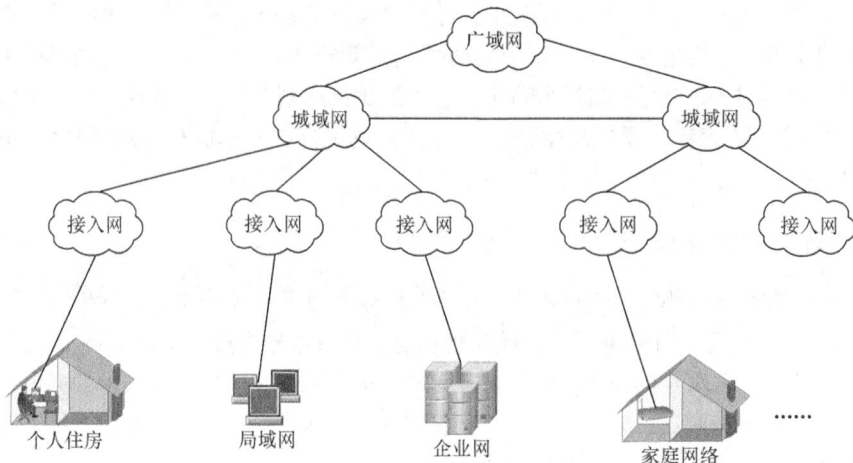

图1.5　接入网

如图 1.5 所示，任何一个计算机网络，都可以用一朵云来表示，这种表示方法是国际上通用的。

全球最大的网络是因特网，它被称为"网络的网络"，因为因特网本身就是由全球数不清的各种计算机网络通过通信设备互连而成，而且接入因特网的计算机网络的数量每天都在增加。其中混合了局域网、城域网、广域网、接入网等网络。各种网络的作用范围如表 1.1 所示。

表 1.1　各种网络的作用范围

计算机之间的距离	计算机所在地	网络分类
10m	机房	局域网
100m	建筑物内	局域网
1km	校园	局域网
10km	城市	城域网
100km	跨省、市、国家	广域网
1000km	全球范围	因特网

1.2　计算机网络的组成

和任何计算机系统是由软件和硬件组成一样，完整的计算机网络系统由网络硬件系统和网络软件系统组成。如定义所说，网络硬件系统由计算机、通信设备和线路系统组成。网络软件系统则主要由网络操作系统及包含在网络软件中的网络协议等部分组成。不同技术、不同覆盖范围的计算机网络所用的软、硬件配置都有不同，下面来详细介绍。

1.2.1　计算机网络的硬件组成

现在人们用的计算机网络都是以太网（Ethernet），其他类型的网络都已被市场淘汰。

1．网卡

网卡又称网络适配器（Network Interface Card，NIC）。它是计算机和网络线缆之间的物理接口，是一个独立的附加接口电路。任何计算机要想连入网络都必须确保在主板上接入网卡，因此网卡是计算机网络中最常见也是最重要的物理设备之一。网卡的作用是将计算机要发送的数据整理分解为数据包，转换成串行的光信号或电信号送至网线上传输；同样也把网线上传过来的信号整理转换成并行的数字信号，提供给计算机。因此网卡的功能可概括为：并行数据和串行信号之间的转换、数据包的拆装、网络访问控制和数据缓存等。现在流行无线上网，因此需要无线网卡。图 1.6 所示为一个网卡。

图1.6　网卡

2．网线

计算机网络中计算机之间的线路系统由网线组成。网线有很多种类，通常用的有双绞线（见图 1.7）和光纤（见图 1.8）两种。其中双绞线一般用于局域网或计算机间少于 100m 的连接。光纤一般用于传输速率快、传输信息量大的计算机网络（如城域网、广域网等）。光纤的传输质量好、速度快，但造价和维护费用昂贵；相反，双绞线简单易用，造价低廉，但只适合近距离通信。计算机的网卡上有专门的接口供网线接入。网线与网线制作的详细内容参见本书第 4 章。

图1.7　双绞线

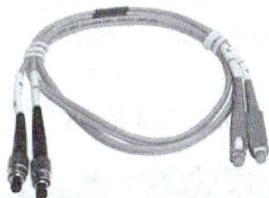

图1.8　光纤

3．集线器

集线器（Hub）如图 1.9 所示。它的主要功能是对接收到的信号进行再生放大，以扩大网络的传输距离，同时把所有节点集中在以它为中心的节点上。集线器工作在网络最底层，不具备任何智能，它只是简单地把信号放大，然后转发给所有接口。集线器一般只用于局域网，需要接电源，可以把若干个计算机用双绞线连接起来组成一个简单的网络。

4．调制解调器

调制解调器（Modem）是计算机与电话线之间进行信号转换的装置，它可以完成计算机的数字信号与电话线的模拟信号的互相转换。使用调制解调器可以让计算机接入电话线，并利用电话线接入因特网。由于电话的使用远远早于因特网，所以电话线路系统早已渗入千家万户，并且非常完善和成熟。如果利用现有的电话线上网，可以省去搭建因特网线路系统的费用，也可节省大量的资源。因此现在大多数人在家都利用调制解调器接入电话线上网，如 ADSL 接入技术等。调制解调器（见图 1.10）简单易用，有内置和外置两种。

图1.9　集线器

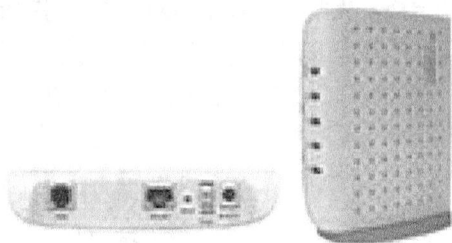

图1.10　ADSL调制解调器

5．交换机

交换机（Switch）又称网桥。交换机和集线器在外形上很相似，且都应用于局域网，但交换机是一个具有学习能力的智能设备。交换机接入网络后可以在短时间内学习并掌握此网络的结构及与它连接计算机的信息，可以对接到的数据进行过滤，而后将数据包送至与主机相连的接口。因此交换机比集线器传输速度更快，内部结构也更加复杂。一般人们可用交换机组建局域网或者用它把两个网络连接起来。市场上最简单的交换机造价 100 元左右，而用于一个机构的局域网的交换机则需要上千甚至上万元。交换机（见图 1.11）的详细介绍参见第 4 章。

6．路由器

路由器（Router）是一种连接多个网络或网段的网络设备，它能将不同网络或网段之间的数据信息进行"翻译"，以使它们能够相互"读"懂对方的数据，从而构成一个更大的网络。因此路由器多用于互联局域网与广域网。路由器比交换机更复杂，功能更强大，它可以提供包括分组过滤、分组转发、优先级、复用、加密、压缩和防火墙功能，并且可以进行性能管理、容错管理和流量控制。路由器的造价远远高于交换机，一般用于把社区网、企业网、校园网或者城域网接入因特网。市场上也有造价几百元的路由器，不过那只是功能不完全的简单路由，只可用于把几台计算机连入网络。路由器（见图 1.12）的介绍详见本书第 5 章。

图1.11　交换机

图1.12　路由器

7. 服务器

通常在计算机网络中都有部分用于或专门用于服务其他主机的计算机，该计算机叫作服务器。其实并不能说服务器是一台计算机，准确地说它是一个计算机中用于服务的进程。因为一个计算机里可以同时运行多个服务进程和客户端进程，它在服务其他主机的同时也可以接受服务，所以很多时候对服务器是很难界定的。当然，大多数的时候人们一定会在计算机网络当中选择几台硬件性能不错的计算机专门用于网络服务，这就是人们通常意义上所说的服务器。但不管怎样，服务器是计算机网络当中一个重要的成员。例如，上网浏览的网页就来源于 WWW 服务器。除此之外，还有动态分址的 DHCP 服务器、共享文件资源的 FTP 服务器及提供发送邮件服务的 E-mail 服务器等。服务器的内容详见第 7 章。

8. 计算机网络终端

按照定义，计算机网络的终端一定是一台独立的计算机。其实随着硬件技术的飞速发展，除了 1.1.1 节所提到的哑终端外，已经有很多终端不是计算机，如手机。智能手机不仅可以听音乐、发短信，而且都有操作系统，可以阅读文档、拍照、录像、上网、大容量存储。新型的 4G 手机还可以视频对话，在线观看电影，语音输入。因此，未来"终端"和"独立的计算机"会逐渐失去严格的界限，会有许多的智能设备出现在未来的计算机网络中。

以上设备组成的计算机网络如图 1.13 所示。

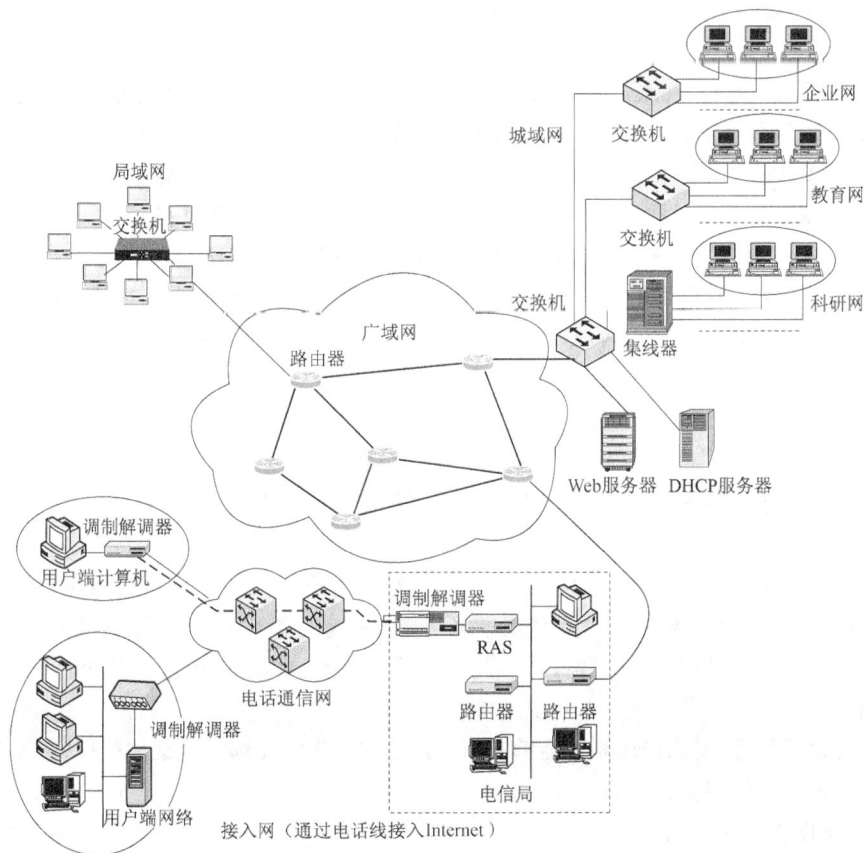

图1.13　计算机网络

1.2.2　计算机网络的软件组成

计算机网络除了硬件外，还必须有软件的支持才能发挥作用。如果网络硬件系统是计算机网络的躯体，那么网络软件系统则是计算机网络的灵魂。计算机网络软件系统就是来驾驭和管理计算机网络硬件资源，使得用户能够有效利用计算机网络的软件集合。在计算机网络软件系统中，网络协议是网络软件系统中最重要、最底层的内容，有了网络协议的支持才有了网络操作系统和其他网络应用软件。

1. 网络协议

协议是通信双方为了实现通信而设计的约定或对话规则。网络协议则是网络中的计算机为了相互通信和交流而约定的规则。这就好比人类在交流沟通的时候约定"点头"表示同意，"摇头"表示不同意，"微笑"表示快乐，"皱眉"表示伤心等。计算机和人类一样，相互传输读取信息的时候也需要约定。例如在大多数时候它们约定相互传输数据前必须由一方向另外一方发出请求，在双方都收到对方"同意"的信息时才可开始传送和接收数据。这样的约定或者规则就是计算机网络协议。当然计算机网络的协议比大家想象的要复杂得多。现在最流行的因特网协议是 TCP/IP，上网用得最多的协议是 HTTP、FTP 等。网络协议是计算机网络软件系统的基础，网络没有了协议就好像比赛失去了规则一样，会失去控制。一台计算机只有在遵守网络协议的前提下，才能在网络上与其他计算机进行正常的通信。

2. 网络操作系统

网络操作系统（Network Operating System，NOS）是计算机网络的心脏。它是负责管理整个网络资源，提供网络通信，并给予用户友好的操作界面，为网络用户提供服务的操作系统。简单地说，网络操作系统就是用来驾驭和管理计算机网络的平台，就像单机操作系统是用来管理和掌控单个计算机的一样。只要在网络中的一台计算机上装入网络操作系统，就可以通过这个平台管理和控制整个网络资源。一般的网络操作系统是在计算机单机操作系统的基础上建立起来的，只不过是加入了强大的网络功能。例如，Windows 操作系统家族里既有单机版的操作系统 Windows 7，也有网络操作系统 Windows 2008 Server、Windows 2012 Server 等。

（1）网络操作系统特点

网络操作系统作为网络用户和计算机之间的接口，通常具有复杂性、并行性、高效性和安全性等特点。一般要求网络操作系统具有如下功能。

① 支持多任务：要求操作系统在同一时间能够处理多个应用程序，每个应用程序在不同的内存空间运行。

② 支持大内存：要求操作系统支持较大的物理内存，以便应用程序能够更好地运行。

③ 支持对称多处理：要求操作系统支持多个 CPU 减少事务处理时间，提高操作系统性能。

④ 支持网络负载平衡：要求操作系统能够与其他计算机构成一个虚拟系统，满足多用户访问时的需要。

⑤ 支持远程管理：要求操作系统能够支持用户通过 Internet 远程管理和维护，例如 Windows Server 2008 操作系统支持的终端服务。

（2）网络操作系统结构

局域网的组建模式通常有对等网络和客户机/服务器网络两种。客户机/服务器网络是目前组网的标准模型。客户机/服务器网络操作系统由客户机操作系统和服务器操作系统两部分组成。

Linux 是典型的客户机/服务器的网络操作系统。

客户机操作系统的功能是让用户能够使用本地资源和处理本地的命令和应用程序，另一方面实现客户机与服务器的通信。

服务器操作系统的主要功能是管理服务器和网络中的各种资源，实现服务器与客户机的通信，提供网络服务和提供网络安全管理。

（3）常见网络操作系统

① Windows 操作系统。Windows 系列操作系统是微软开发一种界面友好、操作简便的操作系统。Windows 操作系统其客户端操作系统有 Windows 7、Windows 8 和 Windows 10 等。Windows 操作系统其服务器端产品包括 Windows NT Server、Windows Server 2008 R2 和 Windows Server 2012 R2 和 Windows Server 2016 等。Windows 操作系统支持即插即用、多任务、对称多处理和群集等一系列功能。

② UNIX 操作系统。UNIX 操作系统是在麻省理工学院开发的一种时分操作系统的基础上发展起来的网络操作系统。UNIX 操作系统是目前功能最强、安全性和稳定性最高的网络操作系统，它通常与硬件服务器产品一起捆绑销售。UNIX 是一个多用户、多任务的实时操作系统。

③ Linux 操作系统。Linux 是芬兰赫尔辛基大学的学生 Linux Torvalds 开发的具有 UNIX 操作系统特征的新一代网络操作系统。Linux 操作系统的最大特征在于其源代码是向用户完全公开，任何一个用户可根据自己的需要修改 Linux 操作系统的内核，所以 Linux 操作系统的发展速度非常迅猛。Linux 操作系统具有如下特点。

a. 可完全免费获得，不需要支付任何费用。

b. 可在任何基于 X86 的平台和 RISC 体系结构的计算机系统上运行。

c. 可实现 UNIX 操作系统的所有功能。

d. 具有强大的网络功能。

e. 完全开放源代码。

3. 其他网络软件

对于计算机网络软件系统来说，网络操作系统只是一个使用平台。要想真正地驾驭网络硬件、利用网络资源，还必须在网络操作系统这个平台里装入网络应用软件。这就好比单个计算机装入 Windows 7 后，还是不能制作表格、观看动画等，必须要装入 Office、Flash 等应用软件才可以真正地利用计算机来做人们想要做的事情。

网络应用软件种类繁多、五花八门。它们运行在网络操作系统这个平台上，并且都能够借助网络操作系统来使用某些网络硬件资源，完成不同的网络任务。每天开发出来的新网络软件成千上万，经常用的网络软件如下。

（1）聊天类软件

聊天类软件主要有腾讯 QQ、微信等。现在这些聊天软件的功能发展得非常强大。在网上可以利用它们和别人进行文字聊天、语音聊天、视频聊天、文件传输，甚至可以举行视频会议。特别是人们经常使用的腾讯 QQ 还提供博客（QQ 空间）、通讯录、网络硬盘、多人在线通信（QQ 群）、天气预报、新闻资讯、游戏等功能。

（2）Web 浏览器

浏览器包括 Internet Explorer、360、Firefox、Traveler（腾讯 TT）等。Web 浏览器是用来浏览网页的工具。浏览网页几乎占领了上网的大部分时间，因为因特网资源的呈现载体以网页为主。网页上可以承载资源的种类很多，有图片、文字、音频、视频、动画等。由于 Web 浏览器上集成了相关的网络协议与网络软件，因此通过浏览器就可以直接浏览图像，观看视频，上传信息，甚至在线聊天等。当然网页中应用最多的还是"超级链接"。通过"超级链接"，可以进入下一个网页，继续浏览网络资源。

（3）杀毒软件

杀毒软件目前使用最多的是 360 杀毒。网络杀毒软件一般拥有防毒、查毒、杀毒等功能。所有的计算机只要连上网络就必须要装入杀毒软件，以防止被网络病毒感染。所有的杀毒软件都需要定期更新病毒库，以保持对病毒的最新认知。防火墙和杀毒软件构筑了计算机的防毒壁垒。

（4）网络播放器

网络播放器主要有暴风影音、搜狗音乐等。网络播放器用于对网络音频和视频资源的播放。通过它可以在线看电影、在线听歌、在线欣赏动画等。由于很多网络软件都集成了网络播放器，使得网络播放器已经渗入到上网的每一个角落。

（5）网络下载工具

网络下载工具主要有迅雷（Thunder）、BitComet（BT）、酷狗（KuGoo）、Internet Download Manager（IDM）等。现在的网络下载工具都是 P2P 软件，支持点对点传输。这就使得下载网络资源不再单纯依靠专门的下载服务器，可以利用这些软件与网络上所有拥有这些资源的计算机进行连接，并进行点到点的传输。这样做极大地利用了现有的资源，也可以比以前更加方便和快速地下载到用户想要的网络资源。

1.3 计算机网络案例

计算机网络按照覆盖范围分为局域网、城域网、广域网和接入网。4 种计算机网络分别用于不同的地方，发挥着不同的作用。在日常生活中见得最多的就是局域网。

1.3.1 局域网案例

人类的活动范围是有限的，这些范围包括房间、大楼、社区、校园、企业等。这些空间多则几千米，少则几百米，在有限的空间内搭建的计算机网络都属于局域网，校园网、家庭网络、社区网络、企业网络都是局域网。因此，人们每天都在和局域网打交道。而可以凭借个人力量搭建的计算机网络，大多数也都是局域网。

1. 家庭网络

家庭网络是由每个房间里的计算机组成的网络。如图 1.14 所示，书房里由一台家用无线路由器将因特网接入，使得客厅里的笔记本电脑能够利用无线网卡与路由器相连，并上网。书房里的计算机（PC1）连接在无线路由上，主卧室与客房的计算机（PC2、PC3）则通过连接墙内的双绞线连接到路由器。这 4 台计算机看似毫无关系，实则运行在同一个局域网内，简化图如图 1.15 所示。

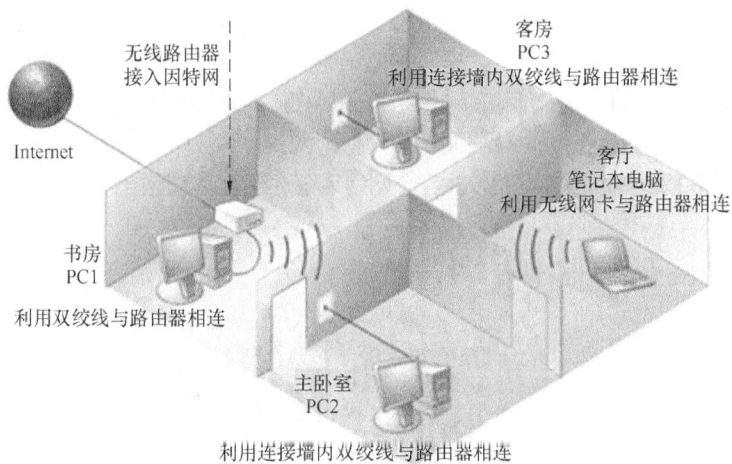

客房
PC3
利用连接墙内双绞线与路由器相连

无线路由器
接入因特网

客厅
笔记本电脑
利用无线网卡与路由器相连

Internet

书房
PC1

利用双绞线与路由器相连

主卧室
PC2

利用连接墙内双绞线与路由器相连

图1.14　家庭网络

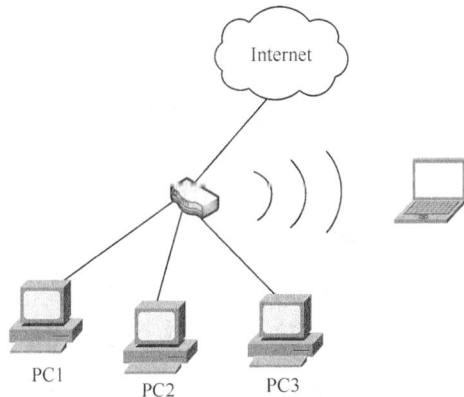

Internet

PC1

PC2

PC3

图1.15　家庭网络简化图

2. 公司网络

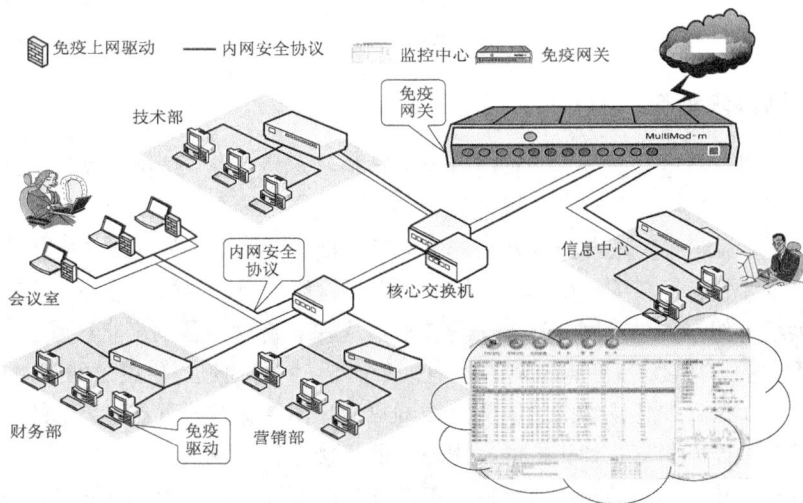

免疫上网驱动　——内网安全协议　监控中心　免疫网关

技术部

免疫
网关

MultiMod·m

会议室

内网安全
协议

核心交换机

信息中心

财务部

免疫
驱动

营销部

图1.16　公司网络

公司网络也属于局域网，因为公司的财务部、营销部、技术部等部门以及会议室等往往都在同一个楼层里，相隔距离满足局域网的作用范围。图 1.16 展示了一个公司完善的内部网络。通过一个路由器（免疫网关）接入因特网，所有部门的计算机都通过相应的设备与该路由器连接，所有与因特网的通信都要经过该路由器。因此这个路由器是一个典型的网关，可在网关上加上数据过滤、安全防范等模块。信息中心的作用就是利用该网关，对整个网络系统进行管理和监控。

3. 校园网

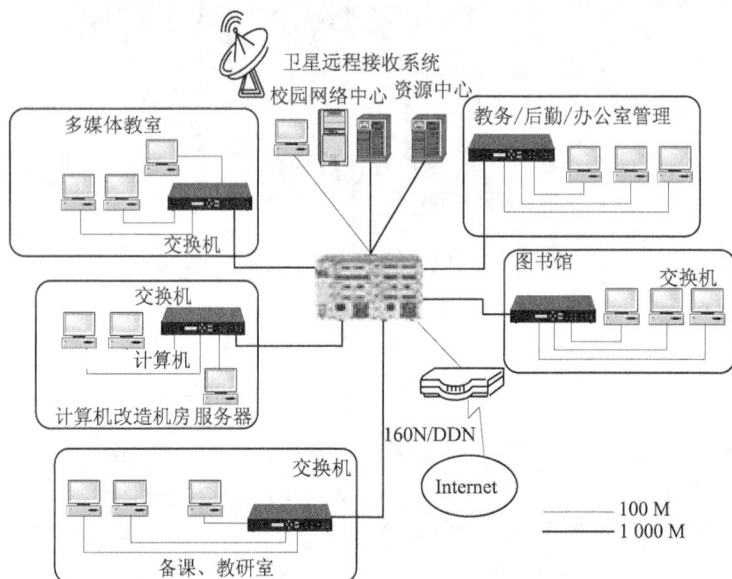

图1.17　校园网

校园网是一种较为复杂的局域网，如图 1.17 所示。其复杂性体现在：多媒体教室、机房、备课、教研室、图书馆等，每一个模块都是一个独立的局域网，并且这些局域网配有自己的服务器，结构和功能完全不同。将这些局域网连接在一起实现互联互通，这就需要百兆或千兆的交换机和路由器的支持，因此图 1.17 中大部分链路都是百兆或千兆的。无论校园网有多少先进的设备，采用了多少先进的技术，该网络都集中在教学楼当中，完全符合局域网的作用范围。

1.3.2　城域网案例

城域网是一种建构的覆盖全城或横跨几个城市的计算机网络。这种计算机网络属于市政公用建设范畴，是公用网，一般被称为城市信息公用网或宽带综合信息网。

图 1.18 所示展示了某城市的城域网。该网络连接了该城市所有的市政机构、企业单位、新城老城、医院学校，形成了一个覆盖全城的计算机网络。城域网的核心部分主要是大功率的路由器、交换机等组成的骨干网，该骨干网传输速率快、传输容量大，非常适合长距离传输，满足接入骨干网的速率要求。在骨干网的外围，某个局域网可通过提供给它的路由接入骨干网，变成城域网的一部分。如贸易集团的内部局域网可通过图中标注"贸易集团"的路由器接入城域网，大学城的校园网也可找到相应的专用路由器来接入该城域网。

邮政网是一个典型的跨城市的城域网，如图 1.19 所示。每一个城市都有自己的邮政系统，该邮政系统主要用于邮寄、储蓄、电汇、托运等业务，这就需要一个完整的计算机通信网络的支持。每一个城市的邮政网络是独立的，但各城市间的邮寄、电汇等业务注定了各城市的邮政网必须互联互通，因此邮政网是一个横跨多个城市，连接多个邮政营业点，拥有综合数据处理能力的城域网。

1. 某城市的信息公用网

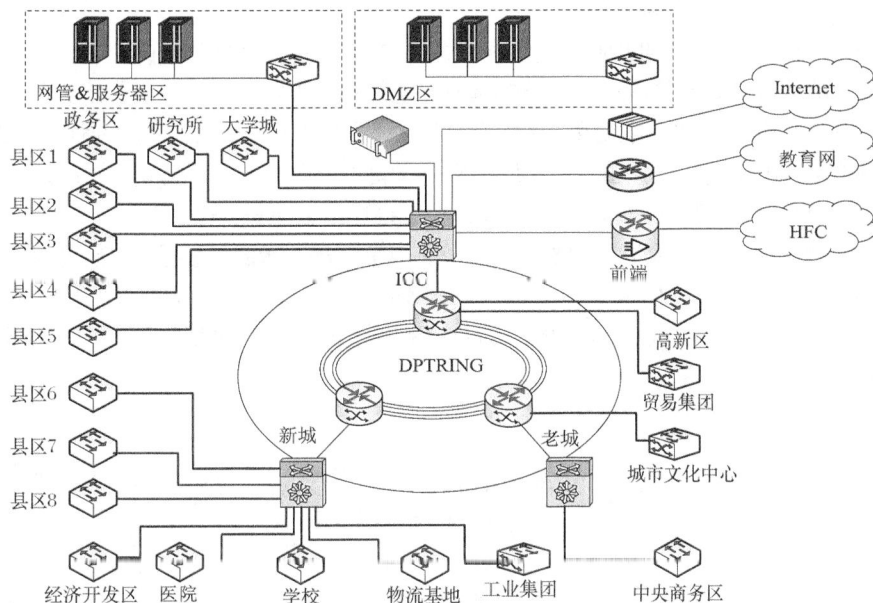

图1.18　某城市的信息公用网

2. 邮政网

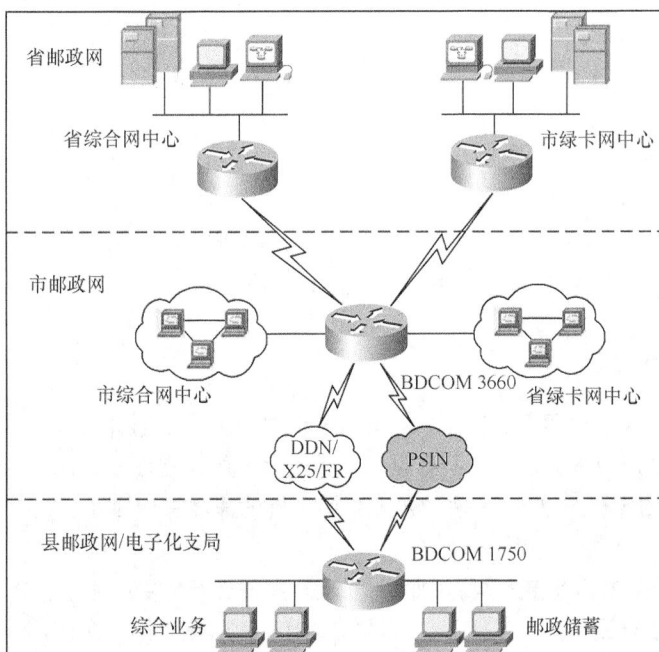

图1.19　邮政网

1.3.3　广域网案例

广域网是一种由国家或大型的电信公司出资建设，覆盖全国的计算机网络。国家负责建设的是广域网的主干网，主干网将各个省级市级的城域网连接起来，形成一个覆盖全国的广域网。下面介绍华东（北）地区主干网。

图1.20所示的为中国教育和科研计算机网络（CERNET）。这是一个由国家投资建设、教育部负责管理、清华大学等高等教育机构承担建设与运行的全国学术性计算机网络。CERNET的网络中心设在清华大学校园内，主要用于CERNET主干网的管理。地区网络中心和地区主节点设在36个城市的38所大学，分布于全国所有省、直辖市、自治区，负责地区网络运行管理和规划建设，图1.20中的主干网外围的路由节点连接的是该地区的一所著名大学。

CERNET主干网都是由高速链路组成，距离可以是几千千米的光缆线路，也可以是几万千米的点对点卫星链路。截至2014年，CERNET主干网总带宽已达3000Gbit/s，联网主机120万台，用户超过2000万人，并且有28条国际和地区性信道，与美国、加拿大、英国、德国、日本和香港特区联网，是一个名副其实的广域网。

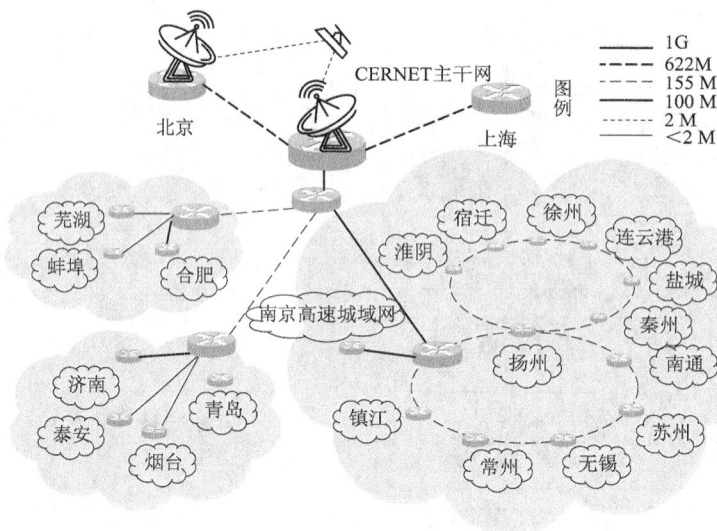

图1.20　华东（北）地区CERNET主干网示意图

1.3.4　接入网案例

接入网是近年来为满足用户高速上网需求而产生的一种网络技术。接入网是指骨干网络（或主干网或城域网）到用户终端之间的所有设备。其长度一般为几百米到几千米，因而被形象地称为"最后一公里"。由于骨干网一般采用光纤结构，传输速度快，因此，接入网便成为整个网络系统的瓶颈。

图1.21所示的是电话线接入网。由百兆乃至千兆的因特网由路由器接入，经过防火墙、拨号接入服务器等功能性设备的检查和过滤，通过本地电话网提供给用户使用。电话网线路是在计算机网络出现以前政府投入巨资建设的用于电话通信的通信网络，传输模拟信号，计算机将其数

字信号转换成模拟信号就可在电话线上传输。

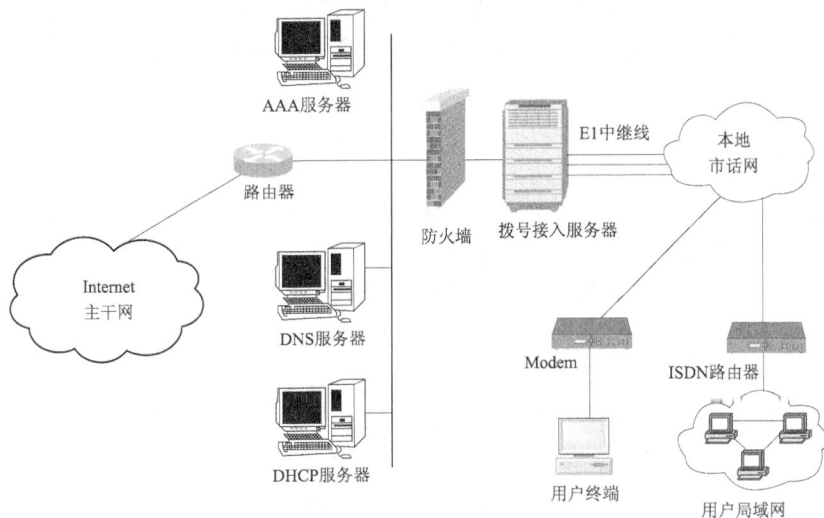

图1.21 接入网

利用成熟和完善的电话线路可大大减少计算机网络的布线费用，但数字信号与模拟信号的转换，以及模拟信号的传输等技术严重影响了传输的速率和容量，产生传输瓶颈。一般运行商提供给用户的带宽有 10Mbit/s、20Mbit/s、50Mbit/s 等，这与百兆或千兆的因特网带宽形成鲜明对比。接入网的接入方式有电话线接入（如 ADSL 技术）、光纤接入（如 FTTH 光纤到家）、光纤同轴电缆（有线电视电缆）混合接入（如 HFC 技术）、无线接入和以太网接入等几种方式。

1.4 网络标准化组织

标准化不仅使不同的计算机可以通信，而且可以使符合标准的产品扩大市场，这将促使大规模生产、制造业的规模经济以及降低成本，从而推动计算机网络的发展。

标准可分为两大类：既成事实的标准和合法的标准，既成事实的标准是那些没有正式计划，仅仅是出现了的标准，如 TCP/IP、UNIX 操作系统。合法的标准是由一些权威标准化实体采纳的正式的、合法的标准。国际权威通常分为两类：根据国家政府间的协议而建立的和自愿的非协议组织。在计算机网络标准领域有以下几个不同类型的组织。

1.4.1 电信界最有影响的组织

1. 国际电信联盟

国际电信联盟（International Telecommunication Union，ITU）的工作是标准化国际电信，早期的时候是电报。当电话开始提供国际服务时，ITU 又接管了电话标准化的工作。

ITU 有 3 个主要部门。

（1）无线通信部门（ITU-R）。

（2）电信标准化部门（ITU-T）。

（3）开发部门（ITU-D）。

ITU-T 的任务是制定电话、电报和数据通信接口的技术建议。它们的建议都逐渐成为国际承认的标准，如 V 系列建议和 X 建议。V 系列建议针对电话通信，这些建议定义了调制解调器如何产生和解释模拟信号；X 系列建议针对网络接口和公用网络，如 X.25 建议定义了分组交换网络的接口标准；X.400 建议针对电子邮件系统。

1953—1993 年，ITU-T 曾被称为 CCITT（国际电报电话咨询委员会）。

2. 电子工业协会

电子工业协会（Electronic Industries Association，EIA）的成员包括电子公司和电信设备制造商。EIA 主要定义设备间的电气连接和数据的物理传输。如 RS-232（或称 EIA-232）标准，它已成为大多数 PC 与调制解调器或打印机等设备通信的规范。

1.4.2　国际标准界最有影响的组织

国际标准是由国际标准化组织（International Standards Organization，ISO）制定的，它是在 1946 年成立的一个自愿的、非条约的组织。ISO 为大量科目制定标准，从螺钉、螺帽到计算机网络的七层模型。美国在 ISO 中的代表是 ANSI（美国国家标准学会）。

ISO 采纳标准的程序基本上是相同的。最开始是某个国家标准化组织觉得在某领域需要有一个国际标准。随后就成立一个工作组，以提出委员会草案（Committee Draft，CD），此委员会草案在所有的成员实体上多数赞同后，就制定一个修订的文档，称为国际标准草案（Draft Internation Standard，DIS）。此文本最后获得核准和出版。

电气电子工程师学会（Institute of Electrical and Electronics Engineer's，IEEE）是世界上最大的专业组织。除了每年出版大量的杂志和召开很多次会议外，在电子工程师和计算机领域内，IEEE 有一个标准化组，制定各种标准。例如 IEEE 802，就是关于局域网的标准。

因特网有以下自己的标准化机构。

（1）因特网活动委员会（Internet Activities Board，IAB）。

（2）因特网体系结构委员会（Internet Architecture Board）。

（3）请求评注（Request For Comments，RFC）。

本章小结

本章主要介绍了计算机网络的概念、分类、发展和组成，对整个计算机网络进行了整体描述，让读者对计算机网络有一个整体的轮廓和印象。

本章的难点是计算机网络的定义，重点是计算机网络的分类和组成；要求读者在学完本章后，能够理解计算机网络的概念，了解计算机网络的组成，分析认识计算机网络的结构图，并判断该计算机网络属于局域网、城域网、广域网还是接入网。

实训　网络基础

1. 实验目的

（1）学会熟练查看计算机与网络相关的基本配置信息。

（2）学会在局域网内共享资源。

（3）了解局域网内的通信形式。

2．实验环境

单机（Windows Server 2008）和星状局域网。

3．实验内容

（1）查看记录网络相关信息

① 右击"计算机"→"属性"→"计算机标识"。记录：计算机名称＿＿＿＿、工作组＿＿＿＿。

② 右击"网上邻居"→"属性"，右击"本地连接"→"属性"。记录：网卡型号＿＿＿＿＿，已装协议＿＿＿＿、＿＿＿＿、＿＿＿＿，IP 地址＿＿＿＿＿＿，子网掩码＿＿＿＿＿，网关＿＿＿＿＿＿，DNS＿＿＿＿＿＿＿。

（2）共享资源

① 右击"计算机"图标，在弹出的快捷菜单中单击"管理"命令，弹出"计算机管理"窗口，在该窗口左侧双击"系统工具"选项，在"系统工具"下双击"本地用户和组"选项，选择"用户"选项，然后双击 Guest 账户，并启用。

② 右击"计算机"图标，在弹出的快捷菜单中单击"管理"命令，弹出"计算机管理"窗口，在该窗口左侧双击"系统工具"选项，在"系统工具"下双击"共享文件夹"选项，选择"共享"，查看已共享情况。

③ 右击"计算机"图标，在弹出的快捷菜单中单击"资源管理器"命令，弹出"我的电脑"窗口，在该窗口中右击某一磁盘（或文件夹），在弹出的快捷菜单中选择"共享和安全"选项，设置其详细的共享属性参数（属性参数具体有＿＿＿＿＿、＿＿＿＿＿等）。

④ 共享打印机（选作）。添加本地打印机，并设为共享。再把同学共享出来的打印机添加为网络打印机。

单击"开始"→"设置"→"打印机和传真"命令，然后再双击"添加打印机"图标。

⑤ 验证共享。自我验证及同学间的验证。右击"计算机"图标，在弹出的快捷菜单中单击"资源管理器"命令，在地址栏内输入"\\计算机标识"，按 Enter 键。

情况实录（我是这样做的：＿＿＿＿＿＿＿＿＿＿＿＿）。

（3）在线通信

① 命令行方式（net 命令的用法）。单击"开始"→"运行"命令，弹出"运行"对话框，在该对话框的"打开"文本框内输入"cmd"，按 Enter 键。

输入"net /?"查看命令的用法。

发送短消息 net send *（或某计算机标识）所发消息的文字内容。

② 图形窗口方式（netmeeting 的用法）。单击"开始"→"运行"命令，弹出"运行"对话框，在该对话框的文本框内输入"conf"，按 Enter 键。或单击"开始"→"程序"→"附件"→"通信"→netmeeting 命令。

具体的功能有：＿＿＿＿＿、＿＿＿＿＿、＿＿＿＿＿、＿＿＿＿＿、＿＿＿＿＿。

我已会用的有：＿＿＿＿＿、＿＿＿＿＿、＿＿＿＿＿、＿＿＿＿＿。

4．实训思考（自评）

我已学会熟练查看计算机与网络相关的基本配置信息（　　　）。

我已学会在局域网内共享资源（　　　）。

我已了解局域网内的通信形式（　　　）。

习 题

1. 填空题

（1）按照地理覆盖范围，计算机网络可分为_____、_____、_____和_____。

（2）完整的计算机网络系统是由_____系统和_____系统组成。

（3）计算机网络的硬件设备有：_____、_____、_____、_____、_____、_____、_____和_____。

（4）常见网络操作系统有_____、_____、_____等。

2. 简答题

（1）什么是计算机网络？

（2）什么是 ARPANET？什么是 CERNET？

（3）请举出几个具体的局域网、城域网、广域网、接入网的实例。

（4）请分析自己家里的计算机网络，并画出布局图。

2 Chapter

第 2 章
计算机网络协议与结构体系

学习目标

- 掌握计算机网络体系结构的基本概念
- 理解计算机网络的分层
- 了解网络协议的概念

由于计算机网络技术的高速发展和各国网络技术发展的快慢不同，世界现有的计算机网络国家标准以及各种类型的计算机网络种类繁多。特别是早期的计算机网络，它们各自奉行截然不同的标准，运行着不同的操作系统与网络软件，使得只有同一制造商生产的计算机组成的网络才能相互通信。如 IBM 的 SNA 和 DEC 的 DNA 就是两个典型例子。这样的异构计算机网络相互封闭，它们之间不能相互通信，更无法接入因特网实现资源共享，就像海洋里的一个个孤岛，它们与世隔绝，没有渠道和别的地方沟通来往。为了使它们能够相互交流，必须在世界范围内统一网络协议，制订软件标准和硬件标准，并将计算机网络及其部件所应完成的功能精确定义，从而使不相同的计算机能够在相同功能中进行信息对接。这就是通常所说的计算机网络体系结构。

2.1　计算机网络体系结构概述

计算机网络体系结构是计算机网络系统的整体设计，它为网络硬件、软件、协议、信息交换、传输会话等提供标准，通过分层精确定义网络软硬件的各种功能，是计算机网络结构最准确的描述与规范。

2.1.1　划分层次的必要性

计算机网络体系结构将网络的所有部件可完成的功能精确定义后，进行独立划分，按照信息交换层次的高低分层，每层都能完整地完成多个功能，层与层之间既互相支持又相互独立。因为网络中的计算机严格按照分层的规定进行数据处理，而在同一层次上不同的计算机执行相同的协议与标准，独立完成一样的网络任务，因此用户和计算机在同一层次进行信息交换与处理时可忽略其他层次的影响独立操作，这样使得复杂的网络信息的交换和处理大大简化，便于人们掌握和使用。

之所以需要分层，是因为计算机网络是个非常复杂的系统，其复杂程度远远超过人们的想象。一般，连接在网络上的两台计算机要互相传送文件需要在它们之间建立一条传送数据的通路。其实这还远远不够，至少还有以下的几件事情要完成。

（1）为用户提供良好的易于操作的界面，使其可方便地操作数据传输，并得知传输过程中的差错与细节。

（2）建立一条传送数据的通路，并对通路进行监控，使其断开后能够重新建立连接。要建立通路就必须要求网络中的多台计算机进行协商并且相互协作，而监控通路则需要全时段的跟踪守候。

（3）数据发送方必须弄清楚，数据接收方是否已经做好数据接收和存储的准备。

（4）因为计算机处理的是并行的数字信号，而网络中传输的是串行的光信号或电信号，这些信号需要在网络中相互转换。需要传输的文件格式不同，不能兼容，要想让文件接收方兼容识别文件，也需要格式转换。

（5）数据传输中会出现各种各样的差错，怎样应对差错，保证接收方计算机能够收到完整正确的数据，也是通信双方需要做的。

计算机网络需要解决的通信问题还远远不止这些。由此可见，相互通信的两个计算机系统必须高度协调工作才行，而这种"协调"相当复杂。

为了应对这种复杂的局面，早在 ARPANET 设计的时候就提出了分层的概念。实践表明，对复杂的网络系统进行分层，使得庞杂的网络信息交换条理明晰，并转化为若干个小的局部问题，这些局部问题易于处理。就像人类复杂的社会分工，社会中有蓝领阶层、中层干部和高层领导等。每个阶层在工作中相互独立又相互支持，各阶层完成的工作加起来就完成了社会生产。

为了更好地说明分层的概念，将上述所提到的计算机网络通信需要解决的问题进行归类分层（见图 2.1）。将第一层称为网络接入模块，这个模块的作用就是负责与网络接口有关的细节。因为数据在网络传输中会遇到诸如网卡、网线、集线器、交换机、路由器、调制解调器等，这些设备的接口能处理的传输信号都有所不同，甚至不同公司生产的不同性能的网络设备都有很大差异，为了让数据在各种设备间获得一致性的传输，网络中就必须有信号转换和处理设备接口细节的功能。让网络接入模块专门处理这些事情，可见网络输入模块可以驾驭和利用最低层的网络通信硬件资源。在驾驭网络通信硬件资源的基础上，提出第二层通信服务模块。这层的功能是负责建立通信通路，保证以文件为单位传输的数据或文件传送命令在两个系统之间可靠地交换，也就是说这个模块必须有建立网络链路、差错检测、差错应对、差错更正等功能。而这些功能必须建立在有效利用网络通信硬件资源，并使数据在其中稳定传输的基础上，这正好是网络接入模块的功能。由此可见，网络接入模块和通信服务模块相互独立，相互支持。它们在功能上相互独立没有关联，但是网络接入模块为通信服务模块提供有效的线路服务，通信服务模块为网络接入模块提供稳定无差错的通信保障。同理，在这两层之上，第三层可为文件传送模块。这个模块是在下边两层提供服务的基础之上，为用户提供了良好的操作界面，使其以文件为单位操作数据传输，并得知传输过程中的差错与细节，同时也对文件的不同格式进行转换。

图2.1 网络归类分层

从上面的事例可见，分层所带来的好处如下。

（1）层与层之间相互独立

一个复杂的问题可分成多层，每层只实现一种相对独立的功能，这样就把问题分成若干小的易于解决的局部问题，这样问题的复杂程度就大大下降了。每一层并不需要知道其他层是如何实现的，而仅仅需要知道怎样通过层间接口向相邻层提供或接收相应的服务。

（2）灵活性好

每一层的工作都是独立进行的，各个网络设备可在同一层次上相互交流，并不受其他层次的影响。由于它们的独立性非常好，只要层间接口关系保持不变，就可以对各层进行修改，其他层均不会受到影响。

（3）结构上可分割开

各个层次因为所负责的工作不同，因此可以采用最适合的技术，并且不会因为技术的不同影响到整个信息处理与交换。

（4）易于实现和维护

在实现和维护的时候可以分别对各层单独进行处理，而不用担心会影响到其他的层次。把各层的问题都处理好了就等于做好了整个网络。因此非常易于用户操作、使用和维护。

（5）能促进标准化工作

由于网络体系结构对每一层的功能及其所提供的服务都已有了精确的定义，但是定义功能是不够的，两台不同的计算机之间还需要有相应的规则和标准才能够通信。这就是通常所说的网络协议。也就是这种对网络分层功能的精确定义，可以独立的针对某一层制定最适合的协议与标准，而不会出现一个协议可能与多个层次有千丝万缕的联系。因此网络的分层大大促进了网络标准化的进程。

在现有的分层网络体系结构中，每一层都被制定了很多的协议和标准，有的网络体系结构甚至是以网络协议的名字来命名的，如 TCP/IP 体系结构，其核心就是 TCP/IP。因此网络协议是计算机网络体系中一个非常重要的内容。

2.1.2　网络协议

所谓计算机网络协议，是计算机网络中的计算机为了进行数据交换而建立的规则、标准或约定。就像竞技比赛中一定要制定比赛规则，这些规则对比赛过程进行约束，并形成某种标准对比赛结果等进行评判。计算机网络协议则主要规定了所交换数据的格式以及有关同步与时序的问题。协议对计算机网络通信的数据流和通信全程进行约束，网络同样也制定了计算机网络接口等一系列硬件设备的标准。网络协议主要由以下三个要素组成。

（1）语法

规定通信双方"如何讲"，即规定数据与控制信息的结构或格式。

（2）语义

规定通信双方"讲什么"，即规定传输数据的类型以及通信双方要发出什么样的控制信息，执行的动作以及做出何种响应。

（3）时序

规定了信息交流的顺序，即事件实现顺序的详细说明。

在计算机网络上做任何的事情都需要协议，例如从某个主机上下载文件、上传文件等。但在自己的计算机上存储打印文件是不需要任何协议的。

计算机网络体系结构是一种抽象的、理论化的思想。这种思想包含了对网络的层次性划分，对传输的数据包结构以及整个传输处理过程等的规范。而这种思想的具体的体现者和实施者是计算机网络硬件和软件，因此计算机网络的软件和硬件都必须按照体系结构的标准进行设计和生产。在纯理论上，也把计算机网络中所有的设备（包括计算机）都抽象成体系结构中的层次结构，并按照协议规定的规则对其进行讨论研究。早期比较成熟的网络体系结构形成于 20 世纪 70 年代，代表为 IBM 公司研制的系统网络体系结构（System Network Architecture，SNA），现今权威的体系结构是 OSI/ISO 参考模型所构建的七层体系结构，而最流行的当属 TCP/IP 体系结构。

2.2　OSI 参考模型

OSI（Open System Interconnect，开放式系统互联）参考模型定义了计算机网络系统的层次结构、层次之间的相互关系及各层可能所包含的服务。它作为一个框架来协调和组织各层协议的制定，也是对网络内部结构最精练的概括与描述。

2.2.1 OSI 参考模型的产生

20 世纪 70 年代就产生了计算机网络体系结构,网络体系结构作为一种系统结构规范了计算机网络的通信秩序,极大地促进了计算机网络的标准化进程,使得任何符合同一种网络体系结构规范的设备都能够很容易地互连成网。为了争夺市场,有实力的大公司都纷纷加紧开发或者已经推出了自己的计算机网络体系结构。因为所有的网络硬件和软件都必须按照网络体系结构进行设计和制造,这样显然有利于公司让自己的产品形成垄断,从而确立在市场上的霸主地位。但各种不同网络体系结构的推出与竞争使得计算机网络又陷入了"网络孤岛"的困境,因为不同的网络体系结构使用迥异的网络协议和标准,这样使得按照两种体系结构设计出来的设备很难相互沟通。于是计算机网络又被不同的体系结构割裂开来,分成一个个孤岛,给网络用户带来极大的不便。

为了打破这种困境,使不同体系结构的计算机网络都能够互连,国际标准化组织 ISO（International Standards Organization）于 1977 年成立了专门的机构研究该问题。他们提出了一个试图使各种计算机在世界范围内互连成网的标准框架,即著名的开放系统互连基本参考模型（International Standards Organization/Open System Interconnect Reference Model, ISO/OSI RM）,简称 OSI。这个开放系统互连基本参考模型的正式文件形成于 1983 年,即 ISO 7498 国际标准,也就是所谓的七层协议的体系结构。OSI 试图达到一种境界,即全世界的计算机网络都遵循这统一的标准,因而全世界的计算机都将能够很方便地进行互连和交换数据。考虑到计算机网络技术的高速发展,新的事物不断出现,各种标准可能会被不断地更新换代,OSI 为此在各个角落都预留了很大的空间以便增加和修改。由此,OSI 极其复杂,层次众多,一共有七层,从低到高依次为:物理层、数据链路层、网络层、传输层、会话层、表示层和应用层,如图 2.2 所示。

应用层	网络应用
表示层	数据表示
会话层	互连主机通信
传输层	端到端连接
网络层	寻址与路由
数据链路层	接入介质
物理层	二进制传输

图2.2　OSI参考模型

2.2.2 OSI 参考模型的层次结构

1. 物理层

物理层（Physical Layer）主要解决"物理媒体数据传输"的问题,主要任务是实现通信双方的物理连接,以比特流（bits）的形式透明地传送数据信息,并向数据链路层提供透明的传输服务（透明表示经过实际电路传送后，被传送的比特流没有发生任何变化，电路对其并没有产生任何影响）。所有的通信设备、主机等网络硬件设备都要按照物理层的标准与规则进行设计并通过物理线路互联，这些都构成了计算机网络的基础。物理层建立在传输介质的基础上，是系统和传输介质的物理接口，它是 OSI 模型的最低层。

物理层的主要任务可描述为传输媒体接口的一些特性。

（1）机械特性，指明接口所用接线器的形状与尺寸、引线数目和排列、固定和锁定装置等。这类似于各种规格的电源插头及面板，它们的尺寸都有严格的规定。

（2）电器特性，指明在接口电缆的各条线上出现的电压范围。

（3）功能特性，指明某条线上出现的某一电平的电压表示何种意义。

（4）规程特性，指明对于不同功能的各种可能事件的出现顺序。

2. 数据链路层

数据链路层（Data Link Layer）主要解决"数据每步如何走"的问题，是在物理层提供的比特流传输服务的基础上，实现在相邻节点间点对点的传送一定格式的单位数据，即数据帧。所谓链路（link）就是从一个节点到相邻节点的一段物理线路，而中间没有任何其他的交换节点。所谓数据链路（data link）是指，相邻节点的一段物理线路与能够控制在这条线路上传输数据的软件及通信协议的总和。

数据链路层建立了一套链路管理、帧同步、差错控制、流量控制的传输机制，有力地保障了透明、可靠的数据传输。根据网络规模的不同，数据链路层的协议可分为两类：一类是针对广域网（WAN）的数据链路层协议，如 HDLC、PPP、SLIP 等；一类是局域网（LAN）中的数据链路层协议，如 MAC 子层协议和 LLC 子层协议。

3. 网络层

网络层（Network Layer）主要解决"数据走哪条路可到达目的地"的问题，主要任务是让两终端系统能够互连互通且决定最佳传输路径，提供路由和寻址的功能，并具有一定的拥塞控制和流量控制的能力。网络层主要解决的问题是网络设备之间的互连和数据传输的路径，具有实现不同底层结构的各种类型的设备与网络之间互连的能力。

网络层是 OSI 体系结构中最关键的一层，位于 OSI 体系底层（物理层、数据链路层）与 OSI 体系高层（传输层、会话层、表示层、应用层）之间，具有承上启下的作用。网络层的核心内容是网际协议（IP）。IP 数据包是网络层的传输单元，也是因特网中基本的传输单位，因此所有想要连接到因特网的设备都必须遵守 IP，具有网络层的功能。IP 建立了分组数据交换、IP 地址结构、路由选择等一套机制，通过该机制可屏蔽复杂的底层结构，实现不同类型的计算机网络互连互通，同时也规定了计算机在因特网上进行通信时应当遵守的规则。网络层的功能还包括地址解析、拥塞控制、差错检测等。

4. 传输层

传输层（Transport Layer）主要解决"数据传输具体到何处"的问题，负责总体的数据传输和数据控制，实现两个用户进程间端到端的可靠通信。传输层可提供建立、维护和拆除传输层连接，其服务对象是进程。传输层并不关心具体的传输设备及数据传输路径，只关注数据传输的目的地及整体控制。

传输层是处理数据通信的最后一层，传输层以上各层将不再考虑数据通信及信息传输的问题，只需把传输过来的数据拿过来用就行。传输层处在七层体系的中间，向下是通信服务的最高层，向上是用户功能的最低层。传输层可处理通信服务和用户服务之间的转换，并弥补它们的不足。本层还有提供错误恢复和流量控制等机制。

5. 会话层

会话层（Session Layer）主要解决"通信时轮到谁讲话和从何处讲"的问题，用来建立、管理和终止应用程序或进程之间会话的。例如，两节点在正式通信前，需要协商好双方所使用的通信协议、通信方式、如何检错和纠错，甚至是谁先说话谁后说话，怎么开始怎么结束等内容。

会话层主要任务有远程访问、传输同步、会话管理及数据交换管理。会话层功能还包括：会话连接的流量控制、数据传输、会话连接恢复和释放、会话连接管理、差错控制等。

6. 表示层

表示层（Presentation Layer）主要解决"读懂接收到的数据"的问题，用于处理两个通信系统中交换信息的表示方式，确保一个系统应用层发送的信息能够被另外一个系统的应用层识别。表示层主要解决的问题是，完成应用层所有数据的任何所需的转换，能够将数据转换成当前计算机或系统程序能读懂的格式。它是为在应用程序之间传送的信息提供表示方法的服务，它关心的只是发出信息的语法与语义。表示层主要有不同的数据编码格式的交换，还提供数据压缩、解压缩服务，对数据进行加密、解密等功能。

7. 应用层

应用层（Application Layer）主要解决"接收到数据后该做什么"的问题，是 OSI 参考模型中的最高层，是直接为应用进程提供服务的。应用层的主要任务是在实现多个系统应用进程相互通信的同时，完成一系列业务处理所需的服务，提供常见的网络应用服务。它也是用户与计算机网络之间的接口，为用户提供网络管理、文件传输、事务处理等服务，还可以为网络用户之间的通信提供专用的程序。

按照 OSI 参考模型，接入计算机网络的每台计算机都可在理论上抽象为以上七个层次，这七个层次中每一层都通过层间接口与相邻层进行通信，它们分别利用层间接口来使用下层提供的服务，同时向其上层提供服务。不同计算机的同等层具有相同的功能，在理论上可忽略其他层次的影响独立讨论同等层之间的信息交换与处理（见图 2.3）。

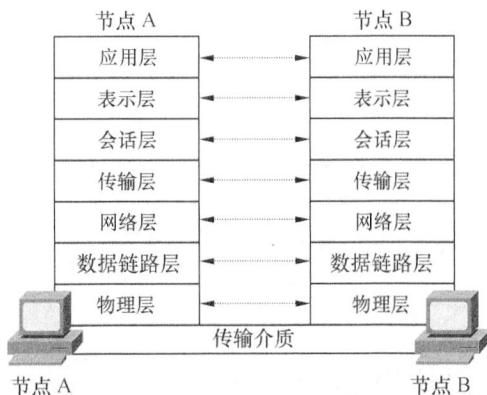

图2.3　不同节点同等层之间的信息交换与处理

2.3 TCP/IP 体系结构

TCP/IP 参考模型是计算机网络的鼻祖 ARPANET 和其后继的因特网使用的参考模型，是互联网使用的事实标准。

2.3.1 TCP/IP 体系结构的产生

20 世纪 80 年代是 OSI 参考模型如火如荼的时候，那个时候 OSI 刚刚提出，许多大公司甚至很多国家的政府都明确支持 OSI。从表面上看，形势一片大好，将来 OSI 一定是国际标准。全世界都将会按照 OSI 制订的标准来构造自己的计算机。但是 10 年以后，OSI 参考模型黯然失色，TCP/IP 体系结构取代它成为事实上的国际标准。其原因有很多，首先是 TCP/IP 体系结构简单易用，备受市场青睐。其次，起源美国的因特网起到推波助澜的作用。因为当时 OSI 模型还没有完全建立起来，使用 TCP/IP 的因特网已抢先在世界上覆盖了相当大的范围。几乎垄断软硬件制造的美国制造商都纷纷把 TCP/IP 协议固化到网络设备与网络软件中也是原因之一。当然，概念清楚，体系结构理论完整的 OSI 模型也有明显的缺点。OSI 协议过分复杂以及 OSI 标准的制订周期过长使得它在市场化方面严重失败，甚至现今市场上几乎找不到有什么厂家生产出来的符合 OSI 标准的商用产品。

经过市场化的洗礼，简单易用的 TCP/IP 体系结构已经成为事实上的国际标准，现在所有的设备都遵循这个标准。其实这个体系结构早期只是 TCP/IP 而已，它并没有一个明确的体系结构。后来因为 TCP/IP 的广泛使用并成为主流，使得人们开始对其进行归纳整理并形成了一个简单的四层体系结构，它包括：网络接口层、互联层、传输层和应用层。它把 OSI 冗繁的会话层、表示层、应用层合并为应用层；把数据链路层、物理层合并为网络接口层。TCP/IP 体系结构与 OSI 参考模型的对应关系如图 2.4 所示。

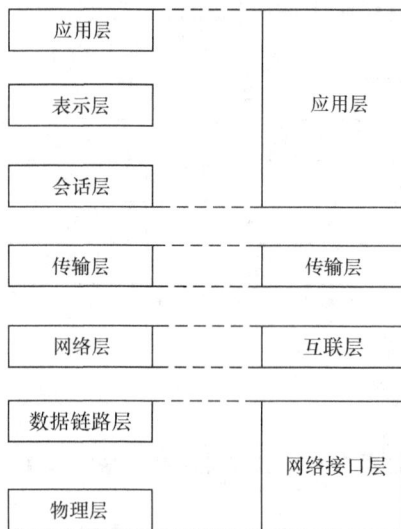

图2.4 TCP/IP体系结构与OSI参考模型的对应关系

2.3.2　TCP/IP 的层次结构

虽然 TCP/IP 体系结构有很多优点，但它的理论结构并不明晰。例如 TCP/IP 体系结构并未对网络接口层使用的协议做出强硬规定，它里面使用的协议非常灵活，每种类型的网络都不一样。从实质上讲，TCP/IP 只有三层，即应用层、传输层和互联层，因为最下面的网络接口层并没有什么具体内容。OSI 的七层协议体系结构虽然概念清楚，体系结构完整，但过于复杂且无市场应用。因此在学习计算机网络层次结构的时候，一般采用折中的办法，将各个体系结构的优点集中，形成一种具有五层的体系结构，如图 2.5 所示。其层次结构为：物理层、数据链路层、网络层、运输层、应用层。

应用层	（Application layer）
运输层	（Transport layer）
网络层	（Internet layer）
数据链路层	（Data link layer）

| 物理层 | （Physical layer） |

图2.5　五层的体系结构

这种五层的体系结构只是在 OSI 七层模型的基础上，把表示层、会话层和应用层的功能合并成应用层。其他的层次无论在名称上还是功能上均不改变，所有层的具体功能可参照 2.2.2 节 OSI 参考模型的层次结构。

本书后面几章就是按照五层体系结构进行展开的：第 4 章局域网组建技术属于物理层和数据链路层。由于物理层包含了许多硬件标准与通信信号规范，而这些都属于通信学的范围，将不会介绍。主要介绍的是以太网设备（如集线器、网卡和各种网线等），制作网线方法，网络组建技术以及数据链路层所涉及的协议：CSMA/CD 协议、MAC 地址与无线局域网的 CSMA/CA 协议等；第 5 章网络互联技术属于网络层，包括的协议有 IP、ARP、RARP 和 ICMP、路由器及路由协议等内容；第 6 章传输层属于运输层，主要介绍的协议有面向连接的 TCP 和面向非连接的 UDP；第 7 章网络操作系统常用服务器的配置与管理属于应用层，将介绍经常用到的 HTTP、DNS、DHCP、FTP 等，利用这些协议才能进行服务器配置与管理。

2.4　数据包在计算机网络中的封装与传递

在计算机网络体系结构中，可以把几乎所有的网络设备都抽象为层次模型。例如把路由器抽象为一个只有物理层、数据链路层、网络层的三层模型；交换机则是一个有物理层、数据链路层的两层模型；集线器的层次模型只有一层，即物理层。网络中的计算机拥有完整的层次结构，其层次模型如前面图 2.5 所示，包括物理层、数据链路层、网络层、运输层和应用层。网络体系结构除了分层外，还对传输数据单位与整个数据传输进行了规范。

网络设备在传输和处理数据时，由于每一层所用的协议不一样，使得所能够处理和传输的数据包或者数据单元都是不一样的，因此两个设备在相互通信时只有对等层才能读取和处理对方的数据包，才能够相互沟通。由此整个信息交换过程比较复杂，把对等层之间需要交换和处理的信息单元叫作协议数据单元（Protocol Data Unit，PDU）。如图 2.6 所示，假如现在网络节点 A 与网络节点 B 要进行通信，用户利用网络节点 A 中应用层软件向节点 B 发送信息。应用层首先对发送的大块信息进行处理分割成一个个独立的数据传输单位，并对其进行封装。

所谓封装就是按照本层协议的规定将每个数据传输单位的头部和尾部加入特定的协议头和协议尾（见图 2.7）。而协议头和协议尾里装入的内容则是对整个数据单位系统性的描述。这里的封装就好像人们平时写完信后，一定要用信封对信进行封装，并在信封上写上这个信件的收发地址、发送人、收信人、邮编、日期等系统性的描述。封装完成后，所有的发送信息变成了许多待发送的应用层的协议数据单元，即 A-PDU。而后将 A-PDU 通过层间接口透明地传入传输层。传输层中用户可使用 TCP 或 UDP，A-PDU 按照 TCP 或 UDP 的规则再次进行分组和封装，相当于在 A-PDU 的头部和尾部再次加入了 TCP 或 UDP 协议头和 TCP 或 UDP 协议尾，从而形成了传输层的数据单元 T-PDU。以此类推，网络层接收到传输层的 T-PDU，便按照 IP 将其封装处理成 N-PDU。数据链路层则把 N-PDU 整理封装成 D-PDU，也称为数据帧。最终物理层把一个个数据帧转换成数字信号送入网线传输至网络节点 B。

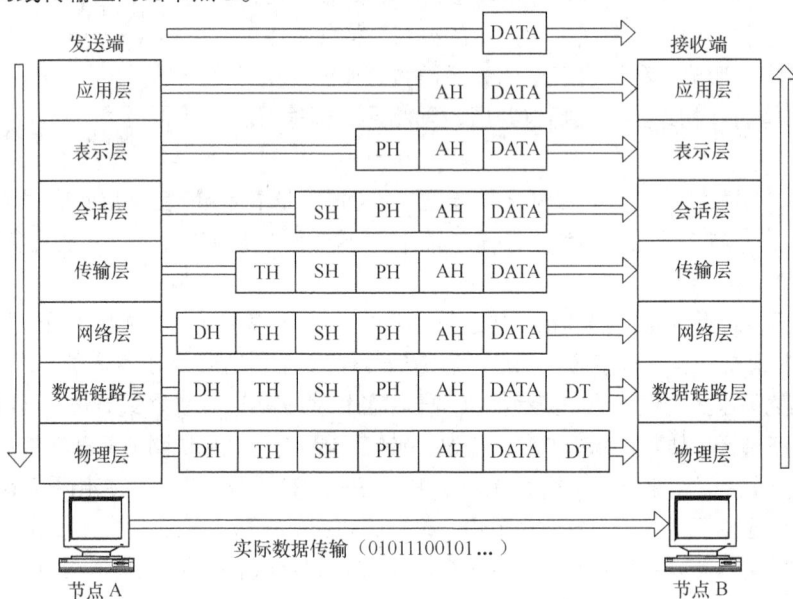

图2.6　数据传输

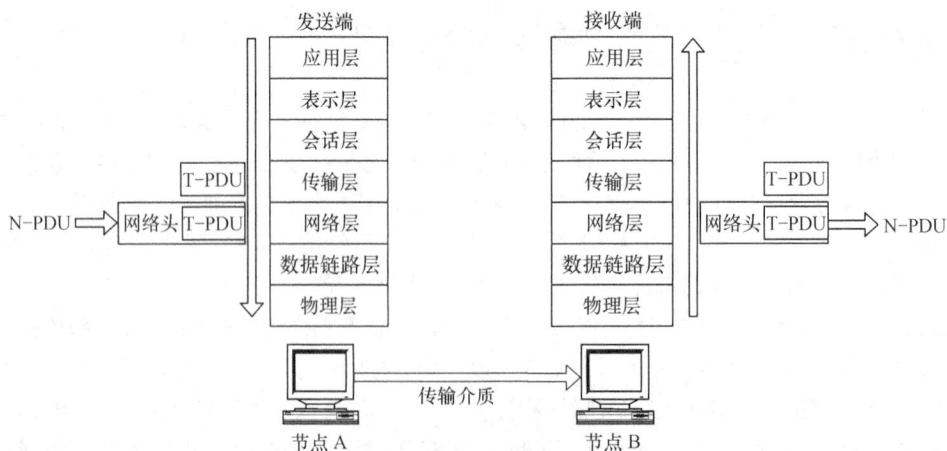

图2.7　数据包的封装

网络节点 B 的物理层收到数字信号后将其转换成数据帧，并把数据帧交给数据链路层。数据链路层读取数据帧的协议头和协议尾，并对其进行解封装，即把它还原为 N-PDU。N-PDU 是按照 IP 封装的，只有网络层才可读取。以此类推，网络层读取 N-PDU 的系统性描述后，将其再次解封装为 T-PDU。最终数据传输单元（PDU）被一次次解封装，还原为原来网络节点 A 利用应用层软件发送的原始信息，从而使网络节点 B 的用户方便读取。

由此可以发现，只有对等层才能够相互读取对方发送的数据，例如 A 和 B 的网络层只能读取和发送 N-PDU，而传输层则只能读取和发送 T-PDU 等。而 A 的应用层发送了 A-PDU，B 的应用层而后接收到了 A 发送的 A-PDU。虽然这个发送至接受的过程穿越了很多层，数据包被封装解封装了多次，但在讨论研究的时候可以把这个复杂的过程忽略，只认为 A 的应用层和 B 的应用层通过传送 A-PDU 为单位的数据进行通信。而这条通信链路是虚拟的，因此可以称为虚通信。同理，所有的对等层都可进行虚通信。

为了说明白这个复杂的问题，用一个现实中的事例进行类比说明。某个养老院有两座 4 层小楼（见图 2.8），每层通信地址为图中数字与字母所标。现一层想与 A 层通信，便将写好的信塞于信封中（封装），约定信封地址左上角为寄信人，右下角为收信人（通信协议）。一层把信传于二层，二层将信再塞入一个信封中并依然按照上边的约定写明收发地址，传给卜层。以此类推，最后四层用同样的方法处理从上层收到的信，并按照地址寄于 D 层。D 层剥开一层信封传给上层，C 层核实地址，发现收信人是自己，于是拆开信封并交给 B 层，否则丢弃信件。以此类推，最终信安全寄到 A 层。

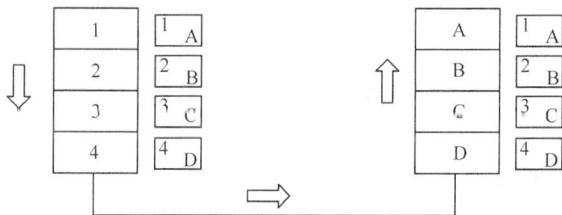

图2.8　现实事例示意图

如图 2.8 所示，所有对等层的协议都是一致的。因此从各层发信的地址看，1、2、3、4 层的信都是寄给对等层的，而 A、B、C、D 层都拿到了发给自己的信件（信封右下角为本层地址）。所以对等层通信完全可以不用考虑其他层的因素（见图 2.9）。

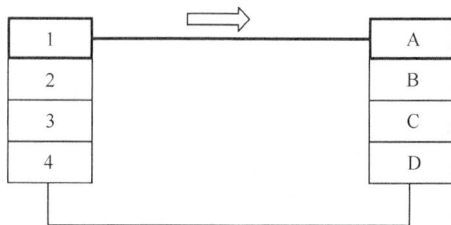

图2.9　虚通信

现在请考虑以下几个问题：

（1）把图 2.8 中任意同一层次的协议（约定）改为右下角为寄信人，左上角为收信人，看看信是否会安全寄到？

（2）把图 2.8 中多层的协议（约定）改为右下角为寄信人，左上角为收信人，看看信是否会安全寄到？

（3）把图 2.8 中多个层次改为互不相同的协议，看看信是否会寄到？

读者可以动脑思考一下，它们的答案都是可以安全寄到！这些问题可以充分说明在一层或多层中进行任何协议修改都不会影响到其他层次的通信。因此，这里也验证了在层次结构中阐述的：网络体系结构中，网络各层之间相互独立，对等层之间的通信可以屏蔽下面层次复杂的细节，可看成相互平行的两层之间的逻辑通信，便于实现网络的标准化。这些都是进行虚通信的有力保障。

本章小结

本章主要介绍了计算机网络的体系结构与计算机网络协议。在纯理论的层面上，讨论了计算机网络的层次结构以及数据包的传输过程。

本章的难点在于对计算机网络体系结构的理解。计算机网络体系结构分为 OSI 参考模型与 TCP/IP 体系结构。OSI 参考模型有七层：物理层、数据链路层、网络层、传输层、会话层、表示层、应用层。TCP/IP 体系结构分为四层：网络接口层、互联层、传输层、应用层。数据包在这些层次结构中，遵循网络协议的要求进行封装传输。

习　题

1. 填空题

（1）ISO/OSI 参考模型极其复杂，层次众多，一共有七层，从低到高依次为：_____、_____、_____、_____、_____、_____和_____。

（2）TCP/IP 模型有四层，分别为_____、_____、_____、_____。

2. 选择题

（1）在 TCP/IP 体系结构中，与 OSI 参考模型的网络层对应的是（　　）。

A. 网络接口层　　　　B. 互联层　　　　C. 传输层　　　　D. 应用层

（2）在 OSI 参考模型中，保证端-端的可靠性是在（　　）上完成的。

A. 数据链路层　　　　B. 网络层　　　　C. 传输层　　　　D. 会话层

3. 简答题

（1）什么是计算机网络体系结构？

（2）什么是计算机网络协议？

（3）计算机网络为什么要分层？

（4）什么是数据包封装？

（5）什么是虚通信？

3

Chapter

第 3 章
Windows 的常用网络命令

学习目标
- 了解 ping、ipconfig、arp、tracert、netstat、route 命令的功能
- 理解 ping、ipconfig、arp、tracert、netstat、route 命令常用参数的含义
- 学会使用 ping、ipconfig、arp、tracert、netstat、route 命令

对于网络管理员或计算机用户来说，了解和掌握几个实用的 Windows 常用网络命令有助于更好地使用和维护网络。通过使用系统自带的一些命令，可以在命令提示符通过使用命令检测或查询网络相关信息，了解网络运行状态，帮助定位网络故障。"开始"菜单中运行"cmd"命令，进入命令提示符窗口，如图 3.1 所示。下面依次介绍这些常用网络命令。

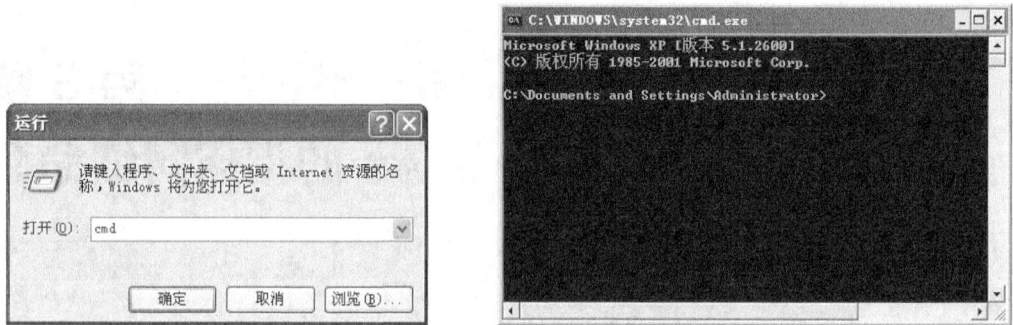

图3.1　进入命令提示符窗口

3.1　网络命令 ping 的使用

ping 命令是最常用的网络命令，用来检查网络是否畅通和测试网络连接速度。对于一个网络管理员来说，ping 命令是第一个必须掌握的网络命令。

3.1.1　ping 命令的工作原理与作用

ping 命令所利用的原理是：网络上的机器都有唯一的 IP 地址，当给目标 IP 发送一个数据包时，对方就要返回一个同样大小的数据包，根据返回的数据包可以确定目标主机的存在，也可以初步判断目标主机的操作系统等。利用它可以检查网络是否能够连通，用好它可以很好地帮助分析判断网络故障。

执行 ping 命令可检测一帧数据从当前主机传送到目的主机所需要的时间。它通过发送一些小的数据包，并接收应答信息来确定两台计算机之间的网络是否连通。当网络运行中出现故障时，采用这个命令来检测故障和确定故障源是非常有效的。如果执行 ping 不成功，则可以预测故障出现在以下几个方面：网线是否连通，网络适配器配置是否正确，IP 地址是否可用等；如果执行 ping 命令成功而网络仍无法使用，那么问题很可能出在网络系统的软件配置方面，ping 成功只能保证当前主机与目的主机间存在一条连通的物理路径。

3.1.2　ping 命令的使用

ping 命令只有在安装了 TCP/IP 后才可以使用，ping 命令的使用格式如下。

```
ping [-t] [-a] [-n count] [-l size] [-f] [-i TTL] [-v TOS] [-r count] [-s count]
[[-j host-list] | [-k host-list]] [-w timeout] 目的主机/IP 地址
```

参数说明如下。

-t：ping 指定的计算机直到中断。

-a：将地址解析为计算机名。

–n count：发送 count 指定的 ECHO 数据包数。默认值为 4。

–l size：发送包含由 size 指定的数据量的 ECHO 数据包。默认为 32 字节，最大值是 65 527 字节。

–f：在数据包中发送"不要分段"标志，数据包就不会被路由上的网关分段。

–i ttl：将"生存时间"字段设置为 ttl 指定的值。

–v tos：将"服务类型"字段设置为 tos 指定的值。

–r count：在"记录路由"字段中记录传出和返回数据包的路由。count 可以指定最少 1 台，最多 9 台计算机。

–s count：指定 count 指定的跃点数的时间戳。

–j host–list：利用 host–list 指定的计算机列表路由数据包。连续计算机可以被中间网关分隔（路由稀疏源）IP 允许的最大数量为 9。

–k host–list：利用 host–list 指定的计算机列表路由数据包。连续计算机不能被中间网关分隔（路由严格源）IP 允许的最大数量为 9。

–w timeout：指定超时间隔，单位为毫秒。

目的主机/IP 地址：指定要 ping 的远程计算机。

一般使用较多的参数为–t、–n、–w。如果查询 ping 命令的参数，可以通过在命令提示符号下输入"ping/?"来看帮助，如图 3.2 所示。

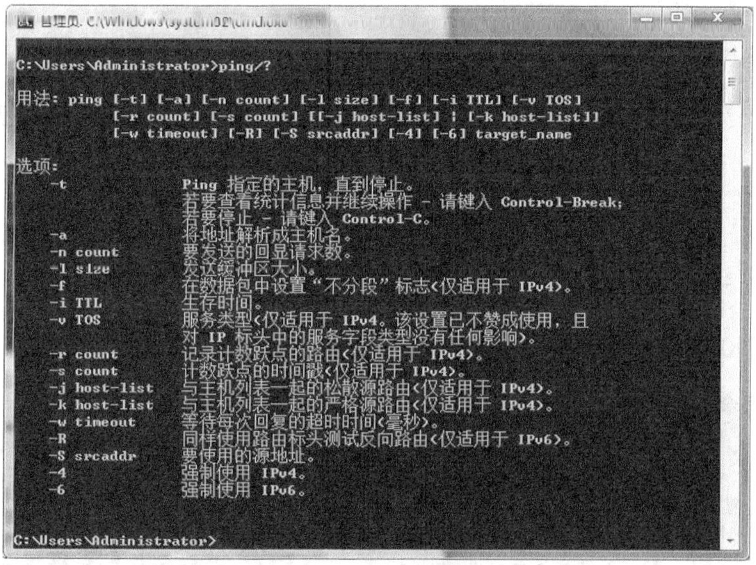

图3.2　查看帮助

较一般的用法如下。

例如，如果 ping 某一网络地址 C:\>ping www.baidu.com，出现"Reply from 119.75.218.45: bytes=32 time=36ms TTL=55"，如图 3.3 所示，则表示本地与该网络地址之间的线路是畅通的；如果出现"Request time out."，则表示发送的数据包不能到达目的地，此时可能有两种情况，一种是网络不通，还有一种是网络连通状况不佳。这时还可以使用带参数的 ping 来确定是哪一种情况。

例如，ping www.163.com –t –w 3000 会不断地向目的主机发送数据，并且响应时间增大到
3000ms，此时如果都显示"Request time out"，则表示此网站是畅通的，只是响应时间长或通
信状况不佳。

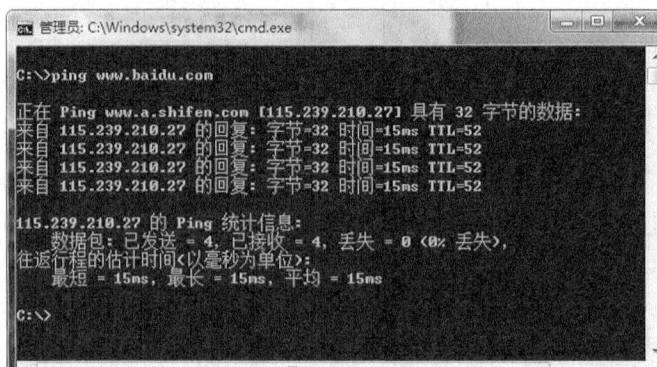

图3.3　ping网络地址

3.2　网络命令 ipconfig 的使用

ipconfig 是 Windows 中常用的网络查询命令。

3.2.1　ipconfig 命令的作用

ipconfig 命令也是很基础的命令，主要用于显示用户所在主机内部的 IP 的配置信息等资料，
可以查看机器的网络适配器的物理地址、IP 地址、子网掩码及默认网关等，这些信息一般用来检
验人工配置的 TCP/IP 设置是否正确。因此如果计算机和所在的局域网使用了动态主机配置协议
（DHCP），ipconfig 也可以帮助了解计算机当前的 TCP/IP 配置信息。ipconfig 命令实际上是进行
测试和故障分析的必要项目。

3.2.2　ipconfig 命令的使用

ipconfig 命令的使用格式如下。

```
ipconfig [/? | /all | /release [adapter] | /renew [adapter]
        | /flushdns | /registerdns
        | /showclassid adapter
        | /setclassid adapter [classidtoset] ]
```

使用不带参数的 ipconfig 命令可以显示 IP 地址、子网掩码和默认网关等信息。

参数说明如下。

/?：显示 ipconfig 的格式和参数的英文说明。

/all：产生完整显示。显示与 TCP/IP 相关的所有细节信息，其中包括测试的主机名、IP 地址、
子网掩码、节点类型、是否启用 IP 路由、网卡的物理地址、默认网关等。

/release：为指定的适配器（或全部适配器）释放 IP 地址（只适应于 DHCP）。

/renew：为指定的适配器（或全部适配器）更新 IP 地址（只适应于 DHCP）。

例如，在命令提示符下输入"ipconfig /?"，则显示如图 3.4 所示。

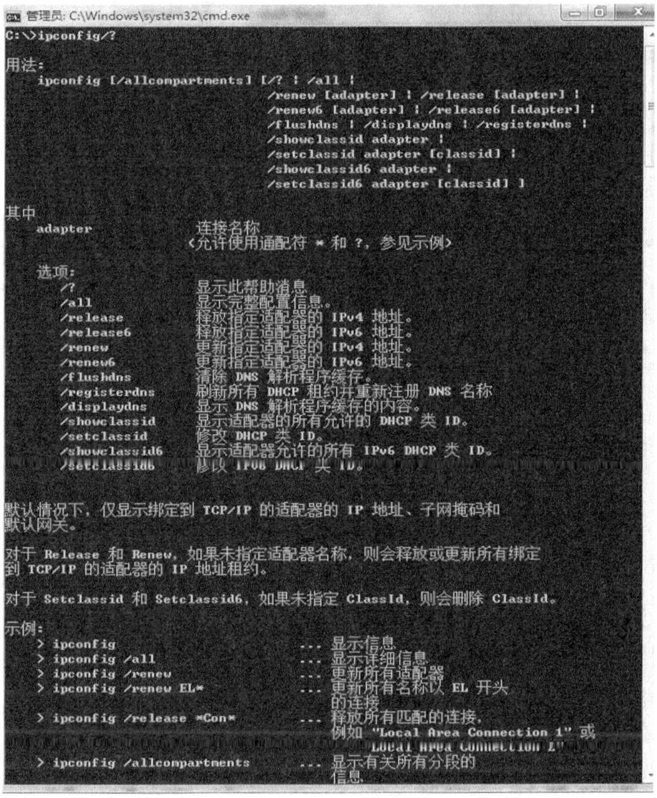

图3.4　执行 "ipconfig/?"

ipconfig 命令应用举例如下。

```
C:\>ipconfig
Windows IP Configuration
Ethernet adapter 本地连接:
      Connection-specific DNS Suffix  . :
      IP Address. . . . . . . . . . . . : 10.111.142.71      //IP 地址
      Subnet Mask . . . . . . . . . . . : 255.255.255.0      //子网掩码
      Default Gateway . . . . . . . . . : 10.111.142.1       //默认网关
C:\>ipconfig /displaydns        //显示本机上的 DNS 域名解析列表
C:\>ipconfig /flushdns          //删除本机上的 DNS 域名解析列表
```

　　该诊断命令显示所有当前的 TCP/IP 网络配置值。该命令在运行 DHCP 系统上的特殊用途是，允许用户决定 DHCP 配置的 TCP/IP 配置值。

3.3　网络命令 arp 的使用

　　网络接口层是 TCP/IP 参考模型中的最低层，包括多种逻辑链路控制和媒体控制协议。该层是对实际网络媒体进行管理，定义如何使用实际网络（如 Ethernet、Serial Line 等）来传输数据。这层中的 ARP（Address Resolution Prototol，地址解析协议）是一个重要的 TCP/IP，用于确定对应 IP 地址的网卡物理地址。

3.3.1 arp 命令的作用

在局域网中，一个主机要和另一个主机进行直接通信，必须知道目标主机的 MAC 地址，而这个目标 MAC 地址则是通过地址解析协议获得的。所谓"地址解析"就是主机在发送帧前将目标地址转换成目标 MAC 地址的过程。ARP 协议的基本功能就是通过目标设备的 IP 地址，查询目标设备的 MAC 地址，以保证通信顺利进行。

利用 arp 命令可以显示和修改高速缓存区中的 ARP 表项，即能够查看、添加和删除 IP 地址与物理地址之间的转换表。ARP 缓存表项中包含一个或多个表，它们用于存储 IP 地址及其经过解析的以太网或令牌环物理地址。计算机上安装的每一个以太网或令牌环网络适配器都有自己单独的表。

3.3.2 arp 命令的使用

arp 命令的格式如下。

```
arp-s inet_addr eth_addr [if_addr]
arp-d inet_addr [if_addr]
arp-a [inet_addr] [-N if_addr]
```

如果在没有参数的情况下使用，则命令将显示帮助信息。其中参数说明如下。

-a：显示当前的 arp 信息，可以指定网络地址。

-g：跟-a 一样。

-d：删除由 inet_addr 指定的主机，可以使用*来删除所有主机。

-s：添加主机，并将网络地址跟物理地址相对应，这一项是永久生效的。

eth_addr：物理地址。

if_addr：如果存在，此页指定地址转换表应修改的接口的 Internet 地址；如果不存在，则使用第一个适用的接口。

arp 命令的使用如下。

C:\>arp –a（显示当前所有的表项）

```
Interface: 10.111.142.71 on Interface 0x1000003
  Internet Address        Physical Address        Type
  10.111.142.1            00-01-f4-0c-8e-3b        dynamic  //物理地址一般为 48 位即
                                                                    6 个字节

  10.111.142.112          52-54-ab-21-6a-0e       dynamic
  10.111.142.253          52-54-ab-1b-6b-0a       dynamic
C:\>arp -a 10.111.142.71（只显示其中一项）
No ARP Entries Found
```

C:\>arp –a 10.111.142.1（只显示其中一项）

```
Interface: 10.111.142.71 on Interface 0x1000003
  Internet Address        Physical Address        Type
  10.111.142.1            00-01-f4-0c-8e-3b        dynamic
C:\>arp -s 157.55.85.212    00-aa-00-62-c6-09       //添加，可以再输入 arp -a 验证是
                                                                    否
```

3.4　网络命令 tracert 的使用

　　tracert 命令是一个检查网络状态的工具,如果网络遇到问题可以使用该命令检测各个部位的状态,从而判断是哪里有问题,逐一排除故障。

3.4.1　tracert 命令的作用

　　tracert 命令可检测经过的网络路径,判定数据到达目的主机所经过的路径,并且显示数据包经过的中继结点的清单和到达时间。

　　如果有网络连通性问题,则可以使用 tracert 命令来检查到达的目标 IP 地址的路径并记录结果。tracert 命令可显示将数据包从计算机传递到目标位置的一组路由器,以及每个跃点所需要的时间。如果数据包不能传递到目标位置,tracert 命令将显示成功转发数据包的最后一个路由器。tracert 一般用来检测故障位置,也可以用 tracert IP 确定哪个环节上出了问题。

　　该诊断实用程序将包含不同生存时间（TTL）值的 Internet 控制消息协议（ICMP）回显数据包发送到目标位置,以决定到达目标位置采用的路由。要求路径上的每个路由器在转发数据包之前至少将数据包上的 TTL 递减,所以 TTL 是有效的跃点计数。数据包上的 TTL 到达 0 时,路由器应该将"ICMP 已超时"的消息发送回源系统。tracert 先发送 TTL 为 1 的回显数据包,并在随后的每次发送过程将 TTL 递增 1,直到目标响应或 TTL 达到最大值,从而确定路由。路由通过检查中级路由器发送回的"ICMP 已超时"的消息来确定路由。不过,有些路由器悄悄地下传包含过期 TTL 值的数据包,而 tracert 看不到。

3.4.2　tracert 命令的使用

　　tracert 命令格式如下。

```
tracert [-d] [-h maximum_hops] [-j host-list] [-w timeout] target_name
```

参数说明如下。

-d：指定不将地址解析为计算机名。

-h maximum_hops：指定搜索目标的最大跃点数。

-j host-list：指定沿 host-list 的稀疏源路由列表序进行转发。

-w timeout：每次应答等待 timeout 指定的微秒数。

target_name：目标计算机的名称。

比较简单的一种用法如下。

```
C:\>tracert www.ahdy.edu.cn
```

通过最多 30 个跃点跟踪到 www.ahdy.edu.cn [220.178.150.41]的路由:

```
  1   <1 ms   <1 ms   <1 ms  192.168.0.1
  2   <1 ms   <1 ms   <1 ms  172.16.183.1
  3   <1 ms   <10 ms  <10 ms 2.0.0.4
  ……
```

跟踪完成。

3.5　网络命令 netstat 的使用

如果网络应用程序（如 Web 浏览器）运行速度比较慢，或者不能显示 Web 页之类的数据，则可以用 netstat 命令来查看网络运行的统计信息，根据统计数据找出出错的关键字，进而确定问题所在。

3.5.1　netstat 命令的作用

netstat 命令主要用于检测网络的使用状态，显示网络连接、路由表和网络接口信息，可以让用户得知目前哪些网络正在连接并在动作。

该诊断命令使用 NBT（TCP/IP 上的 NetBIOS）显示协议统计和当前 TCP/IP 连接。该命令只有在安装了 TCP/IP 之后才可用。

3.5.2　netstat 命令的使用

netstat 命令格式如下。

```
netstat [-a remotename] [-A IP address] [-b] [-e] [-n][-o] [-r] [-p proto]
[-s][-v] [interval]
```

参数说明如下。

–a remotename：使用远程计算机的名称并列出其名称表。

–A IP address：使用远程计算机的 IP 地址并列出名称表。

–b：显示在创建每个连接或监听端口时涉及的可执行组件。

–e：显示以太网信息，可与–s 选项组合使用。

–n：列出本地 NetBIOS 名称。"已注册"表明该名称已被广播（Bnode）或者 WINS（其他节点类型）注册。

–o：显示拥有的与每个连接关联的进程 ID。

–r：显示路由表。

–p proto：显示 proto 指定的协议的连接信息，常与–s 选项配合使用。

–s：显示按协议统计信息，默认地显示 IP、IPv6、ICMP、ICMPv6、TCP、TCPv6、UDP 和 UDPv6 的统计信息。

–v：与–b 选项一起使用时将显示包含于为所有可执行组件创建连接或监听端口的组件。

interval：重新显示选中的统计，在每个显示之间暂停 interval 秒。按 Ctrl+C 组合键停止重新显示统计信息。如果省略该参数，netstat 打印一次当前的配置信息。

netstat 命令的使用如下。

```
C:\>netstat -a 周围主机的 IP 地址
C:\>netstat -e
C:\>netstat -n
C:\>netstat -s
```

3.6　网络命令 route 的使用

大多数路由器使用专门的路由协议来交换和动态更新路由器之间的路由表。但在有些情况下，必须人工将项目添加到路由器和主机上的路由表中。route 命令就是用来显示、人工添加和修改路由表项目的。

3.6.1　route 命令的作用

大多数主机一般是驻留在只连接一台路由器的网段上。由于只有一台路由器，因此不存在使用哪一台路由器将数据报发表到远程计算机上去的问题，该路由器的 IP 地址可作为该网段上所有计算机的默认网关来输入。但是，当网络上拥有两个或多个路由器时，就不一定只依赖默认网关了。实际上，可能想让某些远程 IP 地址通过某个特定的路由器来传递信息，而其他的远程 IP 则通过另一个路由器来传递。在这种情况下，就需要相应的路由信息，这些信息储存在路由表中，每个主机和每个路由器都配有自己独一无二的路由表。这时可以利用 route 命令人工将路由表项添加到路由器和主机上的路由表中。

3.6.2　route 命令的使用

route 命令只有在安装了 TCP/IP 后才可以使用。route 命令的格式如下。

```
route [-f] [-p] [command [destination] [mask subnetmask] [gateway] [metric
costmetric]]
```

参数说明如下。

–f：清除所有网关入口的路由表。如果该参数与某个命令组合使用，路由表将在运行命令前清除。

–p：该参数与 add 命令一起使用时，将使路由在系统引导程序之间持久存在。默认情况下，系统重新启动时不保留路由。与 print 命令一起使用时，显示已注册的持久路由列表。忽略其他所有总是影响相应持久路由的命令。

command：指定下列的一个命令。

命令	目的
print	打印路由
add	添加路由
delete	删除路由
change	更改现存路由

destination：指定发送 command 的计算机。

mask subnetmask：指定与该路由条目关联的子网掩码。如果没有指定，将使用 255.255.255.255。

gateway：指定网关。

metric costmetric：指派整数跃点数（1～9999），在计算最快速、最可靠和（或）最便宜的路由时使用。

例如，本机 IP 为 10.111.142.71，默认网关是 10.111.142.1，假设此网段上另有一网关 10.111.142.254，现在想添加一项路由，使得当访问 10.13.0.0 子网络时通过这一个网关，那么可以加入如下命令。

```
C:\>route add 10.13.0.0 mask 255.255.0.0 10.111.142.1
C:\>route print （键入此命令查看路由表，看是否已经添加了）
C:\>route delete 10.13.0.0
C:\>route print （此时可以看见添加的项已经没了）
```

本章小结

　　为了更好地了解、使用和维护网络，本章介绍了几个实用的 Windows 常用网络命令 ping、ipconfig、arp、tracert、netstat 和 route，说明了这些命令的基本功能、使用格式及其常用参数的含义，通过使用 Windows 系统自带的这些命令，可以在命令提示符下通过使用命令检测或查询网络相关信息，帮助了解网络运行状态，判断网络运行的异常现象，解决一些网络问题。

实训　ping 命令的使用

1. 实训目的
掌握 ping 命令的用途和使用方法。
2. 实训环境
实验前认真学习 ping 命令的相关格式和含义。

Windows 的 ping 命令形式如下。

ping [–t] [–a] [–n count] [–l size] [–f] [–i ttl] [–v tos] [–r count] [–s count] [[–j host–list] l [–k host–list]] [–w timeout] 目的主机/IP 地址
3. 实训步骤
　　ping 命令可以测试计算机名和计算机的 IP 地址，验证与对方计算机的连接，通过向对方主机发送"网际消息控制协议（ICMP）"回响请求消息来验证与对方 TCP/IP 计算机的 IP 级连接。回响应答消息的接收情况将和往返过程的次数一起显示出来。ping 是用于检测网络连接性、可到达性和名称解析的疑难问题的主要 TCP/IP 命令。如果不带参数，ping 将显示帮助。

　　（1）连续发送 ping 探测报文：ping – t 本机 IP 地址。

　　指定在中断前 ping 可以持续发送回响请求信息到目的地。要中断并显示统计信息，按 Ctrl+Break 组合键。要中断并退出 ping，按 Ctrl+C 组合键。

　　（2）指定对目的地 IP 地址进行反向名称解析。如果解析成功，ping 将显示相应的主机名：ping – a 本机 IP 地址。

　　（3）指定发送回响请求消息的次数，默认值为 4：ping – n Count 本机 IP 地址。

　　（4）指定发送的回响请求消息中"数据"字段的长度（以字节表示），默认值为 32 字节。size 的最大值是 65 527 字节：ping – l size 目的主机/IP 地址。

　　（5）不允许对 ping 探测报分片：ping – f 目的主机/IP 地址。

　　（6）修改"ping"命令的请求超时时间：ping – w 目的主机/IP 地址。

　　指定等待每个回送应答的超时时间，单位为 ms，默认值为 1000ms。

4. 实训思考

通过 ping 命令使用的学习，完成如下操作。

（1）验证网卡工作正常与否。

（2）验证网络线路正常与否。

（3）验证 DNS 配置正确与否。

（4）估算你所用局域网的 MTU 是多少（使用 ping - f - l 参数）。

习　题

1. 选择题

（1）如果想知道网络适配器的物理地址，可以用以下（　　）命令。

A. ping　　　　　　　　B. ipconfig　　　　　　　C. netstat　　　　　　　D. tracert

（2）使用命令 ping www.baidu.com，出现"来自 115.239.210.27 的回复：字节=32 时间=15ms TTL=52"，表示的含义为（　　）。

　A. 网络连通状况不佳　　B. 网络不通　　　　　C. 网络畅通　　　　D. 命令出错

（3）如果想了解数据包到达目的主机所经过的路径、显示数据包经过的中继结点清单和到达时间，可选用以下（　　）命令。

　A. ping　　　　　　　　B. ipconfig　　　　　　　C. netstat　　　　　　　D. tracert

（4）ARP 协议的主要功能是（　　）。

　A. 将 MAC 地址解析为 IP 地址　　　　　　　B. 将 IP 地址解析为物理地址

　C. 将主机域名解析为 IP 地址　　　　　　　D. 将 IP 地址解析为主机域名

2. 简答题

（1）简述常用的网络命令有哪些，各自的功能是什么。

（2）简述如何使用 ping 命令来判断网络的连通性。

（3）简述 ARP 协议的工作原理。

4

Chapter

第 4 章
局域网组建技术

学习目标

- 掌握常见的局域网拓扑结构和特点
- 理解 IEEE 802 标准，理解两类介质
  访问控制的原理
- 掌握局域网组网的主要设备功能与选择
- 了解局域网可采用的技术
- 掌握无线局域网（WLAN）技术
- 掌握虚拟局域网（VLAN）技术

　　局域网（LAN）是最常见的计算机网络。校园网、企业网，甚至网吧、机房里使用的网络都是局域网。局域网作用范围小，且容易组建，成本低廉，甚至用一根网线将两台计算机相连，便形成一个最简单的小局域网。一般来说，较大的局域网都会利用集线器、交换机等网络通信设备将所有的计算机相连。那么到底如何组建一个局域网？组建后的局域网又是如何工作的呢？本章将会进行详细的阐述。

4.1　局域网概述

　　局域网（LAN）是当今计算机网络技术应用与发展非常活跃的一个领域。公司、企业、政府部门及至住宅小区内的计算机机都在通过 LAN 连接起来，以达到资源共享、信息传递和数据通信的目的。信息化进程的加快，更是刺激了通过 LAN 进行网络互连需求的剧增。因此，理解和掌握局域网技术就显得史加实用。

　　局域网的发展始于 20 世纪 70 年代，至今仍是网络发展中的一个活跃领域。由于 20 世纪 70 年代初，国际上推出了个人计算机（PC）并逐渐使其走入市场，PC 在计算机中所占比例越来越大，由此也推动了 LAN 的发展。早在 1972 年，美国加州大学就研制了被称为分布计算机系统（Distributed Computer System）的 NEWHALL 环网。1974 年英国剑桥大学研制的剑桥环网（Cambridge Ring）和 1975 年美国 Xerox 公司推出的第一个总线拓扑结构的实验性以太网（Ethernet）则成为最初 LAN 的典型代表。1977 年，日本京都大学首度研制成功了以光纤为传输介质的局域网络。

　　20 世纪 80 年代以后，随着网络技术、通信技术和微型机的发展，LAN 技术得到了迅速的发展和完善，多种类型的局域网络纷纷出现，越来越多的制造商投入到局域网络的研制潮流中，一些标准化组织也致力于 LAN 的有关标准和协议。同时，包括传输介质和转接器件在内的网络组件的发展，连同高性能的微机一起构成了局域网的基本硬件基础，使局域网被赋予更强的功能和生命力。到了 20 世纪 80 年代后期，LAN 的产品就已经进入专业化生产和商品化的成熟阶段。在此期间，LAN 的典型产品有美国 DEC、Intel 和 Xerox 三家公司联合研制并推出的 3COM Ethernet 系列产品和 IBM 公司开发的令牌环，与此同时，NOVELL 公司设计并生产出了 Novell Netware 系列局域网网络操作系统产品。

　　到了 20 世纪 90 年代，LAN 更是在速度、带宽等指标方面有了更大进展，并且在 LAN 的访问、服务、管理、安全和保密等方面都有了进一步的改善。例如，以太网（Ethernet）产品从传输速率为 10Mbit/s 发展到 100Mbit/s 的高速以太网，并继续提高至千兆（1000Mbit/s）以太网。至 2002 年，IEEE 还颁布了关于万兆以太网标准。

4.1.1　局域网的特点

　　局域网技术是当前计算机网络研究与应用的一个热点问题，也是目前技术发展最快的领域之一。局域网具有如下特点。

　　（1）网络所覆盖的地理范围比较小。通常不超过几十千米，甚至只在一幢建筑或一个房间内。

　　（2）具有较高的数据传播速率，通常为 10Mbit/s～100Mbit/s，高速局城网可达 1Gbit/s（千兆以太网）。

　　（3）协议比较简单，网络拓扑结构灵活多变，容易进行扩展和管理。

（4）具有较低的延迟和误码率，其误码率一般在 $10^{-8} \sim 10^{-10}$ 之间，这是因为传输距离短，传输介质质量较好，因而可靠性高。

（5）局域网络的经营权和管理权属于某个单位所有，与广域网通常由服务提供商提供形成鲜明对照。

（6）便于安装、维护和扩充，建网成本低、周期短。

尽管局域网地理覆盖范围小，但这并不意味着它们必定是小型的或简单的网络。局域网可以扩展得相当大或者非常复杂，配有成千上万用户的局域网也是很常见的事。

局域网的应用范围极广，可应用于办公自动化、生产自动化、企事业单位的管理、银行业务处理、军事指挥控制、商业管理等方面。局域网的主要功能首先是实现资源共享，其次是更好地实现数据通信与交换以及数据的分布处理。

一般来说，决定局域网特性的主要技术要素是网络拓扑结构、传输介质与介质访问控制方法。

4.1.2 局域网的拓扑结构

在计算机网络中，计算机等网络设备要实现互联，就需要以一定的结构方式进行连接，这种连接方式就叫作"拓扑结构"，通俗地讲，拓扑结构描述网络设备是如何连接在一起的。局域网与广域网的一个主要区别在于它们覆盖的地理范围，由于局域网设计的主要目标是覆盖一个公司、一所大学或一幢甚至几幢大楼的"有限的地理范围"，因此它的基本通信机制上选择了"共享介质"方式和"交换"方式。因此，局域网在传输介质的物理连接方式、介质访问控制方法上形成了自己的特点，在网络拓扑上主要采用总线型、环状与星状结构。

1. 总线型拓扑结构

总线型拓扑是局域网最主要的拓扑结构之一，如图 4.1 所示。所有的站点都直接连接到一条作为公共传输介质的总线上，所有节点都可以通过总线传输介质发送或接收数据，但一段时间内只允许一个节点利用总线发送数据。当一个节点利用总线传输介质以"广播"方式发送信号时，其他节点都可以"收听"到所发送的信号。由于总线作为公共传输介质为多个节点所共享，所以在总线型拓扑结构中就有可能出现同一时刻有两个或两个以上节点利用总线发送数据的情况，这种现象被称为"冲突"（collision）。冲突会造成数据传输的失效，因为接收节点无法从所接收的信号中还原出有效的数据。因此需要提供一种机制用于解决冲突问题。

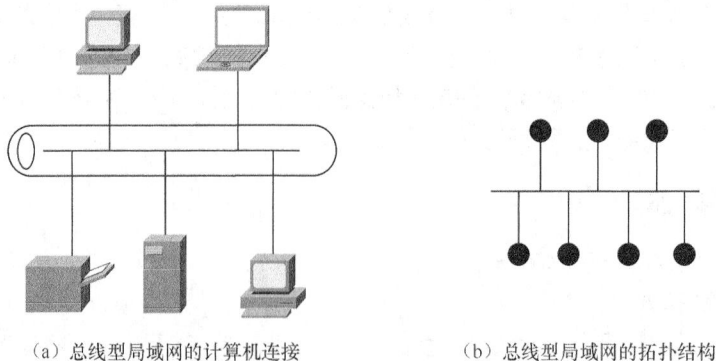

(a) 总线型局域网的计算机连接　　(b) 总线型局域网的拓扑结构

图4.1　总线型局域网

总线型拓扑结构的优点如下。

（1）结构简单，价格低廉，实现容易；易于安装和维护。

（2）用户站点入网灵活，易于扩充，增加或减少用户比较方便。

（3）某个节点的故障不影响网络的工作。

总线型拓扑的缺点如下。

（1）总线的传输距离有限，通信范围受到限制。

（2）故障诊断和隔离较困难，传输介质故障难以排除。

2. 环状拓扑结构

在环状拓扑结构中，所有的节点通过通信线路连接成一个闭合的环。在环中，数据沿着一个方向绕环逐站传输，如图 4.2 所示。环状拓扑结构也是一种共享介质结构，多个节点共享一条环型通路。为了确定环中每个节点在什么时候可以传送数据帧，同样要提供旨在解决冲突问题的介质访问控制机制。

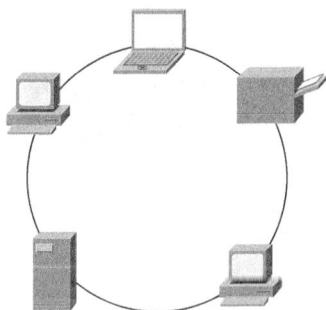

（a）环形局域网的计算机连接　　　　　（b）环形局域网的拓扑结构

图4.2　环状局域网

由于信息包在封闭环中必须沿每个节点单向传输，因此，环中任何一段的故障都会使各站之间的通信受阻。为了增加环状拓扑可靠性，人们还引入了双环拓扑。所谓双环拓扑就是在单环的基础上，在各站点之间再连接一个备用环，从而当主环发生故障时，由备用环继续工作。

环状拓扑的优点如下。

（1）能够较有效地避免冲突。

（2）增加或减少工作站时，仅需简单的连接操作。

（3）可使用光纤。

环形拓扑的缺点如下。

（1）节点的故障会引起全网故障，故障检测困难。

（2）增加和减少节点较复杂，单环传输不可靠。

（3）结构中的网卡等通信部件比较昂贵且管理较复杂。

3. 星状拓扑结构

星状拓扑结构是由中央节点和一系列通过点到点链路接到中央节点的节点组成的，它是目前局域网中最常用及最主要的一种拓扑结构，如图 4.3 所示。各节点以中央节点为中心相连接，各节点与中央节点以点对点方式连接。任何两节点之间的数据通信都要通过中央节点，中央节点集中执行通信控制策略，主要完成节点间通信时物理连接的建立、维护和拆除。

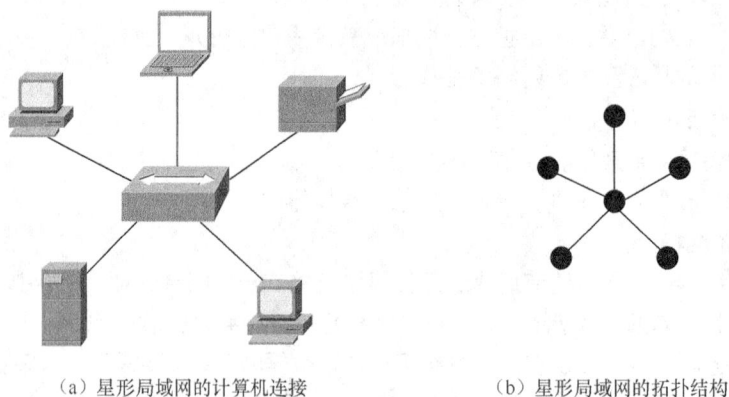

（a）星形局域网的计算机连接　　　　　　（b）星形局域网的拓扑结构

图4.3　星状局域网

星形拓扑结构的优点如下。

（1）控制简单，管理方便，利用中央节点可方便地提供网络连接和重新配置。

（2）容易诊断故障和隔离故障，且单个连接点的故障只影响一个设备，不会影响全网。

（3）可扩充性强，组网容易，便于维护。

星状拓扑结构的缺点如下。

（1）电缆长度和安装工作量可观。

（2）中央节点的负担较重，形成瓶颈。

（3）中心节点故障会直接造成网络瘫痪。

4.2　局域网协议和体系结构

局域网出现之后，发展迅速，类型繁多，为了促进产品的标准化以增加产品的互操作性，1980年2月，美国电气和电子工程师学会（IEEE）成立了局域网标准化委员会（简称 IEEE802 委员会），研究并制定了关于局域网的 IEEE 802 标准。在这些标准中根据局域网的多种类型，规定了各自的拓扑结构、媒体访问控制方法、帧的格式和操作等内容。

4.2.1　IEEE 802 标准概述

1985 年，IEEE 公布了 IEEE 802 标准的五项标准文本，同年该标准为美国国家标准学会（ANSI）采纳作为美国国家标准。后来，国际标准化组织（ISO）经过讨论，建议将 IEEE802 标准定为局域网国际标准。

IEEE 802 为局域网制定了一系列标准，主要有如下 12 种，其中各个子标准之间的关系，如图 4.4 所示。

（1）IEEE 802.1 概述了局域网体系结构以及寻址、网络管理和网络互连。

（2）IEEE 802.2 定义了逻辑链路控制（LLC）子层的功能与服务。

（3）IEEE 802.3 描述总线以太网（Ethernet）式介质访问控制协议（CSMA/CD）及相应物理层规范。

（4）IEEE 802.4 描述令牌总线（token bus）式介质访问控制协议及相应物理层规范。

（5）IEEE 802.5 描述令牌环（token ring）式介质访问控制协议及相应物理层规范。

（6）IEEE 802.6 描述城域网（MAN）的介质访问控制协议及相应物理层规范。

（7）IEEE 802.7 描述宽带网介质访问控制方法及物理层技术规范。

（8）IEEE 802.8 描述光纤网介质访问控制方法及物理层技术规范。

（9）IEEE 802.9 描述语音和数据综合局域网技术。

（10）IEEE 802.10 描述局域网安全与解密问题。

（11）IEEE 802.11 描述无线局域网技术。

（12）IEEE 802.12 描述用于高速局域网的介质访问方法及相应的物理层规范。

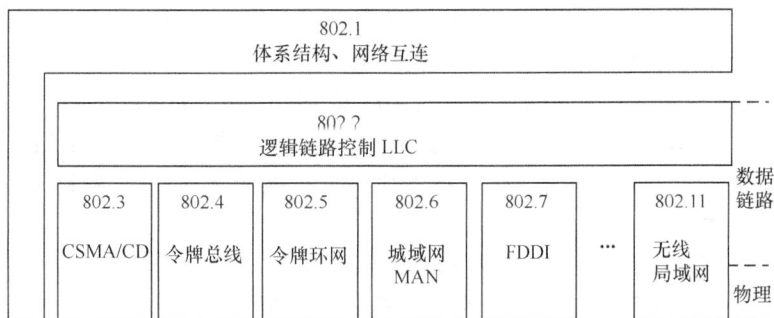

图4.4　IEEE 802协议的结构图

从图 4.4 中可以看出，ICEE 802 标准实际上是一个由一系列协议组成的标准体系。随着局域网技术的发展，该体系在不断地增加新的标准和协议，其中 802.3 家族就随着以太网技术的发展出现了许多新的成员。

4.2.2　局域网的体系结构

局域网的体系结构与 OSI 模型有相当大的区别，如图 4.5 所示，局域网只涉及 OSI 的物理层和数据链路层。那么为什么没有网络层及网络层以上的各层呢？首先，局域网是一种通信网，只涉及有关的通信功能。其次，由于局域网基本上采用共享信道的技术，所以也可以不设立单独的网络层。也就是说，不同局域网技术的区别主要在物理层和数据链路层，当这些不同的局域网需要在网络层实现互连时，可以借助其他已有的通用网络层协议如 IP。

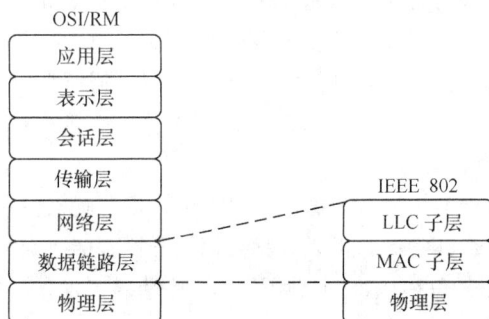

图4.5　IEEE 802的局域网参考模型与OSI参考模型的对应关系

（1）从图 4.5 中可以看出，局域网的物理层和 OSI 七层模型的物理层功能相当，主要涉及局域网物理链路上原始比特流的传送，定义局域网物理层的机械、电气、规程和功能特性，如信号的传输与接收、同步序列的产生和删除等，物理连接的建立、维护、撤销等。物理层还规定了局域网所使用的信号、编码、传输介质、拓扑结构和传输速率。例如，信号编码可以采用曼彻斯特编码；传输介质可采用双绞线、同轴电缆、光缆甚至是无线传输介质；拓扑结构则支持总线型、星状、环状和混合型等，可提供多种不同的数据传输率。

（2）数据链路层的一个主要功能是适应种类多样的传输介质，并且在任何一个特定的介质上处理信道的占用、站点的标识和寻址问题。在局域网中这个功能由 MAC 子层实现。由于 MAC 子层因物理层介质的不同而不同，它分别由多个标准分别定义。例如 IEEE 802.3 定义了以太网（Ethernet）的 MAC 子层，IEEE 802.4 定义了令牌总线网（Token Bus）的 MAC 子层，而 IEEE 802.5 定义了令牌环网（Token Ring）的 MAC 子层，IEEE 802.11 定义了无线局域网（Wireless LAN，WLAN）。此外，MAC 子层还负责对入站的数据帧进行完整性校验。

MAC 子层使用 MAC 地址（也称物理地址）标识每一节点。通常发送方的 MAC 子层将目的计算机的 MAC 地址添加到数据帧上，当此数据帧传递到接收方的 MAC 子层后，它检查该帧的目的地址是否与自己的地址相匹配。如果目的地址与自己的地址不匹配，就将这一帧抛弃；如果相匹配，就将它发送到上一层。

（3）数据链路层的另一个主要功能是封装和标识上层数据，在局域网中这个功能由 LLC 子层实现。IEEE 802.2 定义了 LLC 子层，为 802 系列标准共用。

LLC 子层对网络层数据添加 802.2 LLC 头进行封装，为了区别网络层数据类型，实现多种协议复用链路，LLC 子层用 SAP（Service Access Point，服务访问点）标志上层协议。LLC 标准包括两个服务访问点：SSAP（Source Service Access Point，源服务访问点）和 DSAP（Destination Service Access Point，目的服务访问点），分别用以标识发送方和接收方的网络层协议。SAP 长度为 1 字节，且仅保留其中 6 位用于标识上层协议，因此其能够标识的协议数不超过 32 种，为确保 IEEE 802.2 LLC 上支持更多的上层协议，IEEE 发布了 802.2 SNAP（SubNetwork Access Protoc）标准。802.2 SNAP 也用 LLC 头封装上层数据，但其扩展了 LLC 属性，将 SAP 的值设置为 AA，而新添加了一个 2 字节长的协议类型（Type）字段，从而可以标识更多的上层协议。

4.2.3 IEEE 802.3 协议

IEEE 802.3 协议定义了总线以太网标准，是一个使用 CSMA/CD 媒体访问控制方法的协议标准。最初大部分局域网是将许多计算机都连接到一根总线上，即总线网。总线网的通信方式是广播通信，当一台计算机发送数据时，总线上所有计算机都能检测到这个数据。仅当数据帧中的目的地址与计算机的地址一致时，该计算机才接收这个数据帧。计算机对不是发送给自己的数据帧，则一律不接收（即丢弃），如图 4.6 所示。

在总线上，只要有一台计算机发送数据，总线的传输资源就被占用。因此，在同一时间只能允许一台计算机发送信息，否则各计算机之间就会相互干扰，结果谁都无法正常发送数据。如何协调总线上各计算机的工作，总线以太网采用了一种特殊的技术，即载波监听多路访问/冲突检测（Carrier Sense Multiple Access with Collision Detection，CSMA/CD）技术。

CSMA/CD 的工作原理可概括成四句话：即先听后发，边发边听，冲突停止，随机延时重发。工作过程如图 4.7 所示。

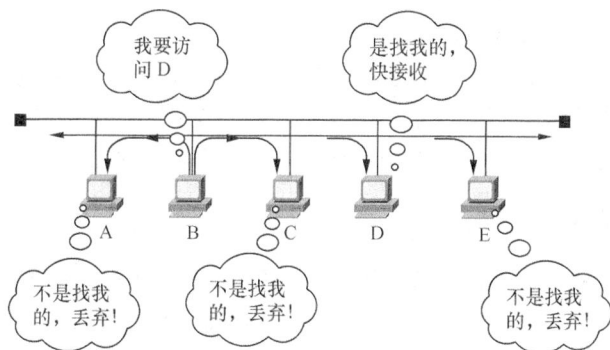

图4.6　总线型局域网传输方式

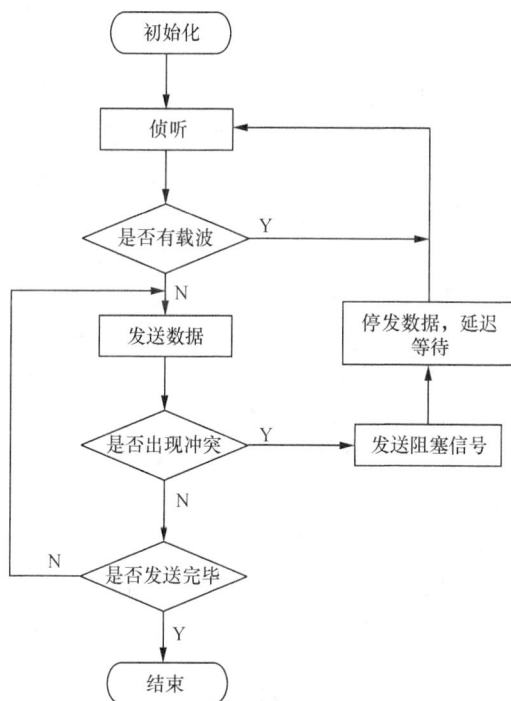

图4.7　CSMA/CD的工作过程

（1）当一个站点想要发送数据的时候，它检测网络查看是否有其他站点正在传输，即侦听信道是否空闲。

（2）如果信道忙，则等待，直到信道空闲则发送信息。

（3）如果信道闲，站点就传输数据。

（4）在发送数据的同时，站点继续侦听总线，确定是否有其他站点在同时传输数据。因为有可能两个或多个站点都同时检测到网络空闲，从而造成几乎在同一时刻开始传输数据。如果两个或多个站点同时发送数据，就会产生冲突。

（5）当一个传输节点识别出一个冲突，随即就发送一个拥塞信号，这个信号使得冲突的时间足够长，让其他的节点都能发现。

（6）当其他节点收到拥塞信号后，都停止传输，等待一个随机产生的时间间隙（回退时间，Back off Time）后，重新进入侦听发送阶段。

CSMA/CD 采用的是一种"有空就发"的竞争型访问策略，因而不可避免会出现信道空闲时多个站点同时争发的现象，无法完全消除冲突，只能是采取一些措施减少冲突，并对产生的冲突进行处理。因此采用这种协议的局域网环境不适合于对实时性要求较强的网络应用。

4.2.4 IEEE 802.5 协议

早期局域网存在一种环状结构，而环状网中采用令牌技术来进行访问控制。为此 IEEE 组织为其定义了 IEEE 802.5 协议，阐述了令牌环（Token Ring）技术。Token Ring 是令牌传送环（Token Passing Ring）的简写。令牌环的结构是只有一条环路，信息沿环单向流动，不存在路径选择问题。

在令牌环网中，为了保证在共享环上数据传送的有效性，任何时刻也只允许一个节点发送数据。为此，在环中引入了令牌传递机制。任何时候，在环中有一个特殊格式的帧在物理环中沿固定方向逐站传送，这个特殊帧称为令牌。令牌是用来控制各个节点介质访问权限的控制帧。当一个站点想发送帧时，必须获得空闲令牌，并在启动数据帧的传送前将令牌帧中的忙/闲状态位置于"忙"，然后附在信息尾部向下一站发送，数据帧沿与令牌相同的方向传送，此时由于环中已没有空闲令牌，因此其他希望发送的工作站必须等待，也就是说，任何时候，环中只能有一个节点发送数据，而其余站点只能允许接收帧。当数据帧沿途经过各站的环接口时，各站将该帧的目的地址与本站地址进行比较，若不相符，则转发该帧；若相符，则一方面复制全部帧信息放入接收缓冲以送入本站的高层，另一方面修改环上帧的接收状态位，修改后的帧在环上继续流动直到循环一周后回到发送站，由发送站将帧移去。按这种方式工作，发送权一直在源站点控制之下，只有发送信息的源站点放弃发送权，或拥有令牌的时间到，其才会释放令牌，即将令牌帧中的状态位置"空"后，再放到环上去传送，这样其他站点才有机会得到空令牌以发送自己的信息。

归纳起来，在令牌环中主要有下面的 3 种操作。

（1）截获令牌并且发送数据帧。如果没有节点需要发送数据，令牌就由各个节点沿固定的顺序逐个传递；如果某个节点需要发送数据，它要等待令牌的到来，当空闲令牌传到这个节点时，该节点修改令牌帧中的标志，使其变为"忙"的状态，然后去掉令牌的尾部，加上数据，成为数据帧，发送到下一个节点。

（2）接收与转发数据。数据帧每经过一个节点，该节点就比较数据帧中的目的地址，如果不属于本节点，则转发出去；如果属于本节点，则复制到本节点的计算机中，同时在帧中设置已经复制的标志，然后向下一节点转发。

（3）取消数据帧并且重发令牌。由于环状网在物理上是个闭环，一个帧可能在环中不停地流动，所以必须清除。当数据帧通过闭环重新传到发送节点时，发送节点不再转发，而是检查发送是否成功。如果发现数据帧没有被复制（传输失败），则重发该数据帧；如果发现传输成功，则清除该数据帧，并且产生一个新的空闲令牌发送到环上。

4.3 架设局域网的硬件设备

要想把多个计算机连接成局域网，需要多种硬件设备，包括网卡、集线器、交换机、网线等。

4.3.1 网卡

网卡（Network Interface Card，NIC），又名网络适配器。它是计算机和网络线缆之间的物理接口，是一个独立的附加接口电路。任何的计算机要想连入网络就必须确保在主板上接入网卡，因此，网卡是计算机网络中最常见也是最重要的物理设备之一。根据工作对象不同，局域网中的网卡（也称以太网网卡）可以分为普通计算机网卡、服务器专用网卡、笔记本专用网卡（PCMCIA）和无线网卡，如图 4.8 所示。

普通计算机网卡　　四接口 10/100Mbit/s　　PCMCIA 网卡　　USB 无线网卡
　　　　　　　　　自适应双速服务器网卡

图4.8　各种类型网卡

1. 网卡的功能

网卡能够完成物理层和数据链路层的大部分功能。其主要功能是将计算机要发送的数据整理分解为数据包，转换成串行的光信号或电信号送至网线上传输；同样也把网线上传过来的信号整理转换成并行的数字信号，提供给计算机。因此网卡的功能可概括为：并行数据和串行信号之间的转换、数据包的装配与拆装、网络访问控制和数据缓冲等。

网卡上面装有处理器和存储器（包括 RAM 和 ROM）。网卡和局域网之间的通信是通过电缆或双绞线以串行方式进行的。而网卡和计算机之间的通信则是通过计算机主板上的 I/O 总线以并行传输方式进行的。因此，网卡的一个重要的功能就是进行串行/并行转换。由于网络上的数据率和计算机总线上的数据率并不相同，因此在网卡中必须装有对数据进行缓存的存储芯片。

在安装网卡时必须将管理网卡的设备驱动程序安装在计算机的操作系统中，这个驱动程序将告诉网卡如何将局域网传输过来的数据存储下来。

网卡并不是独立的自治单元，因为网卡本身不带电源，必须使用配套计算机的电源，并受该计算机的控制，因此网卡可看成一个半自治的单元。当网卡收到一个有差错的帧时，它会将这个帧丢弃而不通知计算机；当网卡收到一个正确的帧时，它就使用中断来通知计算机并交付给协议层中的网络层；当计算机要发送一个 IP 数据包时，它就由协议栈向下交给网卡，组装成帧后发送到局域网。

2. 网卡的分类

网卡的种类非常多。按照不同的标准，可以进行不同的分类。最常见的是按传输速率、总线接口和连接器接口来分类。

（1）按传输速率分类。可分为 10Mbit/s、100Mbit/s、10/100Mbit/s 自适应以及 1Gbit/s 的网卡。

（2）按接口类型分类。网卡的接口种类繁多，早期的网卡主要分 AUI 粗缆接口和 BNC 细缆接口两种，但随着同轴电缆淡出市场，这两种接口类型的网卡也基本被淘汰。目前网卡主要是有 RJ45 接口和光纤接口两种。

（3）按总线接口类型分类。ISA 总行网卡和 PCI 总线网卡已经基本消失，集成于主板的网卡是现在市场上的主流。另外 USB 网卡是一种外置的网卡，安装方便，主要用于无线网络。

3. 网卡的 MAC 地址

MAC（Media Access Control，介质访问控制）地址也称为物理地址（Physical Address），是内置在网卡中的一组代码，是一个共 48 位的二进制数（6 个字节），常用 12 个十六进制数表示。在 Windows 系统中，可通过运行 cmd 命令，在出现的命令提示符窗口中输入"ipconfig/all"，可查看到网卡的 MAC 地址。如图 4.9 所示，此计算机的 MAC 地址为 00-06-1B-DE-48-BF。

```
C:\WINDOWS\system32\cmd.exe

Microsoft Windows XP [版本 5.1.2600]
(C) 版权所有 1985-2001 Microsoft Corp.

C:\Documents and Settings\homeman>ipconfig /all

Windows IP Configuration

        Host Name . . . . . . . . . . . . : dreamgoing
        Primary Dns Suffix  . . . . . . . :
        Node Type . . . . . . . . . . . . : Hybrid
        IP Routing Enabled. . . . . . . . : No
        WINS Proxy Enabled. . . . . . . . : No

Ethernet adapter 本地连接:

        Connection-specific DNS Suffix  . :
        Description . . . . . . . . . . . : Broadcom NetXtreme Fast Ethernet
        Physical Address. . . . . . . . . : 00-06-1B-DE-48-BF
        Dhcp Enabled. . . . . . . . . . . : No
        IP Address. . . . . . . . . . . . : 172.16.19.68
        Subnet Mask . . . . . . . . . . . : 255.255.255.0
        Default Gateway . . . . . . . . . : 172.16.19.1
```

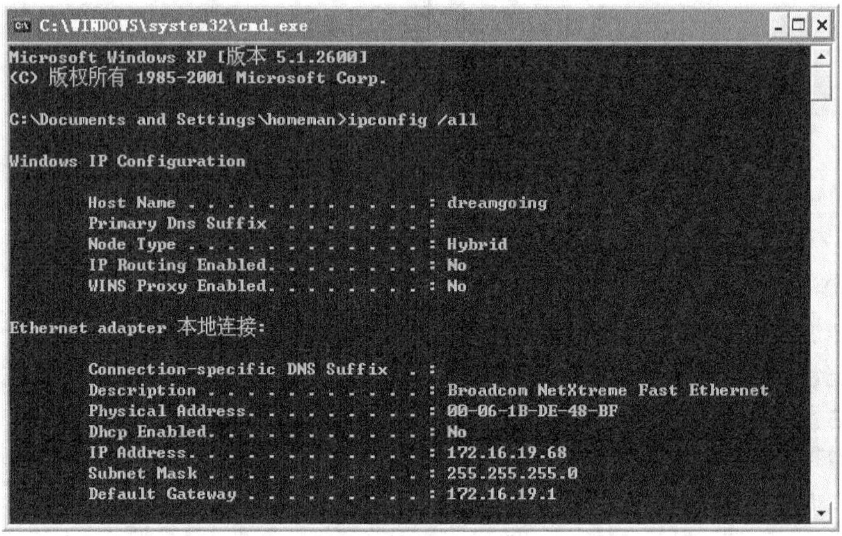

图4.9　网卡的MAC地址

对于 MAC 地址来说，前 6 个十六进制数代表网络硬件制造商的编号，如图 4.9 中的"00-06-1B"，它由 IEEE 组织分配。而后 6 个十六进制数代表在制造商所制造的网络产品（如网卡）的序列号，如图 4.9 中的"DE-48-BF"。每个网络制造商必须确保它所生产的每个网络设备都具有相同的前 6 个十六进制数以及不同的后 6 个十六进制数。从理论上讲，MAC 地址的数量可高达 2^{48}，这样就可保证世界上每个网络设备都具有唯一的 MAC 地址。

MAC 地址主要有以下两个方面的作用。

（1）网络通信基础。网络中的数据以数据包的形式进行传输，并且每个数据包又被分割成很多帧，用以在各网络设备之间进行数据转发。每个帧的帧头中包含源 MAC 地址、目的 MAC 地址和数据帧中的通信协议类型。在数据转发的过程中，帧会根据帧头中保存的目的 MAC 地址自动将数据帧转发到对应的网络设备中。由此可见，如果没有 MAC 地址，数据在网络设备中根本无法传输，局域网也就失去了存在的意义。

（2）保障网络安全。网络安全目前已成为网络管理中最热门的关键词之一。借助 MAC 地址的唯一性和不易修改的特性，可以将具有 MAC 地址绑定功能的交换机端口与网卡的 MAC 地址绑定。这样可以使某个交换机端口只允许拥有特定 MAC 地址的网卡访问，而拒绝其他 MAC 地址的网卡对该端口的访问。这样的安全措施对小区宽带、校园网和无线网络尤其合适。

4.3.2 局域网的传输介质

网络中各站点之间的数据传输必须依靠某种传输介质来实现。传输介质种类很多，适用于局域网的介质主要有 3 类：双绞线、同轴电缆和光纤。

1. 双绞线

双绞线（Twisted Pair Cable）由绞合在一起的一对导线组成，这样做减少了各导线之间的电磁干扰，并具有抗外界电磁干扰的能力。双绞线电缆可以分为两类：屏蔽型双绞线（STP）和非屏蔽型双绞线（UTP）。屏蔽型双绞线外面环绕着一圈保护层，有效减小了影响信号传输的电磁干扰，但相应增加了成本，如图 4.10 所示。

图4.10　屏蔽型双绞线

而非屏蔽型双绞线没有保护层，易受电磁干扰，但成本较低，非屏蔽双绞线广泛用于星状拓扑的以太网。采用新的电缆规范，如 10BaseT 和 100BaseT，可使非屏蔽型双绞线达到 10Mbit/s 以至 100Mbit/s 的传输数率。双绞线的优势在于它使用了电信工业中已经比较成熟的技术，因此，对系统的建立和维护都要容易得多。在不需要较强抗干扰能力的环境中，选择双绞线特别是非屏蔽型双绞线，既利于安装，又节省了成本，所以非屏蔽型双绞线往往是办公环境下网络介质的首选。双绞线的最大缺点是抗干扰能力不强，特别是非屏蔽型双绞线。非屏蔽型双绞线两头一般都会用水晶头包裹好，这个水晶头其实就是一个 RJ-45 接口，可以插入到网卡、交换机和集线器的 RJ-45 接口里，从而促成各种网络设备的互连，如图 4.11 所示。

图4.11　非屏蔽型双绞线和RJ-45接口

UTP 电缆中共有 4 对双绞线，每一对线由两根绝缘铜导线相互扭绕而成，绝缘层上分别涂有不同的颜色（相绕的两根中一根为单一的颜色，另一根为该颜色与白色相间隔的颜色），颜色分别为绿白、绿、橙、橙白、蓝、蓝白、棕、棕白。除 4 对双绞线外，还有一条抗拉线，其主要作用是提高双绞线的抗拉性。

2. 同轴电缆

同轴电缆由内、外两个导体组成，且这两个导体是同轴线的，所以称为同轴电缆。在同轴电缆中，内导体是一根导线，外导体是一个圆柱面，两者之间有填充物。外导体能够屏蔽外界电磁场对内导体信号的干扰，如图 4.12 所示。

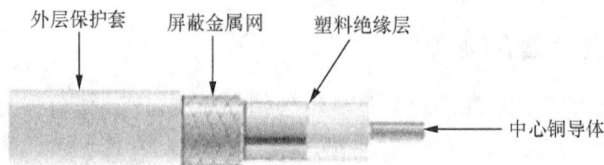

外层保护套　屏蔽金属网　塑料绝缘层

中心铜导体

图4.12　同轴电缆

同轴电缆的分类如下。

（1）按照传输信号特点分，同轴电缆可分为基带同轴电缆和宽带同轴电缆。基带同轴电缆采用基带传输，即传输数字信号，用于构建局域网。宽带同轴电缆采用宽带传输，即传输模拟信号，用于构建有线电视网。

（2）按照同轴电缆直径分，同轴电缆可分为粗缆和细览。粗缆直径约为10mm，细缆直径约为5mm。粗缆传输性能优于细缆。在传输速率为10Mbit/s时，粗缆传输距离可达500～1000m，细缆传输距离为200～300m。

3. 光导纤维

光导纤维简称为光纤。对于计算机网络而言，光纤具有无可比拟的优势。光纤由纤芯、包层及护套组成。纤芯由玻璃或塑料组成；包层则是玻璃的，使光信号可以反射回去，沿着光纤传输；护套则由塑料组成，用于防止外界的伤害和干扰，如图4.13所示。

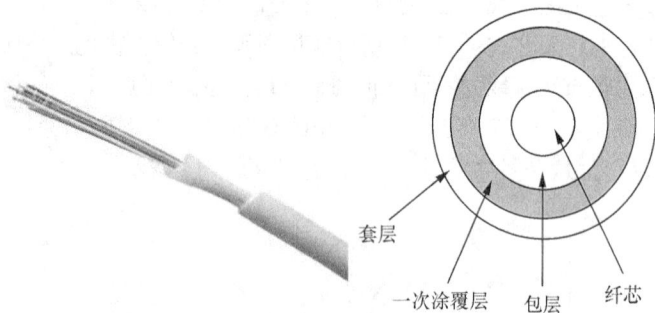

套层

一次涂覆层　　包层　　纤芯

图4.13　光纤及其结构

光波由发光二极管或激光二极管产生，接收端使用光电二极管将光信号转为数据信号。光导纤维传输损耗小、频带宽、信号畸变小，传输距离几乎不受限制，且具有极强的抗电磁干扰能力，因此，光纤现在已经被广泛地应用于各种网络的数据传输中。

按光在光纤中的传输模式，光纤可分为多模光纤和单模光纤。在纤芯内有多条不同角度的光线在传输，这种光纤叫作多模光纤。当光纤的直径非常小，小到接近一个光的波长时，光线就不会产生多次反射，而是沿着直线向前传输，这种光纤称为单模光纤。多模光纤和单模光纤分别如图4.14、图4.15所示。

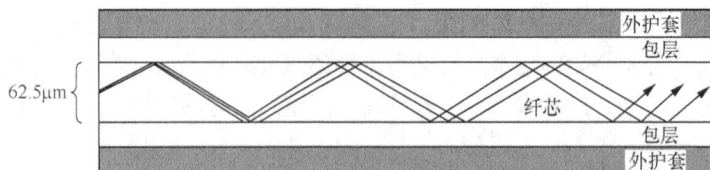

外护套

包层

62.5μm

纤芯

包层

外护套

图4.14　多模光纤

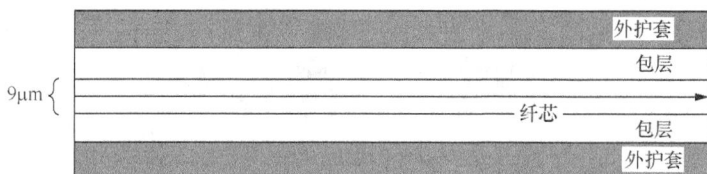

图4.15　单模光纤

单模光纤中只传输一种模式的光，而多模光纤则同时传输多种模式的光。因此，与多模光纤相比，单模光纤模间色散较小，更适用于远距离传输。

4.3.3　集线器

集线器（Hub）的主要功能是对接收到的信号进行再生整形放大，以扩大网络的传输距离，所以它具有在物理上扩展网络的功能，属于物理层设备，如图 4.16 所示。

图4.16　集线器

集线器可以把所有节点集中在以它为中心的节点上，它不具备任何智能功能，只是简单地把电信号放大，它发送数据没有针对性，采用广播方式发送，因此会将数据转发给所有端口，从而造成集线器连接的所以终端都在一个冲突域中。集线器一般只用于局域网，需要加电，可以把数个计算机用双绞线连接起来组成一个简单的网络，如图 4.17 所示，利用集线器组建一个简单的星状共享式局域网。

当一台计算机需要发送数据时，首先把需要传输的信息通过网卡转换成网线上传送的信号，并发至集线器，加电的集线器将这些信号放大，而后不经过任何处理就直接广播到集线器的所有端口。接收计算机从它连接集线器的端口接收信号，并通过它的网卡转换成数字信息，至此这个通信过程就完成了。在这个过程中，集线器只是完成简单的传送信号的任务，毫无智能而言，可以认为集线器只是用一根网线将所有的端口连接起来。

图 4.17 所示的集线器共有 10 个端口，无论哪个端口上接入计算机都可以接收并读取某计算机发送的信息，这样不能确保传输信息的安全性。由于集线器会将所有的数据包向所有的端口发送，因此如果集线器端口较多且连接计算机较多，那么集线器的广播量会增大，整个网络的性能会变差，数据可能频繁地由于冲突而被拒绝发送。

集线器通常具有如下功能和特性。

（1）可以是星状以太网的中央节点，工作在物理层。

（2）对接收到的信号进行再生整形放大，以扩大此信号网络的传输距离。

（3）普遍采用 RJ-45 标准接口。

（4）以广播的方式传送数据。

（5）无过滤功能，无路径检测功能。

（6）不同速率的集线器不能级联。

（7）所连接的客户端都在一个冲突域中。

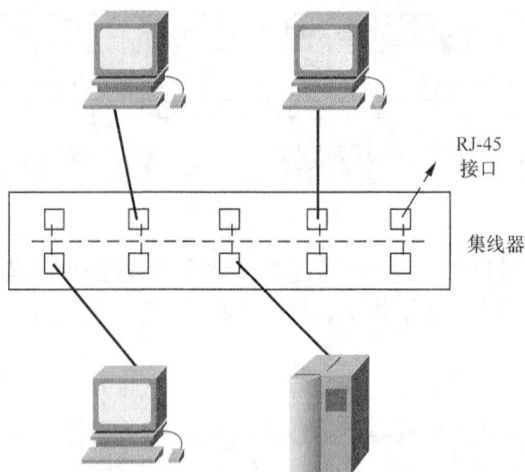

图4.17 适用集线器的共享式以太网

4.3.4 交换机

交换机（Switch）在外形上和集线器很相似，如图 4.18 所示，并且也应用于局域网，但是交换机属于数据链路层设备，它也采用 CSMA/CD 机制来检测及避免冲突，但与集线器不同的是，交换机各个端口会独立地进行冲突检测，发送和接收数据，互不干扰。所以交换机中的各个端口属于不同的冲突域。

图4.18 交换机

并且交换机具有智能和学习的能力。交换机接入网络后可以在短时间内学习掌握此网络的结构以及与它相连计算机的相关信息，并且可对接收到的数据进行过滤，然后将数据包送至与目的主机相连的接口。因此交换机比集线器传输速度更快，内部结构也更加复杂。

交换机通常具有如下功能和特性。

（1）可以是星状以太网的中央节点，工作在数据链路层。

（2）可以过滤接收到的信号，并把有效传输信息按照相关路径送至目的端口。

（3）一般采用 RJ-45 标准接口。

（4）参照每个计算机的接入位置，有目的地传送数据。

（5）有过滤功能和路径检测功能。

（6）不同类型的交换机和集线器可以相互级联。

（7）所连接的客户端都在一个独自的冲突域中。

1. 交换机的分类

由于交换机具有很多优越性，所以它的应用和发展非常迅速，出现了各种类型的交换机，以满足各种不同应用环境需求。交换机通常可分以下种类。

（1）以太网交换机。这种交换机用于宽带在 100Mbit/s 以下的局域网，具有应用广泛、价格低廉和种类齐全等特点。其通常采用的传输介质是双绞线、细同轴电缆和粗同轴电缆。该类交换机基本已经被淘汰。

（2）快速以太网交换机。这种交换机用于 100Mbit/s 快速以太网，其通常所采用的传输介质是双绞线。该类交换机广泛应用于接入层网络中。

（3）千兆以太网交换机。这种交换机应用于 1Gbit/s 的千兆以太网，所采用的传输介质有光纤和双绞线两种，它一般用于一个大型网络的骨干网络中。

（4）ATM 交换机。ATM 交换机主要用于 ATM 网络。ATM 网络由于其独特的技术特性，现在还只是用于电信、邮政网的主干网络中，不在普遍局域网中使用。它的传输介质一般采用光纤。

2. 交换机的 MAC 地址学习

为了转发报文，交换机需要维护 MAC 地址表，MAC 地址表的表项中包含了与本交换机相连的终端的 MAC 地址、本交换机连接主机的端口等信息。

在交换机刚启动时，它的 MAC 地址表中没有表项，如图 4.19 所示。此时如果交换机的某个端口收到数据帧，它会把数据帧从所有端口转发出去。这样，交换机就能够确保网络中其他所有的终端主机都能够收到此数据帧。但是，这种广播式转发的效率低下，占用了太多的网络带宽，并不是理想的转发模式。

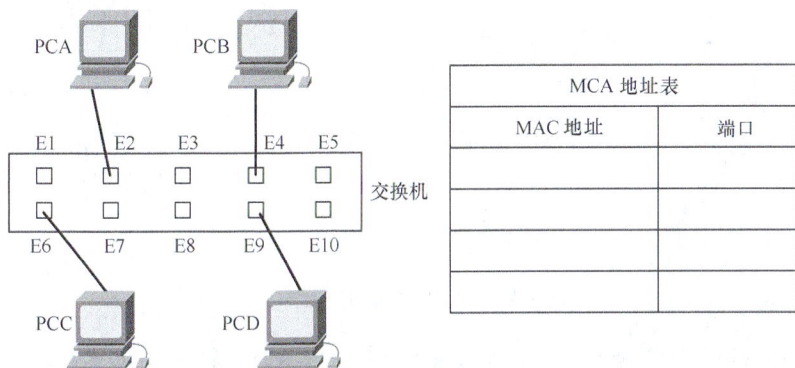

图4.19　MAC地址表初始状态

为了能够仅转发目标主机所需的数据，交换机就需要知道终端主机的位置，也就是主机连接在交换机的哪个端口上。这就需要交换机进行 MAC 地址表的正确学习。

交换机通过记录端口接收数据帧中的源 MAC 地址和端口的对应关系来进行 MAC 地址表的学习。

图 4.20 所示，PCA 发送数据帧，其源地址是自己的地址 MAC_A，目的地址是 PCD 的地址MAC_D。交换机在端口 E2 收到数据帧后，查看其中的源 MAC 地址，并添加到 MAC 地址表中。形成一条 MAC 地址表项。因为 MAC 地址表中没有 MAC_D 的相关记录，所以交换机把此数据帧从所有其他端口发送出去。因此其他 3 台主机都会收到此数据帧，并将提取目的 MAC 地址，

与自己网卡的 MAC 地址进行比较，只有 PCD 地址相同，则 PCD 接收此数据帧，另外两台 PCB 和 PCC 地址不相同，则它们会丢弃此数据帧。

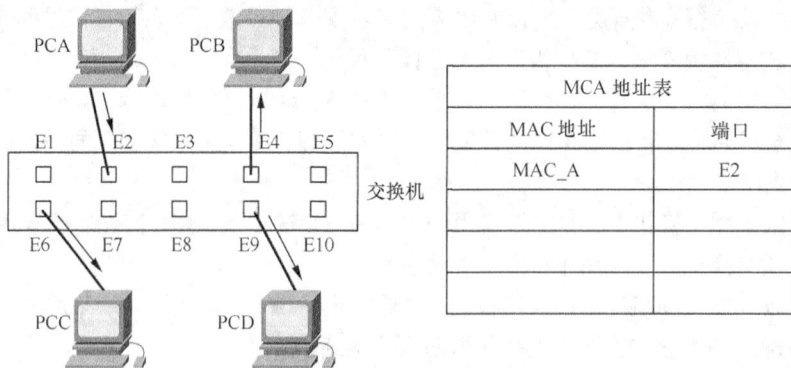

图4.20　PCA的MAC地址学习

交换机在学习 MAC 地址时，同时给每条表项设定一个老化时间，如果在老化时间到期之前一直没有刷新，则表项会被清空。交换机的 MAC 地址表的空间是有限的，设定表项老化时间有助于回收长久不用的 MAC 表项空间。

同样，当网络中其他 PC 发出数据帧时，交换机记录其中的源 MAC 地址，与接收到数据帧端口相关联起来，形成 MAC 地址表项，如图 4.21 所示。

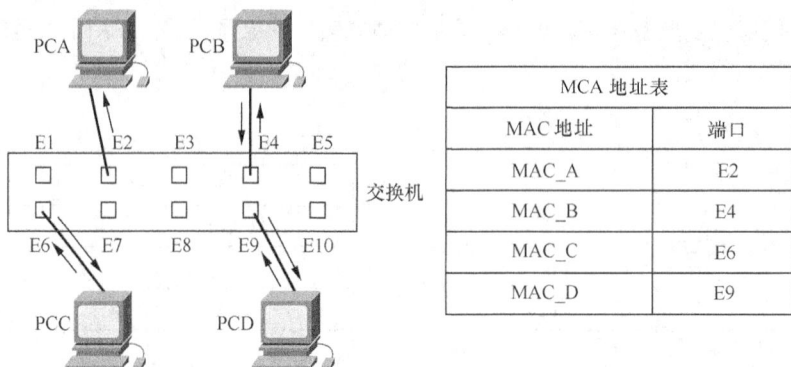

图4.21　其他PC的MAC地址学习

当网络中所有的主机的 MAC 地址在交换机中都有记录后，意味着 MAC 地址学习完成，也可以说交换机知道了所有主机的位置。

3. 交换机的数据帧的转发

MAC 地址表学习完成后，交换机根据 MAC 地址表项进行数据帧的转发，在进行转发时，遵循以下规则。

（1）对于已知单播数据帧（即目的 MAC 地址在交换机 MAC 地址表中有相应表项），则从 MAC 地址表中的 MAC 地址相对应的端口转发出去。

图 4.22 所示，PCB 发出数据帧，其目的地址是 PCD 的地址 MAC_D。交换机在端口 E4 收到数据帧后，检索 MAC 地址表项，发现目的 MAC 地址 MAC_D 所对应端口是 E9，就把此数据帧从 E9 中转发，不在端口 E2 和 E6 转发，PCA 和 PCC 也不会收到目的地址为 PCD 的数据帧。

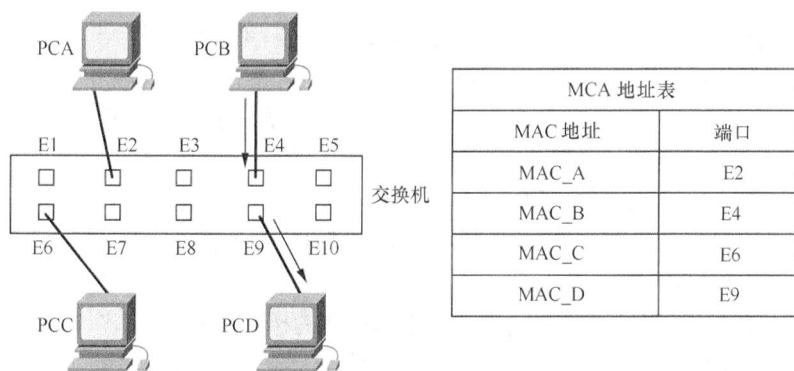

图4.22　已知单播数据帧的转发

（2）对于未知单播帧（即目的 MAC 地址在交换机 MAC 地址表中无相应表项）、组播帧和广播帧，则从除源端口外的其他端口转发出去。如图 4.23 所示，PCA 发送未知单播帧、组播帧或广播帧的转发情况。

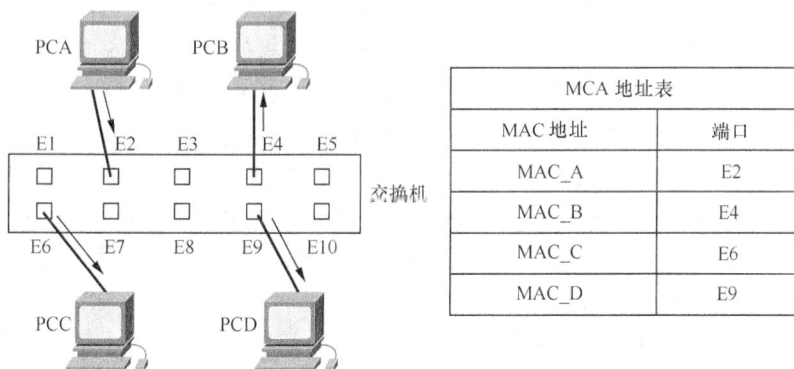

图4.23　未知单播、组播和广播数据帧的转发

4.4　局域网主要技术

目前常见的局域网技术包括以太网（Ethernet）、令牌环（Token Ring）、FDDI（Fiber Distributed Data Interf，光纤分布式数据接口）等，它们在拓扑结构、传输介质、传输速率、数据格式、控制机制等各方面都有很多不同。

随着以太网带宽的不断提高和可靠性的不断提升，令牌环和 FDDI 的优势不复存在，渐渐退出了局域网领域。以太网具有开发、简单、易于实现、易于部署的特性，已得到广泛应用，并迅速成为局域网中占统治地位的技术，另外，无线局域网技术的发展也非常迅速，已经进入大规模安装和普及阶段。

4.4.1　以太网系列

1. 标准以太网

以太网（Ethernet）是一种产生较早且使用相当广泛的局域网，由美国 Xerox（施乐）公司于 20 世纪 70 年代初期开始研究，1975 年推出了第一个局域网。由于它具有结构简单、工作可靠、易于扩展等优点，因而得到了广泛的应用。1980 年美国 Xerox、DEC 与 Intel 三家公司联合提出了以太网规范，这是世界上第一个局域网的技术标准。后来的以太网国际标准 IEEE 802.3 就是参照以太网的技术标准建立的，两者基本兼容。为了与后来提出的快速以太网相区别，通常将按 IEEE 802.3 规范生产的以太网产品简称为标准以太网。

标准以太网在物理层可以使用粗同轴电缆、细同轴电缆、非屏蔽双绞线、屏蔽双绞线、光纤等多种传输介质，并且在 IEEE 802.3 标准中，为不同的传输介质制定了不同的物理层标准。其中常用的标准有 10BASE-5、10BASE-2 和 10BASE-T 等。

（1）10BASE-5 称为粗缆以太网，是一种总线结构的标准以太网。其中，"10" 表示信号的传输速率为 10Mbit/s，"BASE" 表示信道上传输的是基带信号，"5" 表示每段电缆的最大长度为 500m。10BASE-5 采用曼彻斯特编码方式。粗缆以太网采用直径为 0.4 英寸、阻抗为 50Ω 的粗同轴电缆作为传输介质，每隔一段可以设置一个收发器，网内的主机通过收发器与收发器相连，接入以太网。粗缆的抗干扰性较强，一根粗缆能够传输 500m 远的距离。但粗缆的连接和布设烦琐，不便于使用。

（2）10Base-2 又称为细缆以太网，是一种总线结构的标准以太网。其中，"10" 表示信号的传输速率为 10Mbit/s，"BASE" 表示信道上传输的是基带信号，"2" 表示每段电缆的最大长度接近 200m。编码仍采用曼彻斯特编码方式。细缆以太网采用直径为 0.2 英寸、阻抗为 50Ω 的同轴电缆作为传输介质。然而在连接器做了进一步的改进，它使用连接更加可靠方便的 BNC "T" 型连接器。BNC 直接连接在计算机的网络接口卡上，不需要粗缆中的中间连接设备。

（3）10BASE-T 是标准以太网中最常用的一种标准，"10" 表示信号的传输速率为 10Mbit/s，"BASE" 表示信道上传输的是基带信号，"T" 是英文 Twisted-pair（双绞线电缆）的缩写，说明是使用双绞线电缆作为传输介质。编码也采用曼彻斯特编码方式。但其在网络拓扑结构上采用了以 10Mbit/s 集线器或 10Mbit/s 交换机为中心的星状拓扑结构。10BASE-T 的组网由网卡、集线器、交换机、双绞线等设备组成。例如，可以建立一个以集线器为星状拓扑中央节点的 10BASE-T 网络，所有的工作站都通过传输介质连接到集线器上，工作站与集线器之间的双绞线最大距离为 100m，网络扩展可以采用多个集线器来实现。

2. 快速以太网

标准以太网以 10Mbit/s 的速率传输数据，而随着以太网的广泛引用，10Mbit/s 速率已经不能适应大规模网络的应用，因此能否提供更高速率的传输成为以太网技术研究的一个新课题，快速以太网应运而生。快速以太网技术是由 10BASE-T 标准以太网发展而来，主要解决网络带宽在局域网络应用中的瓶颈问题。其协议标准为 1995 年颁布的 IEEE 802.3u 标准，其传输速率达到 100Mbit/s，并且与 10BASE-T 一样可支持共享式与交换式两种使用环境，在交换式以太网环境中可以实现全双工通信。IEEE 802.3u 在 MAC 子层仍采用 CSMA/CD 作为介质访问控制协议，并保留了 IEEE 802.3 的帧格式。但是，为了实现 100Mbit/s 的传输速率，在物理层做了一些重要的改进。例如，在编码上，采用了效率更高的编码方式。标准以太网采用曼彻斯特编码，其优点是具有自带时钟特性，能够将数据和时钟编码在一起，但其编码效率只能达到 1/2，即在具有 20Mbit/s 传送能力的介质中，只能传送 10Mbit/s 的信号。所以快速以太网没有采用曼彻斯特编码，而采用 4B/5B 编码。

100Mbit/s 快速以太网标准可分为：100BASE-TX、100BASE-FX 和 100BASE-T4。

（1）100BASE-TX 是一种使用 5 类数据级无屏蔽双绞线或屏蔽双绞线的快速以太网技

术。它使用两对双绞线，一对用于发送，一对用于接收数据。在传输中使用 4B / 5B 编码方式，信号频率为 125MHz。符合 EIA586 的 5 类布线标准和 IBM 的 SPT 1 类布线标准。使用同 10BASE-T 相同的 RJ-45 连接器。它的最大网段长度为 100m。它支持全双工的数据传输。

（2）100BASE-FX 是一种使用光缆的快速以太网技术，可使用单模和多模光纤（62.5μm 和125μm）多模光纤连接的最大距离为 550m。单模光纤连接的最大距离为 3000m。在传输中使用4B / 5B 编码方式，信号频率为 125MHz。它使用 MIC / FDDI 连接器、ST 连接器或 SC 连接器。它的最大网段长度为 150m、412m、2000m 或更长至 10km，这与所使用的光纤类型和工作模式有关，它支持全双工的数据传输。100BASE-FX 特别适合于有电气干扰的环境、较大距离连接或高保密环境等情况下的适用。

（3）100BASE-T4 是一种可使用 3、4、5 类无屏蔽双绞线或屏蔽双绞线的快速以太网技术。它使用 4 对双绞线，3 对用于传送数据，1 对用于检测冲突信号。在传输中使用 8B / 6I 编码方式，信号频率为 25MHz，符合 EIA586 结构化布线标准。它使用与 10BASE-T 相同的 RJ-45 连接器，最大网段长度为 100m。

3. 千兆以太网

网速为 1Gbit/s 的以太网称为千兆以太网，千兆以太网采用的标准是 802.3z，其要点如下。

（1）允许在全双工和半双工两种方式下工作。

（2）使用 802.3 协议规定的帧格式。

（3）在半双工下使用 CSMA/CD 协议。

（4）与 10Base-T 和 100Base-T 兼容。

千兆以太网在物理层共有两个标准。

（1）1000Base-X（802.3z 标准）是基于光纤通道的物理层。

（2）1000Base-T（802.3ab 标准）是使用 4 对 5 类 UTP，传送距离为 100m。

4. 万兆以太网

网速为 10Gbit/s 的以太网称为万兆以太网。其标准是 802.3ae，其特点如下。

（1）与 10Mbit/s、100Mbit/s、1Gbit/s 以太网的帧格式完全相同。

（2）只使用光纤作为传输媒体。

（3）只在全双工方式下工作。

4.4.2 令牌环网

令牌环网最早起源于 IBM 于 1985 年推出的环状基带网络。IEEE 802.5 标准定义了令牌环网的国际规范。

令牌环网在物理层提供 4Mbit/s 和 16Mbit/s 两种传输速率；支持 STP/UTP 双绞线和光纤作为传输介质，但较多的是采用STP，使用 STP 时计算机和集线器的最大距离可达 100m，使用 UTP 时这个距离为 45m。

令牌环网的拓扑结构如图 4.24 所示，在这个网络中有一种专门的帧称为"令牌"，在环路上持续地传输来确定一个节点何时可以发送数据包。有这个令牌的才能有权利传送数据，如果一个节点（计算机）接到令牌但是

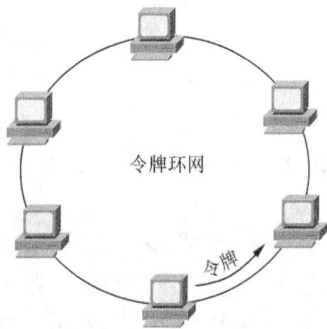

图4.24 令牌环网结构

没有数据传送，则把令牌传送到下一个节点。每个节点能够保留令牌的时间是有限制的。如果节点确实有数据要发送，它则获得令牌，修改令牌中的一个标识位，把令牌作为一个帧的开始部分，然后把数据（和目的地址）放在令牌后面传送到下一个节点，下一个节点看到令牌上被标记的那一位就明白现在有人在用令牌，自己不能用。

使用令牌使得有数据传送的节点在没有令牌时除了等待什么也不能做，这就避免了冲突。令牌带着数据在环状网上传送，直到到达目的节点，目的节点发现目的地址和自己的地址相同，将把帧中的数据复制下来，并在数据帧上进行标记，说明此帧已经被读过了。这个令牌继续在网上传送，直到回到发送节点，发送节点删除数据，并检查相应的位，看数据是否被目的节点接收并复制。

与以太网不同，令牌环中的等待时间是有限的，而且是早已确定好的，这对于一些要求可靠性和需要保证响应时间的网络来说非常重要。

4.5 无线局域网

传统局域网技术都要求用户通过特定的电缆和接头接入网络，无法满足日益增长的灵活性、移动性接入要求。无线局域网（Wireless Local Area Network，WLAN）是计算机网络与无线通信技术相结合的产物，使计算机与计算机、计算机与网络之间可以在一个特定范围内进行快速的无线通信。它利用电磁波在空气中发送和接收数据，无需线缆介质，具有传统局域网无法比拟的灵活性。无线局域网抗干扰性强、网络保密性好。有线局域网中的诸多安全问题，在无线局域网中基本上可以避免。而且相对于有线网络，无线局域网组建、配置和维护较为容易，一般计算机工作人员都可以胜任网络的管理工作。由于WLAN具有多方面的优点，其发展十分迅速，在最近几年里，WLAN已经在医院、商店、工厂和学校等不适合网络布线的场合得到了广泛的应用。

4.5.1 无线局域网络的构成

如图4.25所示，在WLAN网络中，工作站使用自带的WLAN网卡，通过电磁波连接到无线局域网接入点形成类似于星状的拓扑结构。

（1）工作站。工作站（Station，STA）是一个配备了无线网络设备的网络节点。具有无线网卡的个人PC称为无线客户端。无线客户端能够直接相互通信或通过无线接入点（Access Point，AP）进行通信。由于无线客户端采用了无线连接，因此具有可移动的功能。

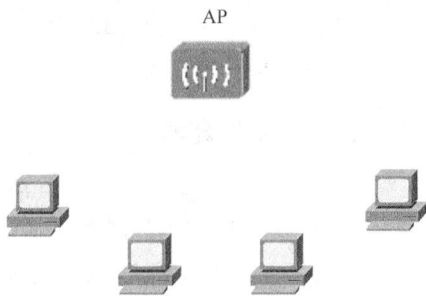

图4.25　无线局域网

（2）无线AP（无线接入点）。在典型的WLAN环境中，主要有发送和接收数据的设备，称为接入点/热点/网络桥接器（Access Point，AP）。无线AP是在工作站和有线网络之间充当桥梁的无线网络节点，它的作用相当于原来的交换机或者是集线器，无线AP本身可以连接到其他的无线AP，但是最终还是要有一个无线设备接入有线网来实现互联网的接入。

无线 AP 类似于移动电话网络的基站。无线客户端通过无线 AP 同时与有线网络和其他无线客户端通信。无线 AP 是不可移动的，只用于充当扩展有线网络的外围桥梁。

4.5.2　无线局域网络的特点

1．灵活性和移动性

在有线网络中，网络设备的安放位置受网络位置的限制，而无线局域网在无线信号覆盖区域内的任何一个位置都可以接入网络。无线局域网另一个最大的优点在于其移动性，连接到无线局域网的用户可以移动且能同时与网络保持连接。

2．安装便捷

无线局域网可以免去或最大限度地减少网络布线的工作量，一般只要安装一个或多个接入点设备，就可建立覆盖整个区域的局域网络。

3．易于进行网络规划和调整

对于有线网络来说，办公地点或网络拓扑的改变通常意味着重新建网。重新布线是一个昂贵、费时、浪费和琐碎的过程，无线局域网可以避免或减少以上情况的发生。

4．故障定位容易

有线网络一旦出现物理故障，尤其是由于线路连接不良而造成的网络中断，往往很难查明，而且检修线路需要付出很大的代价。无线网络则很容易定位故障，只需更换故障设备即可恢复网络连接。

5．易于扩展

无线局域网有多种配置方式，可以很快从只有几个用户的小型局域网扩展到上千用户的大型网络，并且能够提供节点间"漫游"等有线网络无法实现的特性。

4.5.3　无线局域网络的标准

（1）IEEE 802.11 是 IEEE 802 标准化委员会最初制定的一个无线局域网标准，IEEE 802.11 是在 1997 年 6 月由大量的局域网以及计算机专家审定通过的标准，该标准定义物理层和媒体访问控制（MAC）规范。物理层定义了数据传输的信号特征和调制，定义了两个 RF 传输方法和一个红外线传输方法，RF 传输标准是跳频扩频和直接序列扩频，工作在 2.4～2.4835GHz 频段。IEEE 802.11 标准主要用于解决办公室局域网和校园网中用户与用户终端的无线接入，业务主要限于数据访问，速率最高只能达到 2Mbit/s。由于它在速率和传输距离上都不能满足人们的需要，所以 IEEE 802.11 标准被 IEEE 802.11b 所取代了。

（2）1999 年 9 月 IEEE 802.11b 被正式批准，该标准规定 WLAN 工作频段在 2.4～2.4835GHz，数据传输速率达到 11Mbit/s，传输距离可达到 100m。该标准是对 IEEE 802.11 的一个补充，采用补偿编码键控调制方式，在数据传输速率方面可以根据实际情况在 11Mbit/s、5.5Mbit/s、2Mbit/s、1Mbit/s 的不同速率间自动切换，它改变了 WLAN 设计状况，扩大了 WLAN 的应用领域。IEEE 802.11b 已成为当前主流的 WLAN 标准，被多数厂商所采用，所推出的产品广泛应用于办公室、家庭、宾馆、车站、机场等众多场合。

（3）1999 年，IEEE 802.11a 标准制定完成，该标准规定 WLAN 工作频段在 5.15～5.825GHz，数据传输速率达到 54Mbit/s，传输距离可达到 100m。该标准也是 IEEE 802.11 的一个补充，扩充了标准的物理层，采用正交频分复用（OFDM）的独特扩频技术，采用 QFSK 调制方式，可提供 25Mbit/s 的无线 ATM 接口和 10Mbit/s 的以太网无线帧结构接口，支持多种业务如话音、数据和图像等。

（4）2003 年 7 月 IEEE 推出了 IEEE 802.11g 标准，与 802.11a 标准和 802.11b 标准相兼容，其载波的频率为 2.4GHz（跟 802.11b 相同），传送速度为 54Mbit/s，传输距离可达到 300m。802.11g 是为了提高更快的传输速率而制定的标准，它采用 2.4GHz 频段，使用 CCK 技术和 OFDM 技术以支持高达 54Mbit/s 的数据流。

（5）2004 年 1 月 IEEE 推出新的 802.11n 标准。新兴的 802.11n 标准具有高达 300Mbit/s 的速率，传输距离可达到几千米，是下一代的无线网络技术，它可提供支持对带宽最为敏感的应用所需的速率。802.11n 结合了多种技术，其中包括空间多路复用多入多出技术和信道双频（2.4GHz 和 5GHz）复合技术，以便形成很高的速率，同时又能与以前的 IEEE 802.11b/g 设备通信。

4.6　虚拟局域网

4.6.1　虚拟局域网概述

随着以太网技术的普及，以太网的规模也越来越大，从小型的办公环境到大型的园区网络，网络管理变得越来越复杂。首先，在采用共享介质的以太网中，所有节点位于同一冲突域中，同时也位于同一广播域中，即一个节点向网络中某些节点的广播会被网络中所有的节点接收，造成很大的带宽资源和主机处理能力的浪费。为了解决传统以太网的冲突域问题，采用交换机对网段进行逻辑划分。但是，交换机虽然能解决冲突域问题，却不能克服广播域问题。例如，一个 ARP 广播就会被交换机转发到与其相连的所有网段中，当网络上在有大量这样的存在时，不仅是对带宽的浪费，还会因过量的广播产生广播风暴，当交换网络规模增加时，网络广播风暴问题还会更加严重，并可能因此导致网络瘫痪。其次，在传统的以太网中，同一个物理网段中的节点也就是一个逻辑工作组，不同物理网段中的节点是不能直接相互通信的。这样，当用户由于某种原因在网络中移动但同时还要继续原来的逻辑工作组时，就必然会需要进行新的网络连接乃至重新布线。

为了解决上述问题，虚拟局域网（Virtual Local Area Network，VLAN）应运而生。虚拟局域网是以局域网交换机为基础，通过交换机软件实现根据功能、部门、应用等因素将设备或用户组成虚拟工作组或逻辑网段的技术，其最大的特点是在组成逻辑网时无须考虑用户或设备在网络中的物理位置。VLAN 可以在一个交换机或者跨交换机实现。

如图 4.26 所示，这是一个关于 VLAN 划分的示例。应用 VLAN 技术将位于不同物理位置、连在不同交换机端口的节点纳入了同一 VLAN 中。经过这样的划分，位于不同物理网段中但属于相同 VLAN 中的节点之间能直接相互通信，如图 4.26 中的主机 1 和主机 2 及主机 3，因为它们都在 VLAN1 中；而位于同一物理网段但不同 VLAN 中的节点却不可以直接相互通信，如图 4.26 中的主机 1、主机 4 和主机 7，因为它们分别在 VLAN1、VLAN2 和 VLAN3 中。

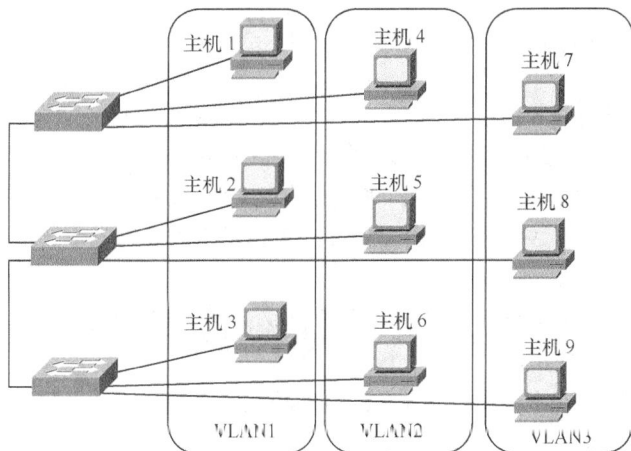

图4.26　虚拟局域网VLAN 的示例

4.6.2　虚拟局域网的优点

采用 VLAN 后，在不增加设备投资的前提下，可在许多方面提高网络的性能，并简化网络的管理。具体表现以下 5 个方面。

1．防范广播风暴

限制网络上的广播，将网络划分为多个 VLAN 可减少参与广播风暴的设备数量。LAN 分段可以防止广播风暴波及整个网络。VLAN 可以提供建立防火墙的机制，防止交换网络的过量广播。使用 VLAN，可以将某个交换端口或用户赋予某一个特定的 VLAN 组，该 VLAN 组可以在一个交换网中或跨接多个交换机，在一个 VLAN 中的广播不会送到 VLAN 之外。同样，相邻的端口不会收到其他 VLAN 产生的广播。这样可以减少广播流量，释放带宽给用户应用，减少广播的产生。

2．增强局域网的安全性

含有敏感数据的用户组可与网络的其余部分隔离，从而降低泄露机密信息的可能性。不同 VLAN 内的报文在传输时是相互隔离的，即一个 VLAN 内的用户不能和其他 VLAN 内的用户直接通信，如果不同 VLAN 要进行通信，则需要通过路由器或三层交换机等三层设备。

3．降低成本

成本高昂的网络升级需求减少，现有带宽和上行链路的利用率更高，因此可节约成本。

4．简化项目管理或应用管理

VLAN 将用户和网络设备聚合到一起，以支持商业需求或地域上的需求。通过职能划分，项目管理或特殊应用的处理都变得十分方便，例如可以轻松管理教师的电子教学开发平台。此外，也很容易确定升级网络服务的影响范围。

5．增加了网络连接的灵活性

借助 VLAN 技术，我们能将不同地点、不同网络、不同用户组合在一起，形成一个虚拟的网络环境，就像使用本地 LAN 一样方便、灵活、有效。VLAN 可以降低移动或变更工作站地理位置的管理费用，特别是一些业务情况有经常性变动的公司使用了 VLAN 后，管理费用会大大降低。

4.6.3　VLAN 的划分

1. 根据端口来划分 VLAN

许多 VLAN 厂商都利用交换机的端口来划分 VLAN 成员。被设定的端口都在同一个广播域中。例如，一个交换机的 1、2、3、4、5 端口被定义为虚拟网 VLAN10，同一交换机的 6、7、8 端口组成虚拟网 VLAN20。这使得属于相同 VLAN 的各端口之间能够通信，但这种划分模式将虚拟网限制在一台交换机上。

第二代端口 VLAN 技术允许跨越多个交换机的多个不同端口划分 VLAN，不同交换机上的若干个端口可以组成同一个虚拟网。

以交换机端口来划分网络成员，其配置过程简单明了。因此，从目前来看，这种根据端口来划分 VLAN 的方式仍然是最常用的一种方式。

2. 根据 MAC 地址划分 VLAN

这种划分 VLAN 的方法是根据每个主机的 MAC 地址来划分，即对每个 MAC 地址的主机都配置它属于哪个组。这种划分 VLAN 方法的最大优点就是当用户物理位置移动时，即从一个交换机换到其他的交换机时，VLAN 不用重新配置，所以，可以认为这种根据 MAC 地址的划分方法是基于用户的 VLAN，这种方法的缺点是初始化时，所有的用户都必须进行配置，如果有几百个甚至上千个用户的话，配置是非常费时的。而且这种划分的方法也导致了交换机执行效率的降低，因为在每一个交换机的端口都可能存在很多个 VLAN 组的成员，这样就无法限制广播包了。

3. 根据网络层地址划分 VLAN

这种划分 VLAN 的方法是根据每个主机的网络层地址或协议类型（如果支持多协议）划分的，虽然这种划分方法是根据网络地址，如 IP 地址，但它不是路由，与网络层的路由毫无关系。

这种方法的优点是用户的物理位置改变了，但网络层地址没有变化，则不需要重新配置所属的 VLAN，而且可以根据协议来划分 VLAN，这对网络管理者来说很重要。还有，这种方法不需要附加的帧标签来识别 VLAN，可以减少网络的通信量。

这种方法的缺点是效率低，因为检查每一个数据包的网络层地址是需要消耗处理时间的（相对于前面两种方法），一般的交换机芯片都可以自动检查网络上数据包的以太网帧头，但要让芯片能检查 IP 帧头，需要更高的技术，同时也更费时。

4. 根据网络协议划分 VLAN

VLAN 按网络层协议来划分，可分为 IP、IPX 等 VLAN 网络。这种按网络层协议来组成的VLAN，可使广播域跨越多个 VLAN 交换机。这对于希望针对具体应用和服务来组织用户的网络管理员来说是非常具有吸引力的，而且用户可以在网络内部自由移动，但其 VLAN 成员身份仍然保持不变。

本章小结

通过本章的学习，我们认识局域网具有传输范围小、速度快和误码率低等特点；了解常见的局域网拓扑结构有总线型、星状和环状；掌握局域网在传输数据时，为避免冲突，常采用CSMA/CD

和令牌环技术的原理；能够在组建局域网时，选用相应的网络设备和介质；了解了常用的局域网可以采用的技术以及无线局域网技术；为避免局域网的一些缺陷，掌握广泛采用的虚拟局域网（VLAN）技术。

实训 1 　非屏蔽双绞线制作

1. 实训目的

（1）认识非屏蔽双绞线（UTP）电缆、RJ-45 接口（水晶头）、压线钳、电缆测试仪。

（2）掌握制作 EIA/TIA 568A 和 EIA/TIA 568B 两种标准的 RJ-45 接口。

（3）掌握电缆测试仪的使用方法。

（4）掌握 UTP 电缆作为传输介质的连接方法。

2. 相关知识

（1）RJ-45 接口

将 RJ-45 接口的口朝向自己，有针脚（铜片）的一面朝外和朝上，塑料弹片朝下，从左往右针脚的编号依次为 1、2、3、4、5、6、7、8，如图 4.27 所示。

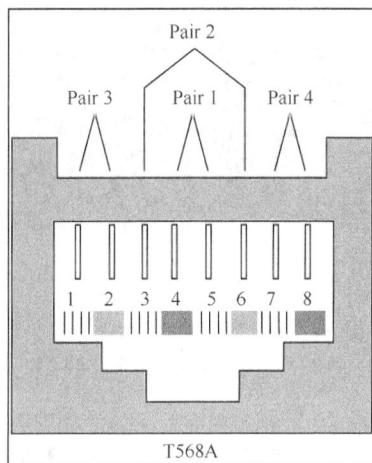

图4.27　RJ-45接口

（2）非屏蔽双绞线标准

568A 线序

1	2	3	4	5	6	7	8
绿白	绿	橙白	蓝	蓝白	橙	棕白	棕

568B 线序

1	2	3	4	5	6	7	8
橙白	橙	绿白	蓝	蓝白	绿	棕白	棕

两种标准的区别在于：1、3 号线对换；2、6 号线对换。

（3）直通线和交叉线

直通线：特点是 UTP 电缆两端的 RJ-45 接口的制作标准一致，或者皆为 568A，或者皆为 568B，现在网络工程上一般采用两端都是 568B 标准；一般用于连接计算机与网络互联设备（如集线器、交换机、路由器等）。

交叉线：特点是 UTP 电缆一端采用 568A 标准制作连接器，另一端采用 568B 标准制作连接器；一般用于两台计算机（即两块网卡）之间的直接连接，不必经过集线器或交换机。

3．实训环境

UTP 电缆、RJ-45 接口、压线钳、电缆测试仪。

4．实训步骤

（1）认识压线钳：压线钳一侧有刀片处为剪线刀口，用于剪断 UTP 电缆和修剪不齐的双绞线；两侧有刀片处为剥线刀口，用于剥去 UTP 电缆外层绝缘套；一侧有 8 个牙齿，另一侧有槽处为 RJ-45 压槽，用于将 RJ-45 连接器上的针脚轧入双绞线上，如图 4.28 所示。

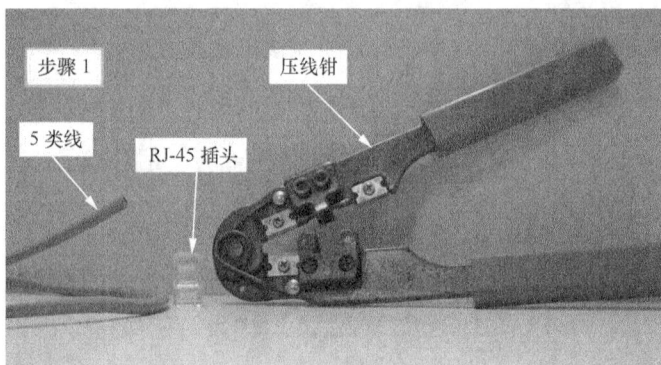

图4.28　压线钳

（2）剥线：将 UTP 电缆一端插入压线钳的剥线刀口，轻微握紧压线钳慢慢转动，使刀口划开外层绝缘套并剥去，露出 UTP 电缆中的 4 对双绞线，如图 4.29、图 4.30 和图 4.31 所示。

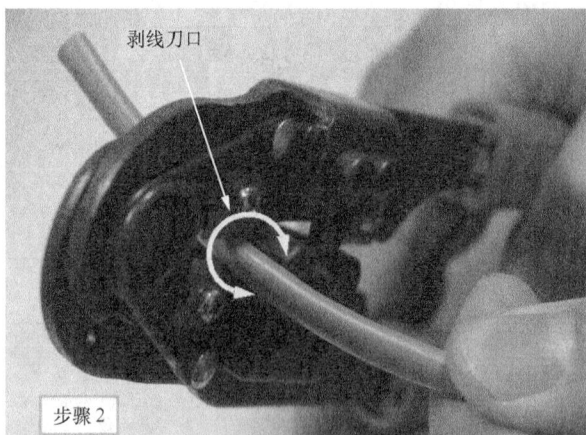

图4.29　剥线

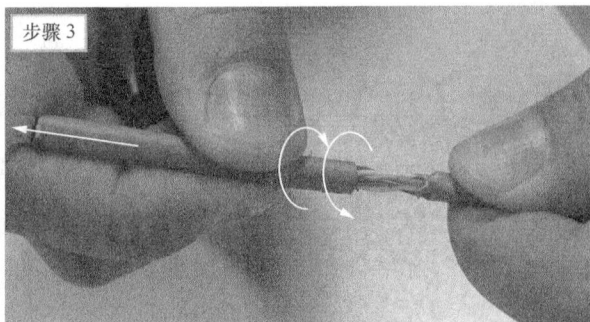

图4.30 去掉绝缘套

图4.31 UTP电缆中的4对双绞线

（3）排线：将 4 对双绞线扭开，拉直，按照一种标准排好线序，用压线钳的剪线刀口将 8 根双绞线剪齐（不绞合电缆长度最大为 1.2cm），如图 4.32、图 4.33 和图 4.34 所示。

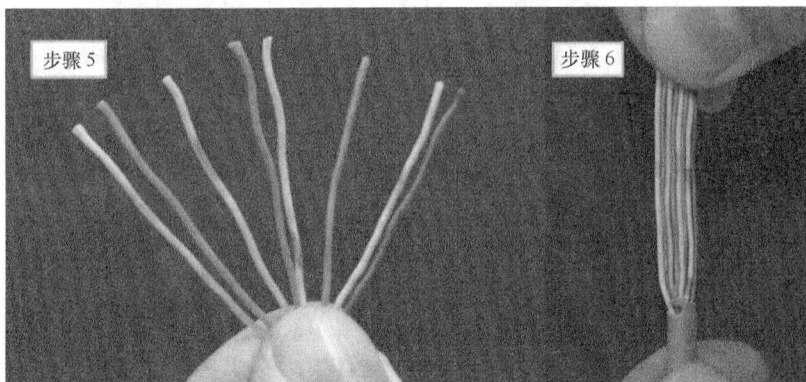

图4.32 扭开、拉直、排序

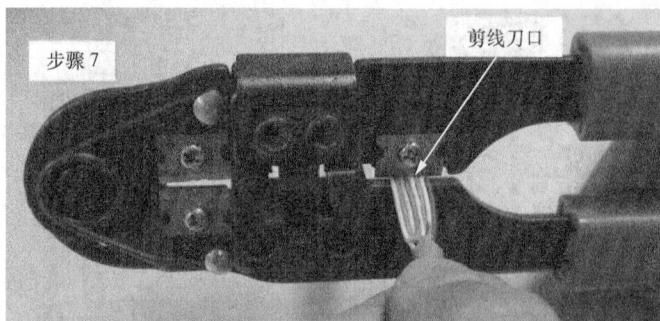

图4.33　剪齐

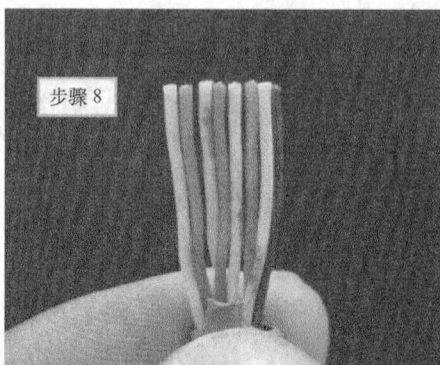

图4.34　剪齐后

（4）插入 RJ-45 接口：将排好线序的双绞线平插入 RJ-45 接口中，直到所有双绞线都接触到 RJ-45 接口的另一端，如图 4.35 所示。

（5）压线：确认所有双绞线顺序无误并且都已到位后，将 RJ-45 接口从无牙齿的一侧推入压线钳的 RJ-45 压槽中，然后用力压紧，使 RJ-45 接口的 8 根针脚嵌入到双绞线中并与其内部的铜芯紧密接触，如图 4.36 和图 4.37 所示。

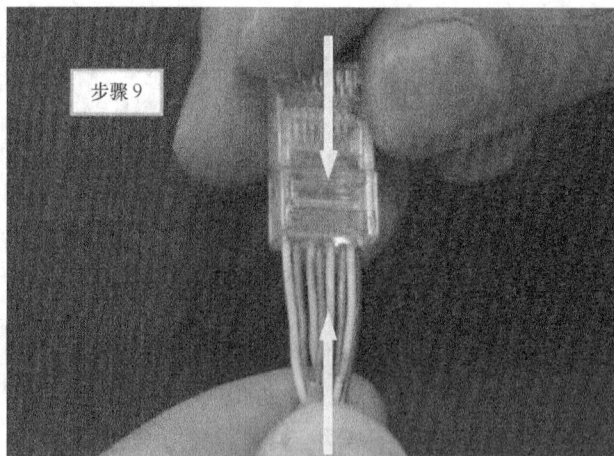

图4.35　插入RJ-45接口

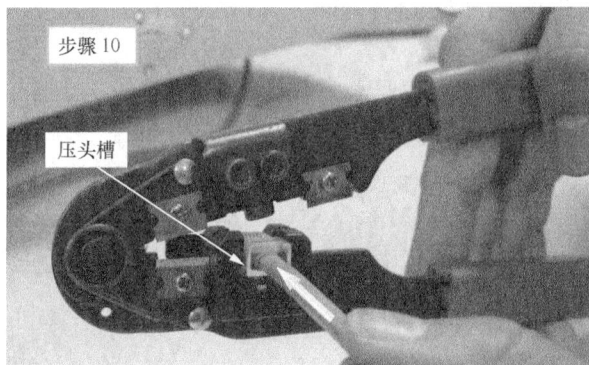

图4.36 准备压线

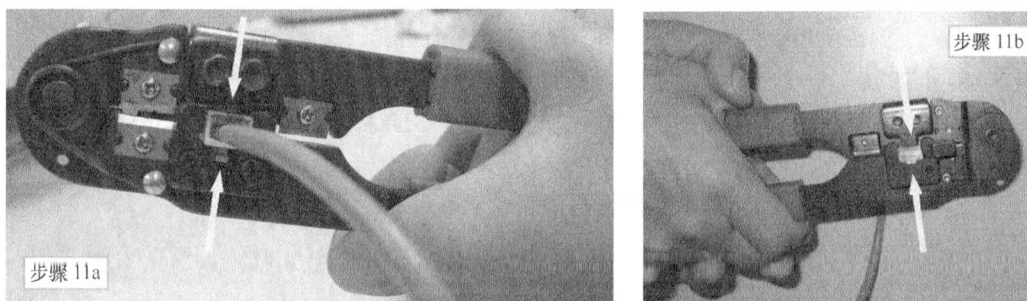

图4.37 压线

（6）测试：将制作完毕 UTP 电缆两端的 RJ-45 接口分别插入电缆测试仪的两个接口中，开启电缆测试仪。如果是直通线，所有对应号数的灯分别同时亮，则表明 RJ-45 接口制作成功。如果是交叉线，交叉的 1、3 号灯和 2、6 号灯分别对应同时亮，其他所有对应号数的灯也分别同时亮，则表明 RJ-45 接口制作成功。

5. 实训思考

（1）UTP 的中文含义是_____。

（2）两种压线规范。

线序 （左）1　　2　　　3　　　4　　　5　　　6　　　7　　　8（右）

568A　____　____　____　____　____　____　____　____

568B　____　____　____　____　____　____　____　____

（3）两类线的名称。

　　　　　　　　　A 端　　　　　　B 端

交叉线　　（568A）————（　　　）

直通线　　（568A）————（　　　）

或是　　　（568B）————（　　　）

（4）两类线（交叉线、直通线）的用处。

集线器之间的级联：

uplink——————普通口，用_____线；

普通口——————普通口，用_____线。

计算机之间的双机通信：用_____线。

计算机与集线器的连接：用_____线。

（5）计算机机房里用得最多的是_____线。

实训2　交换机的基本配置

1. 实训目的

（1）查看交换机的基本信息，检查运行状态。

（2）设置交换机的基本信息，如交换机命名、接口速率。

2. 实训环境

Windows Server 2008 计算机单机，Cisco Packet Tracer 5.0 模拟软件。

3. 实训内容

在 PC 上使用超级终端（Hyper Terminal）建立终端仿真会话，通过控制台线缆配置交换机；交换机的基本配置。

（1）添加一个交换机先对交换机进行口令和设备名设置。

双击 SwitchA，进入终端配置：

```
Switch>
Switch>enable                          进入系统视图
Switch#                                系统视图
Switch#configure terminal              进入系统配置视图
Switch（config）#
Switch（config）#hostname swithB        交换机命名
swithB（config）#
swithB（config）#exit                   退出当前视图
swithB#
swithB#show running-config             查看当前配置信息
```

（2）设置端口工作模式。

```
swithB#configure terminal
swithB（config）#interface fastEthernet 0/1   进入接口视图
swithB（config-if）#
swithB（config-if）#duplex {halflfulllauto}   配置端口工作模式
```

情况实录：

```
swithB（config-if）#speed {10l100lauto}        配置端口工作速率
```

（3）添加 2 台计算机、1 台交换机，分别给 2 台计算机设置 IP 地址和子网掩码，如图 4.38 和图 4.39 所示。

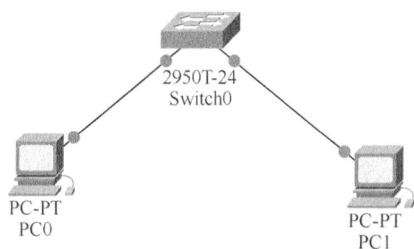

图4.38　拓扑连接

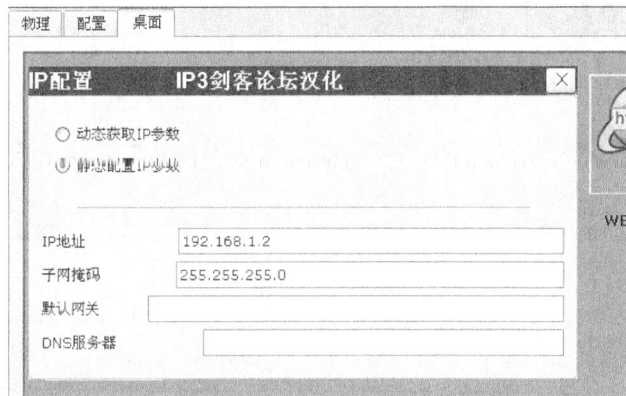

图4.39　主机IP地址配置

（4）测试计算机连通性。

使用 ping 命令对两台计算机测试连通性。

4.　实训思考

（1）学会查看交换机的基本信息，检查运行状态。

（2）学会交换机信息的基本设置，如交换机命名。

实训 3　配置 VLAN

1.　实训目的

（1）通过组装交换式以太网，了解 VLAN 的特性。

（2）初步掌握配置 VLAN 的方法。

（3）掌握 VLAN 及其连通性测试方法。

2.　实训环境

Windows Server 2008 计算机、Cisco Packet Tracer 5.0 模拟软件。

3.　实训内容

利用模拟软件，组装交换式以太网，建立和删除 VLAN。

（1）规划网络结构

① 在模拟软件中添加 2 台交换机，4 台计算机，如图 4.40 所示。

② 2 台交换机通过 SwitchA 的 FastEthernet0/1 端口与 SwitchB 的 FastEthernet0/1 端口级连在一起。

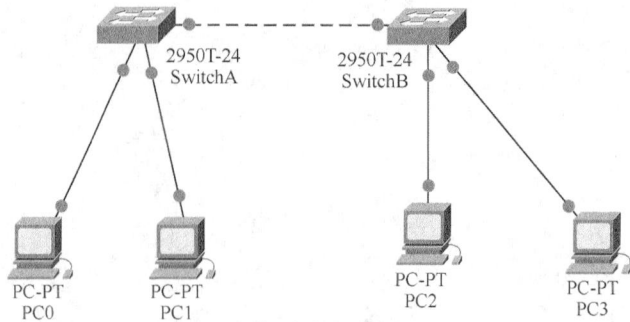

图4.40 拓扑连接

③ PC0 连在 SwitchA 的 FastEthernet0/7 端口上，IP 地址为 192.168.1.10，子网掩码设为 255.255.255.0。

④ PC1 连在 SwitchA 的 FastEthernet0/8 端口上，IP 地址为 192.168.1.11，子网掩码设为 255.255.255.0。

⑤ PC2 连在 SwitchB 的 FastEthernet0/7 端口上，IP 地址为 192.168.1.12，子网掩码设为 255.255.255.0。

⑥ PC3 连在 SwitchB 的 FastEthernet0/8 端口上，IP 地址为 192.168.1.13，子网掩码设为 255.255.255.0。组成简单的交换式以太网。

（2）配置 VLAN

① 对交换机 SwitchA 进行如下配置。

SwitchA#configure terminal	进入系统配置视图
SwitchA（config）#vlan 2	创建 vlan 2
SwitchA（config-vlan）#exit	
SwitchA（config）#	
switchA（config）#interface fastethernet0/7	进入端口配置模式
switchA（config-if）#switchport mode access	配置端口为 access 模式
switchA（config-if）#switchport access vlan 2	把端口划分到 vlan 2 中
switchA（config-if）#exit	
SwitchA（config）#vlan 3	创建 vlan 3
SwitchA（config-vlan）#exit	
switchA（config）#interface fastethernet0/8	
switchA（config-if）#switchport mode access	
switchA（config-if）#switchport access vlan 3	

② 对交换机 SwitchB 进行如 SwitchA 一样的配置。

（3）测试网络连通性

主机 PC0 进行如下测试：

ping 192.168.1.10　　　（结果：_____原因：_____）

ping 192.168.1.11 （结果：＿＿＿＿＿＿ 原因：＿＿＿＿＿＿ ）

ping 192.168.1.12 （结果：＿＿＿＿＿＿ 原因：＿＿＿＿＿＿ ）

ping 192.168.1.13 （结果：＿＿＿＿＿＿ 原因：＿＿＿＿＿＿ ）

（4）设置 trunk——为了实现两台交换机的级联

① 将 SwitchA 的 interface fastethernet0/1 设置为 trunk。

SwitchA（config）#int f0/1　　　　　　　　　　　进入级联端口

SwitchA（config-if）#switchport mode trunk　　　　修改为 trunk 模式

SwitchA（config-if）#switchport trunk allowed vlan all　允许所有 vlan 通过

② 将 SwitchB 的 interface fastethernet0/1 设置为 trunk。

配置和 SwitchA 的配置一样。

③ 测试网络连通性。

主机 PC0 进行如下测试

ping 192.168.1.11 （结果：＿＿＿＿＿＿ 原因：＿＿＿＿＿＿ ）

ping 192.168.1.12 （结果：＿＿＿＿＿＿ 原因：＿＿＿＿＿＿ ）

ping 192.168.1.13 （结果：＿＿＿＿＿＿ 原因：＿＿＿＿＿＿ ）

4. 实训思考

（1）能够熟练使用模拟软件。

（2）组装交换式以太网。

（3）建立和删除 VLAN。

习 题

1. 填空题

（1）＿＿＿＿＿成为现行的以太网标准，并成为 TCP/IP 体系结构的一部分。

（2）常见的局域网的拓扑结构有：＿＿＿＿、＿＿＿＿和＿＿＿＿等。

（3）集线器属于＿＿＿层设备，交换机属于＿＿＿层设备，路由器属于＿＿＿层设备。

（4）568B 线序的布线排列从左到右依次为：＿＿＿、＿＿＿、＿＿＿、＿＿＿、＿＿＿、＿＿＿、＿＿＿、＿＿＿。

（5）局域网中的数据链路层可细分为＿＿＿＿子层和＿＿＿＿子层。

（6）IEEE 802.3 协议主要描述＿＿＿技术，IEEE 802.4 协议主要描述＿＿＿技术，IEEE 802.5 协议主要描述＿＿＿技术，IEEE 802.11 协议主要描述＿＿＿技术。

（7）IEEE 802.11a 定义 WLAN 工作于＿＿＿频率，带宽为＿＿＿；IEEE 802.11b 定义 WLAN 工作于＿＿＿频率，带宽为＿＿＿；IEEE 802.11g 定义 WLAN 工作于＿＿＿频率，带宽为＿＿＿。

（8）WLAN 通过＿＿＿＿技术来实现数据传输。

（9）VLAN 可根据＿＿＿、＿＿＿和＿＿＿划分。

2. 简答题

（1）简述 CSMA/CD 技术的工作原理。

（2）简述交换机是怎样工作的。

（3）虚拟局域网相对于局域网有哪些优势？

（4）请仔细观察和询问学校机房或者你所在的寝室楼的计算机网络拓扑结构，并绘制出来。

5 Chapter

第 5 章
网络互联技术

学习目标

- 了解 IP 地址的分类及功能
- 能够自由地划分子网
- 了解常见网络层协议和功能
- 认识基本路由器特点、参数
- 掌握路由的基本原理
- 掌握静态路由与动态路由
- 理解路由信息协议（RIP），掌握
  开放式最短路径优先协议（OSPF）

网络层是 OSI 参考模型中的第三层，能够实现两端系统之间数据的透明传送。

5.1 网络层概述

无论在 OSI 参考模型还是在 TCP/IP 体系结构中，网络层是最核心的一层，网络层的主要功能是根据路由信息完成数据报文的转发。路由就是指报文发送的路径信息。网络层检查网络拓扑，以决定传输报文的最佳路由，找到数据包应该转发的下一个网络设备，然后利用网络层协议封装数据报文，再利用下层提供的服务把数据转发到下一个网络设备。

运行在网络层的协议主要包括如下。

（1）IP（Internet Protocol，网际协议），负责网络层寻址、路由选择、分段及包重组。

（2）ARP（Address Resolution Protocol，地址解析协议），负责把网络层地址解析成物理地址，如 MAC 地址。

（3）RARP（Reverse ARP，逆向地址解析协议），负责把硬件地址解析成网络层地址。

（4）ICMP（Internet Control Message Protocol，Internet 控制消息协议），负责提供诊断功能，报告由于 IP 数据包投递失败而导致的错误。

（4）IGMP（Internet Group Management Protocol，Internet 组管理协议），负责管理 IP 组播组。

5.2 IP 及 IP 地址

IP 协议是计算机网络相互连接进行通信而设计的协议，负责将多个包交换网络连接起来，在源地址和目的地址之间传送 IP 数据包（Packet），而 IP 数据报（IP Datagram）则是对数据包的结构分析。

5.2.1 IP 及 IP 数据报

1. IP

IP 又称因特网协议（Internet Protocol），是一个网络层可路由协议，它包含寻址信息和控制信息，可使数据包在网络中路由。IP 是 TCP/IP 中的主要网络层协议，与 TCP 结合组成整个互联网协议的核心协议，所有的 TCP、UDP 和 ICMP 等数据包都要最终封装在 IP 报文中传输。IP 应用于局域网和广域网通信。

IP 有两个基本任务：提供无连接的和最有效的数据包传送；提供数据包的分片与重组用来支持不同最大传输单元大小的数据连接。对于互联网络中 IP 数据报的路由选择处理，有一套完善的 IP 寻址方式。每一个 IP 地址都有其特定的组成但同时遵循基本格式。IP 地址可以进行细分并可用于建立子网地址。TCP/IP 网络中的每台计算机都被分配了一个唯一的 32 位逻辑地址，这个地址分为两个主要部分：网络号和主机号。网络号用以确认网络，如果该网络是因特网的一部分，其网络号必须由国际互联网络信息中心（Internet Network Information Center，InterNIC）统一分配。一个网络服务器供应商（ISP）可以从 InterNIC 那里获得一块网络地址，按照需要自己分配地址空间。主机号确认网络中的主机，它由本地网络管理员分配。

当发送或接收数据时（例如，一封电子信函或网页），消息分成若干个块，也称之为"包"。每个包既包含发送者的网络地址又包含接受者的地址。由于消息被划分为大量的包，若需要，每个包都可以通过不同的网络路径发送出去。包到达时的顺序不一定和发送顺序相同，IP 协议只用于发送包，而 TCP 负责将其按正确顺序排列。

2. IP 数据报的格式

一个 IP 数据报由一个头部和上一层数据组成。头部由一个 20 字节固定长度部分和一个可选任意长度部分组成。IPv4 的 IP 数据报格式如图 5.1 所示。

版本（4）	首部长度（4）	优先级和服务类型（8）	总长度（16）	
标识（16）			标志（3）	片偏移（3）
生存时间 TTL（8）		协议（8）	首部校验和（16）	
源 IP 地址（32）				
目的 IP 地址（32）				
选项（0 或 32）				
数据（可变）				

图5.1　IP数据报格式

IP 数据报首部的固定部分中的各字段含义如下。

（1）版本，占 4 位，指 IP 协议的版本。通信双方使用的 IP 协议的版本必须一致。目前广泛使用的 IP 协议版本号为 4（即 IPv4）。

（2）首部长度，占 4 位，可表示的最大数据值是 15 个单位（一个单位 4 字节），因此 IP 的首部长度的最大值是 60 字节。当 IP 分组的首部长度不是 4 字节的整数倍时，必须利用最后的一个填充字段加以填充。因此数据部分永远在 4 字节的整数倍时开始。最常用的首部长度就是 20 字节，即在不使用任何选项时得到。

（3）优先级和服务类型，占 8 位，用来获得更好的服务、优先级、可靠性、时延等。在相当一段时期内并没有什么人使用服务类型，直到多媒体信息在网上传送时，服务类型字段才重新引起大家的重视。

（4）总长度，指首部与数据之和的长度，单位为字节，总长度为 16 位，因此数据报的最大长度为 65535 字节（64KB）。当数据报长度超过网络所容许的最大传输单元（MTU）时，就必须将过长的数据报进行分片后才能在网络上传送。

（5）标识，占 16 位，它是一个计数器，用来产生数据报的标识。

（6）标志，占 3 位。目前只有后两个比特有意义，表示后面是否有分片或能否分片。

（7）片偏移，指出了某片在原分组中的相对位置。

（8）生存时间，记为 TTL（Time To Live），即数据报在网络中的寿命，其单位为 s。

（9）协议，占 8 位。协议字段指出此数据报携带的数据是使用何种协议，以便使目的主机的 IP 层知道应将数据部分交给哪个处理过程。

（10）首部校验，只检验数据报的首部，不包括数据部分。

（11）源 IP 地址，占 4 字节。

（12）目的 IP 地址，占 4 字节。

（13）选项，选项字段用来支持排错、测量及安全等措施，长度可变，很少使用。

（14）数据：从传输层传递过来的 PDU，即网络层需要传输的数据包。

5.2.2 IP 地址概述

在互联网中使用 TCP/IP 的每台设备，它们都有一个物理地址就是 MAC 地址，这个地址是固化在网卡中并且是全球唯一的，可以用来区分每一个设备，但同时也有一个或者是多个逻辑地址，就是 IP 地址，这个地址是可以修改变动的，并且这个地址不一定是全球唯一的，但是它在当今互联网的通信中占了举足轻重的地位。

如果在同一个局域网中，若有数据发送，可以直接查找对方的 MAC 地址，并使用 MAC 地址进行数据传送，但是如果不在同一个局域中要想在全球的互联网当中，使用 MAC 地址找出要传送的目的主机，将非常困难，即使能够找到也将会花费大量的时间与带宽，所以这时就要使用到 IP 地址，IP 地址的特点是具有层次结构，利用这个特点，可以实现在特定的范围内寻找特定目的主机，例如只查找中国特定省份的特定市，甚至是特定市特定单位的主机地址，这样就大大提高了寻址效率。

5.2.3 IP 地址的结构及表示方法

1. IP 地址的结构

IP 地址目前使用的两个版本，一个是 IPv4，另一个是 IPv6，首先介绍 IPv4。

IPv4 地址是由 32 位二进制数组成，每个 IP 地址又分为两部分，分别是网络号与主机号，如图 5.2 所示。

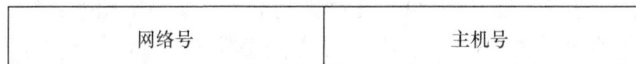

网络号	主机号

图5.2 IP地址结构

网络号（网络 ID，也称网络地址），用来区分 TCP/IP 网络中的特定网络，在这个网络中所有的主机拥有相同的网络号。

主机号（主机 ID，也称主机地址），用来区分特定网络中特定的主机，在同一个网络中所有的主机号必须唯一。

2. IP 地址的表示方法

在计算机内所有的信息都是采用二进制数表示，IP 地址也不例外。IP 地址的 32 位二进制数难以记忆，所以人们通常把它分成四段，每段 8 个二进制数，每段分别用十进制表示，这样记起来就容易多了，如图 5.3 所示。

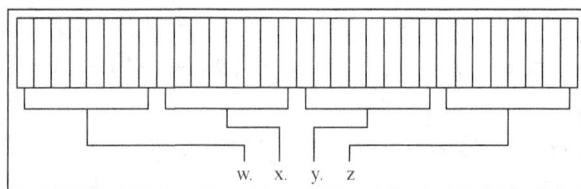

图5.3 IP地址结构

例如，二进制 IP 地址：

10101100 00010000 00010001 00010010

十进制表示为：172.16.17.18。

请读者试着自己转换下列地址：

10000000 00000111 10000001 00011110 ——————▶ 十进制？

11001010 11010101 11100000 00011001 ——————▶ 十进制？

10.65.126.6 ——————▶ 二进制？

32.68.63.8 ——————▶ 二进制？

5.2.4　IP 地址的分类

IP 地址采用 32 位二进制数表示，为了更好地管理和使用 IP 地址资源，InterNIC 将 IP 地址资源划分为 5 类，分别为 A 类、B 类、C 类、D 类和 E 类，每一类地址定义了网络数量，也就是定义了网络号占用的位数和主机号占用的位数，从而确定了每个网络中能容纳的主机数量，下面详细介绍各类地址。

1. A 类

A 类 IP 地址的最高位固定为 "0"，接下来的 7 位表示可变网络号，其余的 24 位作为主机号，如图 5.4 所示，所以 A 类的网络第一字节可变地址范围为 00000001～01111110，用十进制表示就是 1～126 之间（0 和 127 留作别用），A 类共有 $2^7 - 2 = 126$ 个网络，每个网络会有 $2^{24} - 2 = 16,777,214$ 台主机，适合分配给大型网络。

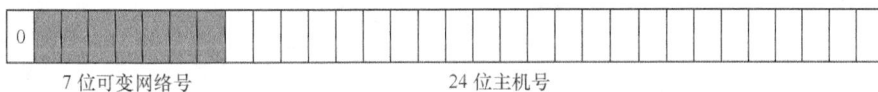

图5.4　A类地址

2. B 类

B 类 IP 地址的前两位固定为 "10"，接下来的 14 位表示可变网络号，其余的 16 位作为主机号，如图 5.5 所示，所以 B 类网络第一字节可变地址范围为 10000000～10111111 用十进制表示就是 128～191 之间，B 类共有 $2^{14} = 16,384$ 个网络，每个网络会有 $2^{16}2 - = 65,534$ 台主机，适合分配给中型网络。

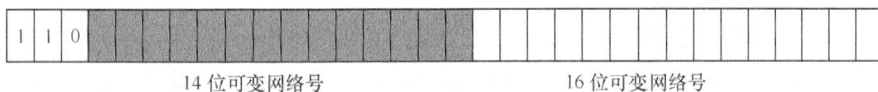

图5.5　B类地址

3. C 类

C 类 IP 地址的前三位固定为 "110"，接下来的 21 位表示可变网络号，其余的 8 位作为主机号，如图 5.6 所示，所以 C 类网络第一字节可变地址范围为 11000000～11011111 用十进制表示就是 192～223 之间，C 类共有 $2^{21} = 2,097,152$ 个网络，每个网络会有 $2^8 - 2 = 254$ 台主机，比较适合小型的网络。

图5.6　C类地址

4. D 类

D 类 IP 地址的前四位固定为 "1110"，凡以此数开头的地址就被视为 D 类地址，这类地址只用来进行组播。利用组播地址可以把数据把发送到特定的多台主机。当然，发送组播需要特殊的路由配置，在默认情况下，它不会转发。D 类地址如图 5.7 所示。

| 1 | 1 | 1 | 0 | | | | | | | | | | | | | | | | | | | | | | | | | | | | |

图5.7　D类地址

5. E 类

E 类 IP 地址的前四位固定为 "1111"，也就是在 240～254 之间，凡以此类数开头的地址就被视为 E 类地址。E 类地址不是用来分配用户使用，只是用来进行实验和科学研究。E 类地址如图 5.8 所示。

| 1 | 1 | 1 | 1 | | | | | | | | | | | | | | | | | | | | | | | | | | | |

图5.8　E类地址

表 5.1 列出了 IPv4 地址范围和格式，这里重点关注 A 类、B 类和 C 类地址。

表 5.1　IP 地址范围和格式

类别	地址范围	主机数量	适用网络规模
A	1～126	16777214	大型网络
B	128～191	65534	中型网络
C	192～223	254	小型网络

5.2.5　特殊的 IP 地址

在互联网中出于特殊需要，产生了一些特殊的地址，如网络地址、广播地址、回环测试地址等。

（1）网络地址：一个有效的不变的网络号和一个二进制全 "0" 的主机号。

在国际互联网中常常会使用网络地址，网络地址标识在同一个物理网络上的所有主机。IP 地址方案规划中规定，一个 IP 地址中所有的主机号为 0，那么这个地址就称为本网络中的网络地址。

例如 IP 地址是：

110. 8. 8. 8

那么它的网络地址是：

110. 0. 0. 0（这个地址代表着所有第一字节以 110 开头的主机）

另外还有一种特殊的网络地址，就是所有二进制位都为 0（0.0.0.0），这样的地址也是网络地址，它所代表的是全网，在路由器中代表默认路由，本章后面会做介绍。

（2）直接广播地址：一个有效的不变的网络号和一个二进制全 "1" 的主机号。

所谓广播就是向有效范围内的所有用户发送信息的地址，可以把它认定为最大的组播范围。它主要就是为了使一定范围内的设备都能收到一个相同的广播，因而就必须采用一个特别的 IP

地址，这个地址被定义为广播地址，通常是把主机号为二进制全 "1" 的地址叫作广播地址。

例如 IP 地址是：

110. 8. 8. 8

那么它的广播地址是：

110. 255. 255. 255

如果发送的数据包的目的地地址是 110. 255. 255. 255 的话，代表着向以 110 开头的网络中所有主机发送广播。

（3）有限广播地址：255.255.255.255。

将广播限制在最小的范围内，如果是标准的 IP 编址，广播将被限制在本网络之中；如果是子网编址，广播被限制在本子网之中。发送有限广播前不需要知道网络号。

（4）回环测试地址。

前面讨论的 IP 地址分类中少了 127 开头的地址，这类地址就是为了回环测试使用的地址，例如：

127.0.0.1

这样的地址发送出去的数据不会发送到交换机，更不会发送到互联网，只会在本机内部传送，适合网络编程开发人员使用，当然用来测试网络程序也十分方便。

（5）私有地址。

私有地址（private address）属于非注册地址，专门为组织机构内部使用。例如学校的机房里、企业内部网络等。这些地址不能存在于互联网上，但可以在被各地组织机构在内部通信中重复使用，这样可以有效地节约公网地址。私有地址包括：

① A 类 10.0.0.0～10.255.255.255（1 个 A 类地址）。

② B 类 172.16.0.0～172.31.255.255（16 个 B 类地址）。

③ C 类 192.168.0.0～192.168.255.255（256 个 C 类地址）。

当网络中的 DHCP 服务器（自动给主机分配 IP 地址的服务器，后面将详细介绍）有故障或者地址分配完时，或者 DHCP 客户机联系不上 DHCP 服务器时，DHCP 客户机会自动从 169.254.0.1～169.254.255.254 地址中选择一个地址配置给网卡，这类地址即称为 "Microsoft 自动私有地址"。

5.2.6　子网的划分

为什么还要对网络进行子网划分呢？这是因为在当今巨大的互联网中，出于网络安全、地址充分使用等原因，需要对原来的 IP 地址按照一定的规则进行划分，这就是子网划分技术。

如图 5.9 所示，将原来主机号做进一步划分为子网络号和主机号，就是借用了一部分主机号作为子网络号使用。

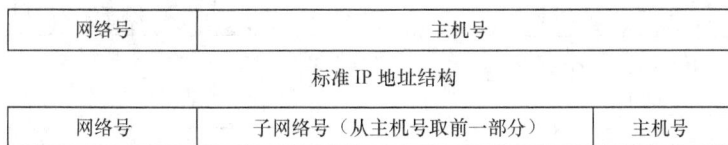

网络号	主机号

标准 IP 地址结构

网络号	子网络号（从主机号取前一部分）	主机号

带有子网的 IP 地址结构

图5.9　子网图例

在原有的 IP 地址模式中，只用网络号就可以区分一个单独的物理网络，在使用了子网划分技术后，网络号就变成了由原来的网络号再加上子网络号，这样才是一个真正的网络号，很明显，使用了这样的技术后，原来的网络数量会增加，但主机数量减少了，正好可以在一定程度上避免 IP 地址的浪费，另外也可以减少广播风暴并增强网络的安全性，便于网络的管理。

例如，某大学 4 号学生宿舍楼一楼有 30 个寝室，每个寝室有 6 位同学，管理员给这一层楼分配 IP 地址，如果按照正常 IP 划分的话，每个寝室是一个独立单元，应该最起码分配一个 C 类地址，一层楼就需要 30 个 C 类地址（如 192.168.1.0～192.168.30.0），特别浪费，如果采用子网划分的话，管理员只需要给这一层楼一个 C 类地址（192.168.1.0）就可以了。怎样才能让这一个 C 类网络地址分给 30 个寝室使用，而且每个寝室是独立单元呢？下面具体说明。

先把 C 类网络地址 192.168.1.0 的前三个字节网络部分用十进制表示，最后一个字节主机部分用二进制表示：

192.168.1	0	0	0	0	0	0	0	0

主机部分有八位二进制数，这八位中，借用前面几位表示子网，剩下几位表示主机呢？ 30 个寝室相当于 30 个子网，子网位要 ≥30 种可能，6 位同学，正常最多有 6 台计算机，相当于每个子网里至少有 6 台主机。

正常情况下，应该先考虑主机位需要几位二进制数可以满足寝室条件，每个子网 6 台主机，$2^3-2=6$ 正好可以满足每个寝室 6 台电脑的需求，所以取后三位表示主机（主机位不能为全"0"或全"1"，所以减 2），$2^5=32$，可用于 32 个寝室，正好满足题目 30 个寝室的需求，原 8 位主机位中余下的前 5 位表示子网。

192.168.1	0	0	0	0	0	0	0	0
网络部分	子网部分					主机部分		

接下来从小到大开始分配 IP 地址（阴影部分代表子网）。

第一个寝室可以分配：

192.168.1.	0	0	0	0	0	0	0	1	到	192.168.1.	0	0	0	0	0	1	1	0

即 192.168.1.1～192.168.1.6。

第二个寝室可以分配：

192.168.1.	0	0	0	0	1	0	0	1	到	192.168.1.	0	0	0	0	1	1	1	0

即 192.168.1.9～192.168.1.14。

第三个寝室可以分配：

192.168.1.	0	0	0	1	0	0	0	1	到	192.168.1.	0	0	0	1	0	1	1	0

即 192.168.1.17～192.168.1.22。

第四个寝室可以分配：

192.168.1.	0	0	0	1	1	0	0	1	到	192.168.1.	0	0	0	1	1	1	1	0

即 192.168.1.25～192.168.1.30。

……

第三十个寝室可以分配：

192.168.1.	1	1	1	0	1	0	0	1	到	192.168.1.	1	1	1	0	1	1	1	0

即 192.168.1.233～192.168.1.238。

通过子网划分，可以把标准 IP 中的主机位（n 位）根据实际需求划分为子网和主机两部分，子网位最少占 1 位，剩下的 $n-1$ 位留给主机，子网位最多占 $n-2$ 位，剩下 2 位留给主机（主机不能只留一位，因为主机位不能是全"0"或全"1"，因为全"0"的主机位表示网络地址，全"1"的主机位表示直接广播地址）。

以上划分方法为人为思考分析的结果。如何让计算机也能识别子网划分呢？这就需要用到子网掩码了。

子网掩码一般与 IP 地址成对出现才有具体意义，它的格式与 IP 地址一样，也是由 32 位的二进制数组成，其中网络部分用二进制"1"表示（如果带有子网，子网也要用二进制"1"表示），主机部分用二进制"0"表示。人们为了使用方便也把它用点分十进制的方式表示。在 A、B、C 三类 IP 地址中它们都有自己默认的子网掩码。

A 类主类（即不带子网情况下）子网掩码：

1	1	1	1	1	1	1	1	0	0	0	0	0	0	0	0	0	0	0	0	0	0	0	0	0	0	0	0	0	0	0	0

即 255.0.0.0 也可表示为/8（代表网络位有 8 位）。

B 类主类（即不带子网情况下）子网掩码：

1	1	1	1	1	1	1	1	1	1	1	1	1	1	1	1	0	0	0	0	0	0	0	0	0	0	0	0	0	0	0	0

即 255.255.0.0 也可表示为/16（代表网络位有 16 位）。

C 类主类（即不带子网情况下）子网掩码：

1	1	1	1	1	1	1	1	1	1	1	1	1	1	1	1	1	1	1	1	1	1	1	1	0	0	0	0	0	0	0	0

即 255.255.255.0 也可表示为/24（代表网络位有 24 位）。

子网掩码的规则定义如下。

（1）对应 IP 地址网络号部分（可能包括子网）所有位都为"1"，并且所有的"1"必须连续，中间不得出现"0"。

（2）对应 IP 地址主机号部分所有位都为"0"，同样所有的"0"必须连续，中间也不得出现"1"，当然"0"后也不能有"1"。

利用以上的规则可以很方便地根据需求计算出某 IP 地址的网络部分、子网部分和主机部分各占几位。

例如，IP 为 199.15.19.65/26（/26 即掩码为 255.255.255.192）。

第一步，通过 IP 地址第一字节值判断该 IP 属于 A 类、B 类还是 C 类。第一字节 199 属于 C 类地址。

第二步，分析标准 C 类 IP 特性。C 类地址前三字节（24 位）表示网络，最后一个字节（8 位）表示主机。

199	15	19	65
网络部分			主机部分

第三步，根据子网掩码定义，结合题目给出的子网掩码判断网络部分、子网部分和主机部分。

在子网掩码定义中，网络和子网都是用"1"表示的，题目给出网络部分有 26 位，代表前 24 位是网络部分，多出来 2 位肯定代表子网部分，还剩下 6 位表示主机位。

199.15.19	0	1	0	0	0	0	0	1
网络部分	子网部分		主机部分					

一旦算出某特定 IP 的网络、子网和主机部分，就可以得知如下内容。

（1）该 IP 所在网络的网络地址为 199.15.19.64/26（有效的网络部分+有效的子网部分+全"0"的主机部分）。

199.15.19	0	1	0	0	0	0	0	0
网络部分	子网部分		全"0"的主机部分					

（2）该 IP 所在网络的直接广播地址为 199.15.19.127/26（有效的网络部分+有效的子网部分+全"1"的主机部分）。

199.15.19	0	1	1	1	1	1	1	1
网络部分	子网部分		全"1"的主机部分					

（3）该 IP 所在网络的 IP 地址范围为 199.15.19.65～199.15.19.126。

199.15.19.	0	1	0	0	0	0	0	1	到	192.168.1.	0	1	1	1	1	1	1	0

如果只需要求出某特定 IP 和掩码对应的网络地址，可以选择性使用布尔代数的"与"运算。在进行"与"运算中，只有在相"与"的两位都为"真"是结果才为"真"，否则结果为"假"。这个运算应用以 IP 地址和子网掩码相对应的位，如果相"与"的两位都是"1"时结果才是"1"，否则就为"0"，布尔运算规则如表 5.2 所示。

表 5.2　布尔运算规则

运算	结果
1 AND 1	1
1 AND 0	0
0 AND 1	0
0 AND 0	0

例如，网络中有一主机的 IP 地址是 172.16.18.26，子网掩码是 255.255.240.0，那么这个地址的网络号是多少呢？要想知道结果就利用布尔运算来计算一下。首先，把两个地址都换算成二进制，如表 5.3 所示。

表 5.3　例表

172.16.18.26	10101100	00010000	00010010	00011010
AND				
255.255.240.0	11111111	11111111	11110000	00000000
结果	10101100	00010000	00010000	00000000

所得的结果换算成十进制是：172.16.16.0，这就是它的网络号，也就是网络地址。

表 5.4 是 C 类网络子网划分关系表。

表 5.4　C 类网络子网划分关系表

子网位数	子网掩码	子网数	容纳的主机数
1	255. 255. 255. 128/25	2	126
2	255. 255. 255. 192/26	4	62
3	255. 255. 255. 224/27	8	30
4	255. 255. 255. 240/28	16	14
5	255. 255. 255. 248/29	32	6
6	255. 255. 255. 252/30	64	2

若选用 B 类 IP 地址，可以参考子网划分关系表 5.5。

表 5.5　B 类网络子网划分关系表

子网位数	子网掩码	子网数	容纳的主机数
1	55. 255. 128. 0/17	2	32766
2	255. 255. 192. 0/18	4	16382
3	255. 255. 224. 0/19	8	8190
4	255. 255. 240. 0/20	16	4096
5	255. 255. 248. 0/21	32	2046
6	255. 255. 252. 0/22	64	1022
7	255. 255. 254. 0/23	128	510
8	255. 255. 255. 0/24	256	254
9	255. 255. 255. 128/25	512	126
10	255. 255. 255. 192/26	1024	62
11	255. 255. 255. 224/27	2048	30
12	255. 255. 255. 240/28	4096	14
13	255. 255. 255. 248/29	8192	6
14	255. 255. 255. 252/30	16384	2

在实际使用中除了要考虑主机的数量以外，还要考虑到路由各通信接口等也要占用 IP 地址。

5.2.7　子网规划与划分实例

为了便于管理和安全的需要，通常都会用到子网，所以子网的规划和 IP 地址分配在网络规划中占据重要的位置，特别是校园网和企业网中的应用就更加突出。在进行子网的规划中要注意以下两个条件。

（1）在产生的子网中要能容纳足够的主机。

（2）能够产生足够的子网号。

下面以一个实例来说明。

某公司申请了一个 C 类地址 198.170.200.0，公司有生产部门和市场销售部门等 6 个部门需要划分为单独的网络，人数最多的销售部拥有 28 台计算机，请给出该公司每个部门所划分的 IP 地址范围，网络地址和直接广播地址。

规范性计算方法如下（阴影部分为思考部分，非阴影部分做题时需写出）。

第一步，通过 IP 地址第一字节值判断该 IP 属于 A 类、B 类还是 C 类。第一字节 198 属于 C 类地址。

第二步，分析标准 C 类 IP 特性。C 类地址前三字节（24 位）表示网络，最后一个字节（8 位）表示主机。

第三步，根据子网掩码定义，结合题目给出的部门数和最大部门主机数，把标准 IP 地址中的主机位拆分成子网部分与主机部分，算出具体子网掩码。

先考虑主机部分，最大的部门有 28 台主机，$2^5=32$ 正好满足大于等于 28 台主机的需求，所以新的主机位是最后 5 位二进制位，余下的前三位主机位留给子网，$2^3=8$ 正好满足大于等于 6 个部门的需求。

198.170.200	0	0	0	0	0	0	0	0
网络部分	子网部分					主机部分		

对于子网掩码，网络位和子网位都用"1"表示，主机位用"0"表示，所以该公司子网划分采用的子网掩码是 255.255.255.224，用另一种表示方法：/27。

IP 地址	198.170.200	0	0	0	0	0	0	0	0
子网掩码	255.255.255	1	1	1	0	0	0	0	0
	网络部分	子网部分			主机部分				

第四步，写出各部门主机 IP 范围，根据网络地址和直接广播的定义出写各部门具体网络地址和直接广播地址。

（1）第一个部门。主机 IP 范围：198.170.200.00000001～198.170.200.00011110，掩码：255.255.255.224，即 198.170.200.1～198.170.200.30　　/27

网络地址：198.170.200.0

直接广播地址：198.17.200.31

（2）第二个部门。主机 IP 范围：198.170.200.00100001～198.170.200.00111110，掩码：255.255.255.224，即 198.170.200.33～198.170.200.62　　/27

网络地址：198.170.200.32

直接广播地址：198.17.200.63

（3）第三个部门。主机 IP 范围：198.170.200.01000001～198.170.200.01011110，掩码：255.255.255.224，即 198.170.200.65～198.170.200.94　/27

网络地址：198.170.200.64

直接广播地址：198.17.200.95

（4）第四个部门。主机 IP 范围：198.170.200.01100001～198.170.200.01111110，掩码：255.255.255.224，即 198.170.200.97～198.170.200.126　/27

网络地址：198.170.200.96

直接广播地址：198.17.200.127

（5）第五个部门。主机 IP 范围：198.170.200.10000001～198.170.200.10011110，掩码：255.255.255.224，即 198.170.200.129～198.170.200.158　/27

网络地址：198.170.200.128

直接广播地址：198.17.200.159

（6）第六个部门。主机 IP 范围：198.170.200.10100001～198.170.200.10111110，掩码：255.255.255.224，即 198.170.200.161～198.170.200.190　/27

网络地址：198.170.200.160

直接广播地址：198.17.200.191

5.2.8　IPv6 地址概述

互联网 IPv4 技术的核心技术属于美国。它的最大问题是 IP 地址资源非常有限，从理论上来计算，IPv4 技术可使用的 IP 地址有 43 亿个，其中北美占有 3/4，约 30 亿个，而人口最多的亚洲只有不到 4 亿个，中国只有 3 千多万个，和美国麻省理工学院的数量相当，再加上互联网主机数量以级数式的增长，给 IP 地址的资源更是带来极大的挑战，经当时的有关部门统计，IPv4 所能使用的地址，到 2015 年会全部消耗用光，那没有地址的计算机将上不了互联网，另外由于 IPv4 本身的设计缺陷、安全等问题，为了解决这样那样的问题人们想出了各种办法，例如使用代理或者是 NAT，但这都不能从根本上解决问题，最终发布了 IPv6 标准，这一标准的地址长度将从 IPv4 的 32 位扩展到 128 位，总容量达到 2 的 128 次方个 IP 地址，足以让地球上每个人拥有 1600 万个地址，巨大的网络地址空间将从根本上解决网络地址枯竭的问题，而且版本的升级并非仅仅是地址位数的升级，还包括新的特性。

32 位 IPv4 地址由四个点分 8 位字段组成，而 IPv6 地址有 128 位，因其太大，故需要不同的表示方法。IPv6 地址使用冒号来隔开一系列 16 位十六进制项。例如，2031:0000:130F:0000:0000:09C0:876A:130B。该 IPv6 地址还可以进一步简化表示，如图 5.10 所示。

与 IPv4 相比，IPv6 具有以下几个优势。

（1）IPv6 具有丰富的地址资源空间

IPv4 中规定 IP 地址长度为 32，即有 $2^{32}-1$ 个地址；而 IPv6 中 IP 地址的长度为 128，即有 $2^{128}-1$ 个地址，使每一个家电都拥有一个 IP 地址，这让全球数字化家庭方案的实施变成了可能。

（2）IPv6 使用更小的路由表

IPv6 的地址分配一开始就遵循聚类的原则，这使得路由器能在路由表中用一条记录表示一片子网，大大减小了路由器中路由表的长度，提高了路由器转发数据包的速度，提高了效率。

（3）IPv6 报头更加简单

IPv6 报头简单而且增加了增强的组播支持以及对流的支持。

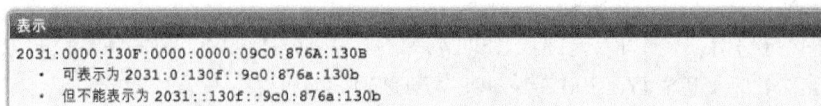

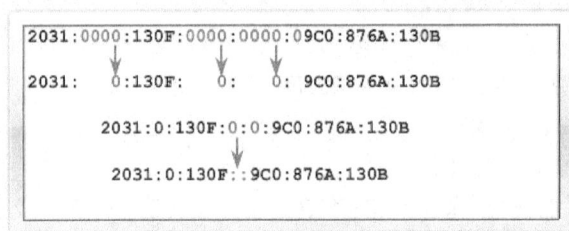

图5.10　IPv6地址的简化表示

这使得网络上的多媒体应用有了长足发展的机会，为服务质量控制提供了良好的网络平台，如图 5.11 所示。

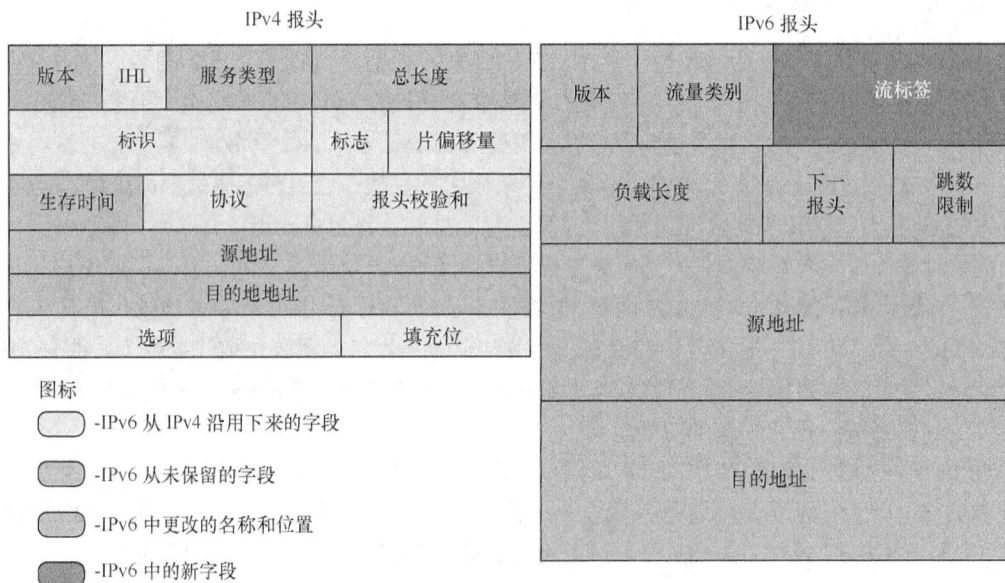

图5.11　IPv4与IPv6报头

（4）IPv6 全新的地址配置方式

为了简化主机地址配置，IPv6 除了支持手工地址配置和有状态自动地址配置（利用专用的地址分配服务动态分配地址如 DHCP）外，还支持一种无状态地址配置技术。在无状态地址配置中，网络上的主机能自动给自己配置 IPv6 地址。在同一链路上，所有的主机不用人工干预就可以通信。

（5）IPv6 具有更高的安全性

在使用 IPv6 网络中用户可以对网络层的数据进行加密并对 IP 报文进行校验，极大增强了网络的安全性。

IPv4 到 IPv6 的过渡策略，如图 5.12 所示，从 IPv4 过渡时，并不要求同时升级所有节点。

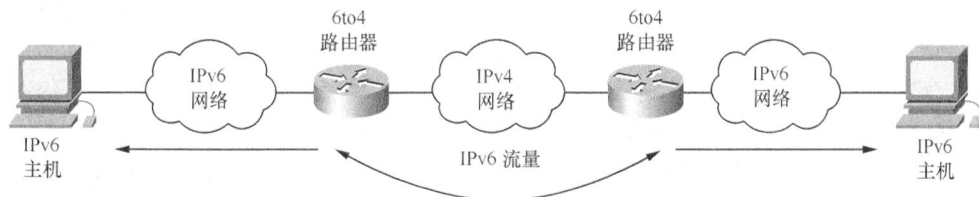

图5.12　IPv4到IPv6的过渡策略

① 双协议栈：是一种集成方法，利用该方法，节点既能实施和连接 IPv4 网络，也能实施和连接 IPv6 网络。

② 隧道：手动 IPv6-over-IPv4 隧道——IPv6 数据包被封装在 IPv4 协议中。动态 6to4 隧道——通过 IPv4 网络（通常是 Internet）自动建立各 IPv6 岛的连接。

③ NAT-协议转换（NAT-PT）：IPv6 与 IPv4 之间进行协议转换的 NAT-PT。

5.3　网络层其他重要协议

网络层除了 IP 协议以外，还有很多重要的协议，例如：ARP（地址解析协议）、RARP（逆向地址解析协议）、ICMP（Internet 控制报文协议）等。

5.3.1　地址解析协议

地址解析协议（Address Resolution Protocol，ARP），在整个互联网中，IP 地址屏蔽了各个物理网络地址的差异，通过数据"包"中的 IP 地址，找到对方主机，实现全球互联网的所有主机通信，但是数据到了局域网中，网络中实际传输的是"帧"，帧里面有目标主机的 MAC 地址，也就是硬件地址。在以太网中，一个主机要和另一个主机进行直接通信，必须要知道目标主机的 MAC 地址，从 IP 地址变成 MAC 地址这个工作就是通过 ARP 进行的。

下面以实例说明 ARP 协议的工作原理。

在每台安装有 TCP/IP 的计算机里都有一个 ARP 缓存表，表里的 IP 地址与 MAC 地址是一一对应的，如图 5.13 所示。

图5.13　ARP例图

例如，有主机 A（192.168.0.8）向主机 B（192.168.0.1）发送数据，当发送数据时，主机 A 会在自己的 ARP 缓存表中寻找是否有目标 IP 地址。如果找到了，也就知道了目标 MAC 地址，直接把目标 MAC 地址写入帧里面发送就可以了；如果在 ARP 缓存表中没有找到相对应的 IP 地址，主机A就会在网络上发送一个广播，向同一网段内的所有主机发出这样的询问："192.168.0.1的MAC地址是什么？"网络上其他主机并不响应ARP询问，只有主机B接收到这个帧时，才向主机A做出这样的回应："192.168.0.1的MAC地址是00-aa-00-62-c6-09"。这样，主机A就知道了主机B的MAC地址，它就可以向主机B发送信息了。同时它还更新了自己的ARP缓存表，下次再向主机B发送信息时，直接从ARP缓存表里查找就可以了。ARP缓存表采用了生存周期机制，在一定的时间内如果表中的某一组没有使用，就会被删除，这样可以大大减少ARP缓存表的长度，加快查询速度。常用ARP命令参数如下。

（1）-a：显示当前ARP表项。如果指定了网卡地址，则只显示指定计算机的IP地址和网卡地址。

（2）-s：添加相应的ARP表项，这种由人为指定添加的ARP表项，称为静态ARP表，除此外产生的称为动态ARP表项。

（3）-d：删除指定的ARP表项。

5.3.2 逆地址解析协议

逆地址解析协议（Reverse Address Resolution Protocol，RARP），从名字可以知道它的主要作用是把原有的硬件地址解析为IP地址，当然也是应用到局域中。什么情况下会用到这种协议呢?

有种计算机叫作无盘工作站，它自己没有硬盘，其他什么都有，当然也没有操作系统更没有IP地址，在它起动时只有硬件地址，计算机想要工作是要操作系统的，所以它利用RARP向服务器申请一个IP地址，这个过程也就是RARP的解析过程。无盘工作站是典型的RARP应用，在1GB的硬盘要千元的年代它的应用更是让人兴奋不已，大大节约了实际硬件成本，无盘工作站依然广泛使用在金融和证券机构，以保持数据的安全与可靠。

5.3.3 Internet控制报文协议

Internet控制报文协议（Internet Control Message Protocol，ICMP）是TCP/IP的一个子协议，用于在IP主机、路由器之间传递控制消息，包括差错信息及其他需要注意的信息。调试控制消息是指网络通不通、主机是否可达、路由是否可用等网络本身的消息。这些控制消息虽然并不传输用户数据，但是对于用户数据的传递起着重要的作用。

5.4 路由器

路由器（Router）是连接因特网中各局域网、广域网的设备，它会根据信道的情况自动选择和设定路由，以最佳路径，按前后顺序发送信号。

5.4.1 路由器简介

1. 路由器的基本概念

由于当前社会信息化的不断推进，人们对数据通信的需求日益增加。自TCP/IP体系结构于20世纪70年代中期推出以来，现已发展成为网络层通信协议的事实标准，基于TCP/IP的互联网络也成为了最大、最重要的网络。路由器（Router）作为TCP/IP网络的核心设备已经得到空前广泛的应用，其技术已成为当前信息产业的关键技术，其设备本身在数据通信中起到越来越重要的作用，如图 5.14 所示。同时由于路由器设备功能强大，且技术复杂，各厂家对路由器的实现有太多的选择性。

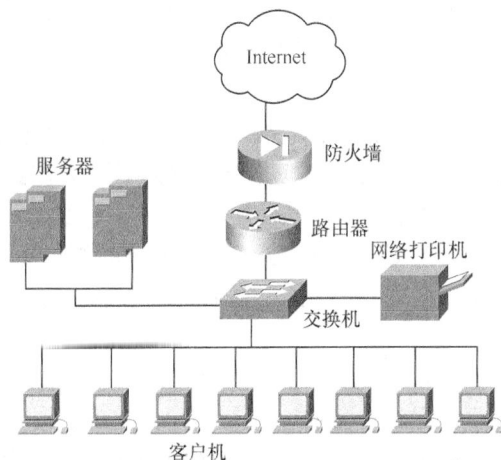

图5.14　路由器在网络中的位置

要了解路由器，首先要知道什么是路由选择，路由选择指网络中的节点根据通信网络的情况（可用的数据链路、各条链路中的信息流量等），按照一定的策略（传输时间、传输路径最短），选择一条可用的传输路径，把信息发往目的地。路由器就是具有路由选择功能的设备。它工作于网络层，从事不同网络之间的数据包（Packet）的存储和分组转发，是用于连接多个逻辑上分开的网络（所谓逻辑网络是代表一个单独的网络或者一个子网）的网络设备。

2．路由器的功能与分类

路由器作为互联网上的重要设备，有着许多功能，主要包括以下几个方面。

（1）接口功能：用作将路由器连接到网络。可以分为局域网接口及广域网接口两种。局域网接口主要包括以太网、FDDI 等网络接口。广域网主要包括 E1/T1、E3/T3、DS3、通用串行口等网络接口。

（2）通信协议功能：该功能负责处理通信协议，可以包括 TCP/IP 、PPP、X.25、帧中继等协议。

（3）数据包转发功能：该功能主要负责按照路由表内容在不同路由器各端口（包括逻辑端口）间转发数据包并且改写链路层数据包头信息。

（4）路由信息维护功能：该功能负责运行路由协议并维护路由表。路由协议可包括 RIP、OSPF、BGP 等协议。

（5）管理控制功能：路由器管理控制功能包括 5 个功能，即简单网络管理协议（SNMP）代理功能、Telnet 服务器功能、本地管理、远端监控和 RMON（远程监视）功能。通过 5 种不同的途径对路由器进行控制管理，并且允许记录日志。

（6）安全功能：该功能用于完成数据包过滤、地址转换、访问控制、数据加密、防火墙以及地址分配等。

当前路由器分类方法有许多种，各种分类方法存在着一些联系，但是并不完全一致。具体地说，一般有以下 3 种分类方法。

（1）从结构上分，路由器可分为模块化结构与非模块化结构。通常，中高端路由器为模块化结构，可以根据需要添加各种功能模块；低端路由器为非模块化结构。

（2）从网络位置划分，路由器可分为核心路由器与接入路由器。核心路由器位于网络中心，通常使用高端路由器，要求快速的包交换能力与高速的网络接口，通常是模块化结构；接入路由器位于网络边缘，通常使用中低端路由器，要求相对低速的端口以及较强的接入控制能力，通常是非模块化结构。

（3）从功能上划分，路由器可分为"骨干级路由器""企业级路由器"和"接入级路由器"。"骨干级路由器"是实现企业级网络互连的关键设备，它数据吞吐量较大，非常重要。"企业级路由器"连接许多终端系统，连接对象较多，但系统相对简单，且数据流量较小，对这类路由器的要求是以尽量便宜的方法实现尽可能多的端点互连，同时还要求能够支持不同的服务质量。"接入级路由器"主要应用于连接家庭或 ISP 内的小型企业客户群体。

3．路由器结构

目前市场上路由器的种类很多。尽管不同类型的路由器在处理能力和所支持的接口数上有所不同，但它们核心的部件却是一样的。例如，都有 CPU、ROM、RAM、I/O 等硬件，只是在类型、大小以及 I/O 端口的数目上根据产品的不同各有相应的变化。其硬件和计算机类似，实际上就是一种特殊用途的计算机。接口除了提供固定的以太网口和广域网口以外，还有配置口（Console 口）、备份口（AUX 口）及其他接口。

路由器的软件是系统平台，华为公司的软件系统是通用路由平台（Versatile Routing Platform，VRP），其体系结构实现了数据链路层、网络层和应用层多种协议，由实时操作系统内核、IP 引擎、路由处理和配置功能模块等基本组件构成。

Cisco 公司的软件系统是 Cisco 互联网络操作系统（IOS），被用来传送网络服务，并启用网络应用程序。IOS 命令行界面用来配置 Cisco IOS 路由器。

路由器的外观如图 5.15 所示。

图5.15　Cisco 2811路由器图例

5.4.2　路由的基本原理

在现实生活中的寄信，邮局负责接收所有本地信件，然后根据目的地将它们送往不同的目的城市。再由目的城市的邮局将它送到收信人的邮箱。信件的传递过程如图 5.16 所示。

而在互联网络中，路由器的功能就类似邮局，它负责接收本地网络的所有 IP 数据报，然后再根据它们的目的 IP 地址，将它们转发到目的网络。当到达目的网络后，再由目的网络传输给目的主机，如图 5.17 所示。

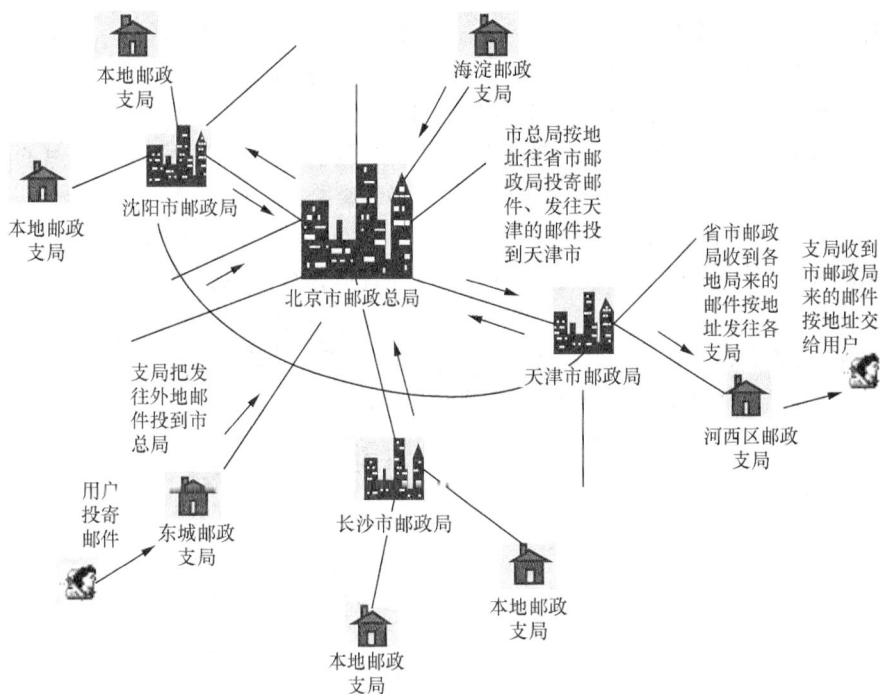

图5.16 信件传递过程

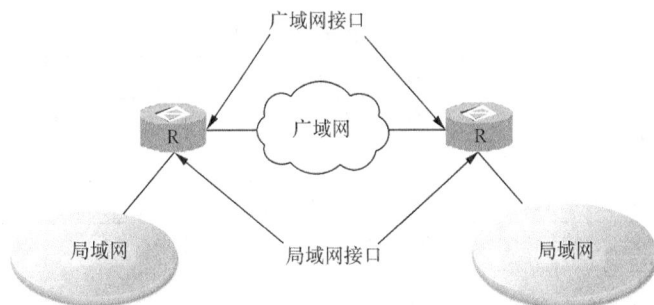

图5.17 路由器功能图

1. 路由表

前面已讨论了什么是路由选择，而路由器利用路由选择进行 IP 数据报转发时，一般采用表驱动的路由选择算法。

交换机是根据地址映射表来决定将帧转发到哪个端口，如图 5.18 所示。

地址映射表		
端口	MAC 地址	计时
1	00-30-80-7C-F1-21（节点 A）	…
4	52-54-4C-19-3D-03（节点 B）	…
4	00-50-BA-27-5D-A1（节点 C）	…
5	00-D0-09-F0-33-71（节点 D）	…
6	00-00-B4-BF-1B-77（节点 E）	…

图5.18 地址映射表

　　与交换机类似，路由器当中也有一张非常重要的表——路由表。路由表用来存放目的地址以及如何到达目的地址的信息。这里要特别注意一个问题，互联网包含成千上万台计算机，如果每张路由表都存放到达所有目的主机的信息，不但需要巨大的内存资源，而且需要很长的路由表查询时间，这显然是不可能的。所以路由表中存放的不是目的主机的 IP 地址，而是目的网络的网络地址。当 IP 数据报到达目的网络后，再由目的网络传输给目的主机。

　　一个通用的 IP 路由表通常包含许多（N，M，R）三元组，N 表示目的网络地址（注意是网络地址，不是网络上普通主机的 IP 地址），M 表示子网掩码，R 表示到网络 N 路径上的"下一个"路由器的 IP 地址。

　　图 5.19 显示了用 3 台路由器互联 4 个子网的简单实例，表 5.6 给出了其中一个路由器 R2 的路由表，表 5.7 给出了其中一个路由器 R3 的路由表。

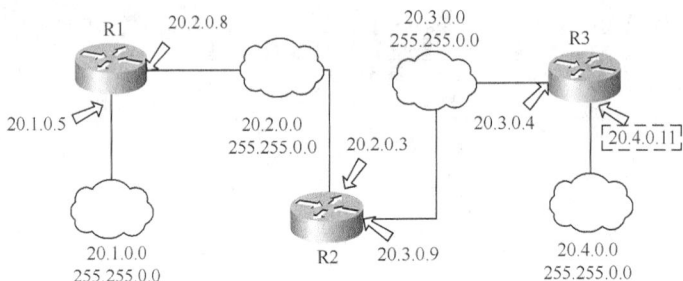

图5.19　3台路由器连4个子网

表 5.6　路由器 R2 路由表

路由器 R2 的路由表		
目的网络（N）	子网掩码（M）	下一路由器（R）
20.2.0.0	255.255.0.0	直接投递
20.3.0.0	255.255.0.0	直接投递
20.1.0.0	255.255.0.0	20.2.0.8
20.4.0.0	255.255.0.0	20.3.0.4

表 5.7　路由器 R3 路由表

路由器 R3 的路由表		
子网掩码（M）	目的网络（N）	下一路由器（R）
255.255.0.0	20.3.0.0	直接投递
255.255.0.0	20.4.0.0	直接投递
255.255.0.0	20.2.0.0	20.3.0.9
255.255.0.0	20.1.0.0	20.3.0.9

　　在表 5.6 中，如果路由器 R2 收到一个目的地址为 20.1.0.28 的 IP 数据报，它在进行路由选择时，首先将 IP 地址与自己路由表的第一个表项的子网掩码进行"与"操作，由于得到的结果 20.1.0.0 与本表项的网络地址 20.2.0.0 不同，说明路由选择不成功，需要与下一表项在进行运算操作，直到进行到第三个表项，得到相同的网络地址 20.1.0.0，说明路由选择成功。于是，R2 将 IP 数据报转发给指定的下一路由器 20.2.0.8。

如果路由器 R3 收到某一数据报，其转发原理与 R2 类似，也需要查看自己的路由表决定数据报去向。

这里还需要说明一个问题，在图 5.19 中，路由器 R2 的一个端口 IP 地址是 20.2.0.3，另一个端口的 IP 地址是 20.3.0.9，某路由器路由表建立的时候，具体要用 R2 哪一个端口的 IP 地址作为下一路由器的 IP 地址呢？

这主要取决于需要转发的数据包的流向，如果是 R3 经过 R2 向 R1 转发某一数据报，IP 地址为 20.3.0.9 的这一端口为路由器 R2 的数据流入端口，IP 地址为 20.2.0.3 这一端口为路由器 R2 的数据流出端口，这时，用流入端口的 IP 地址作为下一路由器的 IP 地址。也可以这么说，逻辑上与 R3 更近的 R2 的某一端口的 IP 地址，就是 R3 的下一路由器的 IP 地址。

2. 路由表中的两种特殊路由

为了缩小路由表的长度，减少查询路由表的时间，用网络地址作为路由表中下一路由器的地址，但也有两种特殊情况。

（1）默认路由

默认路由指在路由选择中，在没明确指出某一数据报的转发路径时，为进行数据转发的路由设备设置一个默认路径。也就是说，如果有数据报需要其转发，则直接转发到默认路径的下一条地址。这样做的好处是可以更好地隐藏互联网细节，进一步缩小路由表的长度。在路由选择算法中，默认路由的子网掩码是 0.0.0.0，目的网络是 0.0.0.0，下一个路由器地址就是要进行数据转发的第一个路由器的 IP 地址，默认路由如图 5.20 所示。

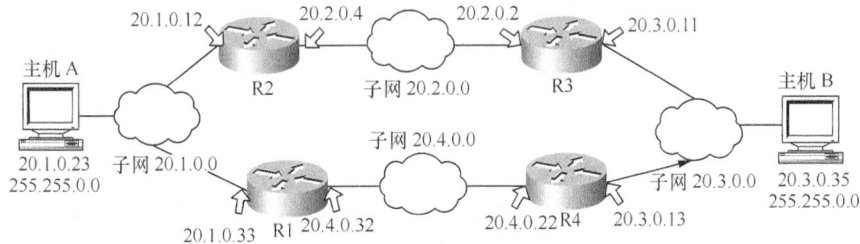

图5.20　默认路由

表 5.8　主机 A 路由表

主机 A 的路由表		
目的网络	子网掩码	下一站地址
20.1.0.0	255.255.0.0	直接投递
0.0.0.0	0.0.0.0	20.1.0.12

表 5.9　主机 B 路由表

主机 B 的路由表		
目的网络	子网掩码	下一站地址
20.3.0.0	255.255.0.0	直接投递
0.0.0.0	0.0.0.0	20.3.0.13

对于图 5.20，如果给定主机 A 和主机 B 的路由表，如表 5.8 和表 5.9 所示，如果主机 A 想

要发送数据包到主机 B 时，它有两条路径可以选择，从路由器 R1、R4 的路径转发或者从路由器 R2、R3 的路径转发，具体从哪里转发数据呢？这就要看一看主机 A 的路由表了（这里需要补充说明一下，在网络中，任何设备如果需要进行路由选择，它就需要拥有一张存储在自己内存中的路由表），主机 A 的路由表有两个表项，如果数据要发送到本子网的其他主机中，则遵循第一行的表项，直接投递到本子网某一主机。如果主机 A 想要发送数据到主机 B，通过主机 A 路由表第二行表项来看，主机 A 的默认路由是路由器 R2，所以数据就会通过 R2 转发给主机 B，而不会通过 R1 转发。这就是默认路由的用处。同理主机 B 向主机 A 发送数据，会通过 R4 转发。

（2）特定主机路由

特定主机路由在路由表中为某一个主机建立一个单独的路由表项，目的地址不是网络地址，而是那个特定主机实际的 IP 地址，子网掩码是特定的 255.255.255.255，下一路由器地址和普通路由表项相同。互联网上的某一些主机比较特殊，例如服务器，通过设立特定主机路由表项，可以更加方便管理员对它的管理，安全性和控制性更好。

5.5 静态路由与动态路由

上节内容讲到路由的原理，路由表决定了路由选择的具体方向，如果路由表出现问题，IP 数据报是无法到达目的地的。本节内容的重点介绍路由表的建立和刷新。路由可以分为两类：静态路由和动态路由，静态路由一般是由管理员手工设置的路由，而动态路由则是路由器中的动态路由协议根据网络拓扑情况和特定的要求自动生成的路由条目。静态路由的好处是网络寻址快捷，动态路由的好处是对网络变化的适应性强。

5.5.1 静态路由

静态路由是由网络管理员在路由器上手工添加路由信息来实现的路由。当网络的结构或链路的状态发生改变时，网络管理员必须手工对路由表中相关的静态路由信息进行修改。

静态路由信息在默认状态下是私有的，不会发送给其他的路由器。当然，通过对路由器手工设置也可以使之成为共享的。一般的静态路由设置经过保存后重启路由器都不会消失，但相应端口关闭或失效时就会有相应的静态路由消失。静态路由的优先级很高，当静态路由和动态路由冲突时，要遵循静态路由来执行路由选择。

既然是手工设置的路由信息，那么管理员就更容易了解整个网络的拓扑结构，更容易配置路由信息，网络安全的保密性也就越高，当然这是在网络不太复杂的情况下。

如果网络结构较复杂，就没办法手工配置路由信息了，这是静态路由的一个缺点：一方面，网络管理员难以全面地了解整个网络的拓扑结构；另一方面，当网络的拓扑结构和链路状态发生变化时，路由器中的静态路由信息需要大范围地调整，这一工作的难度和复杂程度非常高；另一个缺点就是如果静态路由手工配置错误，数据将无法转发到目的地。

单击"开始"→"运行"命令，弹出"运行"对话框，在该对话框的"打开"文本框内输入"cmd"命令，在弹出的 cmd 命令提示符窗口里输入"route print"来查看自己主机的路由表，如图 5.21 所示。

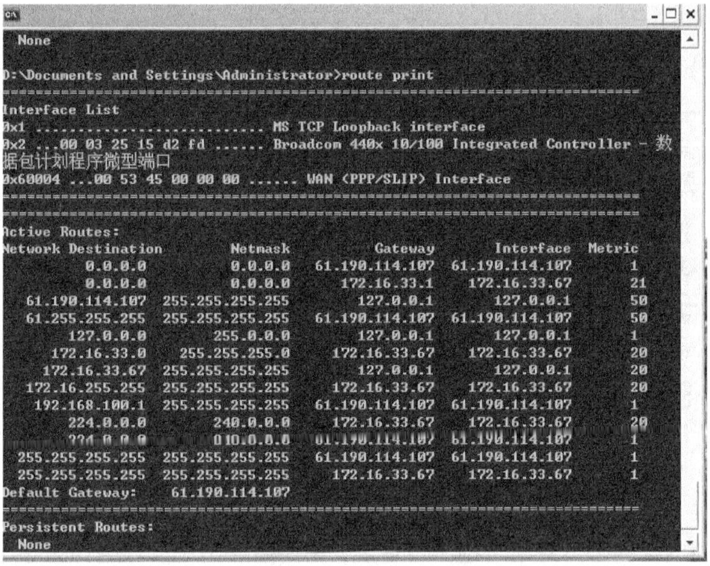

```
None
D:\Documents and Settings\Administrator>route print

Interface List
0x1 ........................... MS TCP Loopback interface
0x2 ...00 03 25 15 d2 fd ...... Broadcom 440x 10/100 Integrated Controller - 数
据包计划程序微型端口
0x60004 ...00 53 45 00 00 00 ...... WAN (PPP/SLIP) Interface

Active Routes:
Network Destination        Netmask          Gateway       Interface  Metric
          0.0.0.0          0.0.0.0   61.190.114.107  61.190.114.107     1
          0.0.0.0          0.0.0.0     172.16.33.1     172.16.33.67    21
   61.190.114.107  255.255.255.255        127.0.0.1        127.0.0.1    50
   61.255.255.255  255.255.255.255   61.190.114.107  61.190.114.107    50
        127.0.0.0        255.0.0.0        127.0.0.1        127.0.0.1     1
     172.16.33.0    255.255.255.0     172.16.33.67     172.16.33.67    20
    172.16.33.67  255.255.255.255        127.0.0.1        127.0.0.1    20
  172.16.255.255  255.255.255.255     172.16.33.67     172.16.33.67    20
   192.168.100.1  255.255.255.255   61.190.114.107  61.190.114.107     1
         224.0.0.0        240.0.0.0     172.16.33.67     172.16.33.67    20
         224.0.0.0        010.0.0.0   61.190.114.107  61.190.114.107     1
  255.255.255.255  255.255.255.255   61.190.114.107  61.190.114.107     1
  255.255.255.255  255.255.255.255     172.16.33.67     172.16.33.67     1
Default Gateway:      61.190.114.107

Persistent Routes:
None
```

图5.21　查看路由表

图 5.21 中，Network Destination 是目的网络，Netmask 是子网掩码，Gateway 是下一路由器，Interface 是下一路由的接口，Matric 将在动态路由中介绍。

在窗口中，还可以对路由信息进行如下操作。

（1）添加：route add 目的网络 子网掩码 下一路由

（2）删除：route delete 目的网络

（3）改变：route change 目的网络子网掩码新的下一路由

5.5.2　动态路由

动态路由是指路由器能够通过一定的路由协议和算法，自动地建立自己的路由表，并且能够根据拓扑结构和实际通信量的变化适时地进行调整。

动态路由有更好的自主性和灵活性，适合于拓扑结构复杂、网络规模庞大的互联网络环境。一旦网络当中的某一路径出现了问题，数据不能在此路径上转发，动态路由可以根据实际情况更改路径。

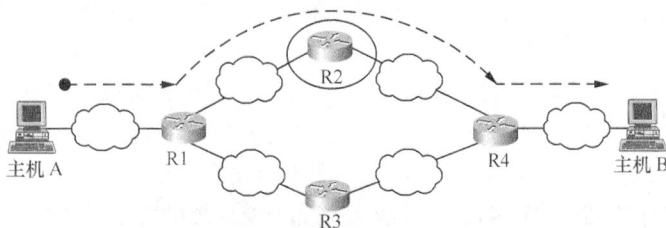

图5.22　动态路由路径

图 5.22 所示中，如果主机 A 发送数据到主机 B，原来是走 R1—R2—R4 的路径，但如果这时 R2 出现了故障，则无法把数据转发给 R4，如果是静态路由，主机 A—主机 B 的路径肯定会

瘫痪，直到管理员手动更改路径为止。但对于动态路由而言，它可以根据一定的协议和算法自动更改路径为 R1—R3—R4。

动态路由还有一个好处就是可以自动选择更优路径进行数据传递，具体怎么判定最优路径呢？这就需要有一个度量值 Metric 作为标准，Metric 的值可以由多种因素确定。

① 路径所包含的路由器节点数又叫作跳数（hop count）。

② 网络传输费用（cost）。

③ 带宽（bandwidth）。

④ 延迟（delay）。

⑤ 负载（load）。

⑥ 可靠性（reliability）。

⑦ 最大传输单元（MTU）。

一般来说，Metric 值越小，某条路径就越好。例如，如果图 5.21 中 R1—R2—R4（Metric=5）、R1—R3—R4（Metric=10）两条路径都可以实现主机 A 向主机 B 转发数据，但 R1—R2—R4 这条路径 Metric 值更小，动态路由就会优先选择这条路径。

动态路由的缺点就是因为网络结构比较复杂，路由信息比较多，这样会占用路由设备 CPU、内存等资源。

5.6 路由协议

对于动态路由来说，路由协议的选择可以直接影响网络性能，不同类型的网络要选择不同的路由协议，路由协议分为内部网关协议和外部网关协议。应用最广泛的内部网关路由协议包括路由信息协议（RIP）和开放式最短路径优先协议（OSPF），外部网关协议是边缘网关协议（BGP），本书只讨论内部网关协议。

5.6.1 路由信息协议

路由信息协议（Routing Information Protocol，RIP）是早期互联网最为流行的路由选择协议，使用向量–距离（vector–distance）路由选择算法，即路由器根据距离选择路由，所以也称为距离向量协议。路由器收集所有可到达目的地的不同路径，并且保存有关到达每个目的地的最少站点数的路径信息，除到达目的地的最佳路径外，任何其他信息均予以丢弃。同时路由器也把所收集的路由信息用 RIP 通知相邻的其他路由器。这样，正确的路由信息逐渐扩散到了全网。

RIP 路由器每隔 30s 触发一次路由表刷新。刷新计时器用于记录时间量。一旦时间到，RIP 节点就会产生一系列包含自身全部路由表的报文。这些报文广播到每一个相邻节点。因此，每一个 RIP 路由器大约每隔 30s 应收到从每个相邻 RIP 节点发来的更新。

RIP 路由器要求在每个广播周期内，都能收到邻近路由器的路由信息，如果不能收到，路由器将会放弃这条路由；如果在 90s 内没有收到，路由器将用其他邻近的具有相同跳跃次数（hop）的路由取代这条路由；如果在 180s 内没有收到，该邻近的路由器被认为不可达。

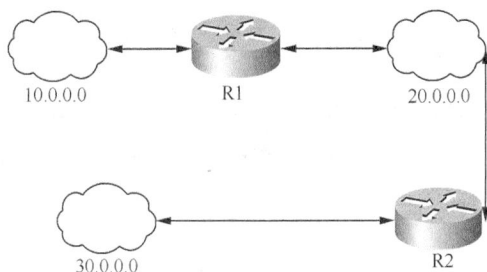

图5.23 例图

表 5.10 R1 初始路由表

目的网络	路径	距离
10.0.0.0	直接投递	0
20.0.0.0	直接投递	0

表 5.11 R2 初始路由表

目的网络	路径	距离
30.0.0.0	直接投递	0
20.0.0.0	直接投递	0

对于图 5.23 所示的 R1 来说,在初始阶段,R1 的路由表里只有与之直接相连的网络的路由信息,如表 5.10～表 5.13 所示,但经过一次 R2 对 R1 路由表的 RIP 刷新,情况就不一样了,R2 路由表有一个关于网络 30.0.0.0 的表项是 R1 初始时不知道的,经过一次 RIP 刷新,R1 增加了一条到网络 30.0.0.0 的表项,路径要从 R2 转发,距离增加 1。R2 的刷新原理和 R1 一样,刷新后的路由表如表 5.13 所示。

表 5.12 R1 刷新后的路由表

目的网络	路径	距离
10.0.0.0	直接投递	0
20.0.0.0	直接投递	0
30.0.0.0	R2	1

表 5.13 R2 刷新后的路由表

目的网络	路径	距离
30.0.0.0	直接投递	0
20.0.0.0	直接投递	0
10.0.0.0	R1	1

RIP 使用非常广泛,它简单、可靠,便于配置。但是 RIP 只适用于小型的同构网络,因为它允许的最大站点数为 15,任何超过 15 个站点的目的地均被标记为不可达。而且 RIP 每隔 30s 一次的路由信息广播也是造成网络的广播风暴的重要原因之一。

5.6.2　开放式最短路径优先协议

在众多的路由技术中，开放式最短路径优先协议（Open Shortest Path First，OSPF）已成为目前 Internet 广域网和 Intranet 企业网采用最多、应用最广泛的路由技术之一。OSPF 是基于链路−状态（link−status）算法的路由选择协议，它克服了 RIP 的许多缺陷，是一个重要的路由协议。

1. 链路−状态算法

要了解开放式最短路径优先协议，必须先理解它采用的链路−状态算法（也叫作最短路径优先 SPF 算法），其基本思想是将每一个路由器作为根（root）来计算其到每一个目的地路由器的距离，每一个路由器根据一个统一的数据库计算出路由区域的拓扑结构图，该结构图类似于一棵树，在 SPF 算法中，被称为最短路径树。

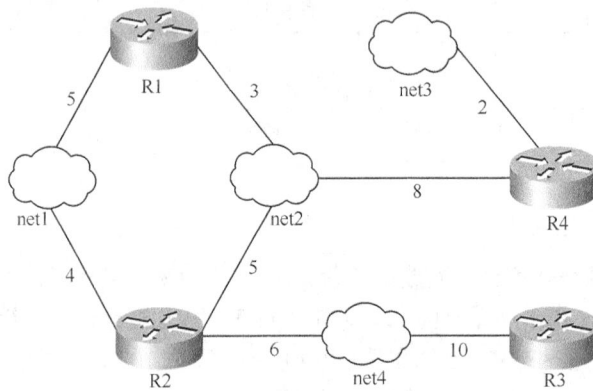

图5.24　4个路由器和4个网络组成的网络

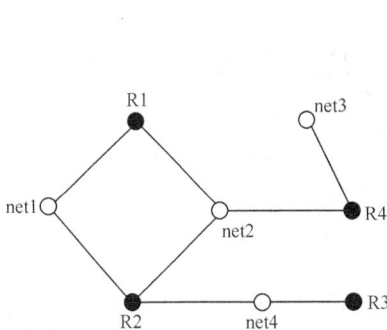

图5.25　拓扑图

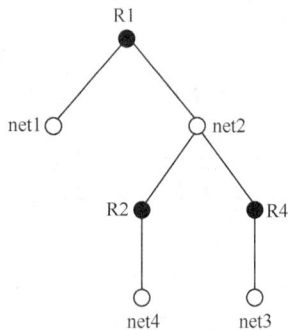

图5.26　R1的最短路径树

图 5.24 所示是一个由 4 个路由器和 4 个子网组成的网络（Metric 度量值已标明），R1、R2、R3、R4 会相互之间广播报文，通知其他路由器自己与相邻路由器之间的连接关系。利用这些关系，每一个路由器都可以生成一张拓扑结构图，如图 5.25 所示。根据这张图，R1 可以根据最短路径优先算法计算出自己的最短路径树，如图 5.26 所示，注意这个树里不包含 R3，这是因为 R1 要到达 4 个网络中的任何一个，不需要经过 R3，还有一点需要注意的是，R1 到达 net4 是通过 net2 到达而没有通过 net1 到达，这是由于通过 net2 的路径的度量值比通过 net1 的路径要小。表 5.14 所示是 R1 根据最短路径树生成的路由表。

表 5.14　R1 的路由表

R1 的路由表		
目的网络	下一路由	开销
net1	直接投递	5
net2	直接投递	3
net4	R2	14
net3	R4	13

链路-状态算法具体可分为以下 3 个过程。

（1）在路由器刚开启初始化或者网络的结构发生变化时，路由器会生成链路状态广播数据包 LSA（Link-State Advertisement，链路状态数据库中每个条目），该数据包里包含与此路由器相连的所有端口的状态信息、网络结构的变化，例如有路由器的增减、链路状态的变化等。

（2）接着各个路由器通过刷新 Flooding 的方式来交换各自知道的路由状态信息。刷新是指某路由器将自己生成的 LSA 数据包发送给所有与之相邻的执行 OSPF 协议的路由器，这些相邻的路由器根据收到的刷新信息更新自己的数据库，并将该链路状态信息转发给与之相邻的其他路由器，直至达到一个相对平静的过程。

（3）当整个区域的网络相对平静下来，或者说 OSPF 路由协议收敛起来，区域里所有的路由器会根据自己的链路状态数据库计算出自己的路由表。收敛指当一个网络中的所有路由器都运行着相同的、精确的、足以反映当前网络拓扑结构的路由信息。在整个过程完成后，网络上数据包就根据各个路由器生成的路由表转发。这时，网络中传递的链路状态信息很少，达到了一个相对稳定的状态，直到网络结构再次发生较大变化。这是链路-状态算法的一个特性，也是区别于距离-矢量算法的重要标志。

2. OSPF 的分区概念

OSPF 是一种分层次的路由协议，其层次中最大的实体是自治系统 AS（即遵循共同路由策略管理下的一部分网络实体）。在一个 AS 中，网络被划分为若干个不同的区域，每个区域都有自己特定的标识号。对于主干区域（backbone area，一般是 area0），负责在区域之间分发链路状态信息。

这种分层次的网络结构是根据 OSPF 的实际需要出来的。当网络中自治系统非常大时，网络拓扑数据库的信息内容就非常多，所以如果不分层次的话，一方面容易造成数据库溢出，另一方面当网络中某一链路状态发生变化时，会引起整个网络中每个节点都重新计算一遍自己的路由表，既浪费资源与时间，又会影响路由协议的性能（如聚合速度、稳定性、灵活性等）。因此，需要把自治系统划分为多个区域，每个区域内部维持本区域一张唯一的拓扑结构图，且各区域根据自己的拓扑图各自计算路由，区域边界路由器把各个区域的内部路由总结后在区域间扩散。

这样，当网络中的某条链路状态发生变化时，此链路所在的区域中的每个路由器重新计算本区域路由表，而其他区域中路由器只需修改其路由表中的相应条目而无须重新计算整个路由表，节省了计算路由表的时间。

如图 5.27 所示，整个图中所有设备组成一个 AS，area0 是主干区域，其他所有区域必须逻辑上与 area0 相邻接，这样才能与主干区域交换信息。处于 area0 与其他 area 交界的四个路由器叫作区域边界路由器，负责其他 area 与 area0 的信息交换。

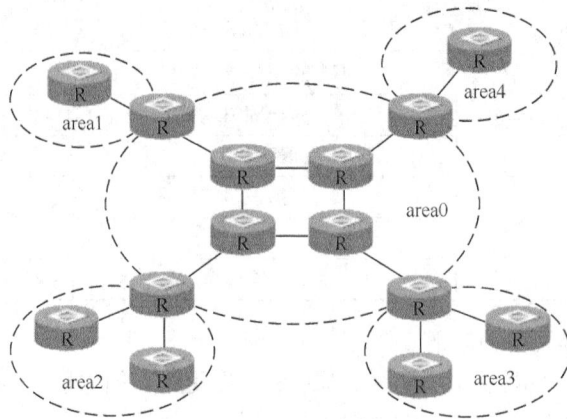

图5.27　OSPF区域

3. OSPF 路由表的计算

路由表的计算是 OSPF 的重要内容，通过下面 4 步计算，就可以得到一个完整的 OSPF 路由表（步骤（3）、（4）涉及更深层次内容，本书不做讨论）。

（1）保存当前路由表：如果当前存在的路由表为无效的，必须从头开始重新建立路由表。

（2）区域内路由的计算：通过链路状态算法建立最短路径树，从而计算区域内路由。

（3）区域间路由的计算：通过检查主链路状态通告 Summary-LSA，来计算区域间路由，若该路由器连到多个区域，则只检查主干区域的 Summary-LSA。

（4）查看 Summary-LSA：在连到一个或多个传输域的域边界路由器中，通过检查该域内的 Summary-LSA，来检查是否有比步骤第（2）、（3）步更好的路径。

OPSF 作为一种重要的内部网关协议的普遍应用，极大地增强了网络的可扩展性和稳定性，同时也反映出了动态路由协议的强大功能，适合在大规模的网络中使用。但是其在计算过程中，比较耗费路由器的 CPU 资源，而且有一定带宽要求。

本章小结

网络层是整个网络的核心层，它的主要功能就是寻址和路由，利用相邻两层提供的服务实现数据的通信，把数据从源发送到目的网络。

（1）IP 地址：是网络层十分重要的地址，路由器通过它才能实现寻址和转发。

（2）子网划分：子网在实际组网中十分常见，它的应用对网络的安全和方便管理起到了非常重要的作用。

（3）IP 协议：是互联网中一个重要的协议，负责 IP 寻址、路由选择、分段及包重组。

（4）路由器：计算机网络中的重要通信设备，实现路由选择。

（5）路由表：用来存放目的地址以及如何到达目的地址的信息。

（6）静态路由与动态路由：静态路由是管理员手工添加路由信息；动态路由是路由器根据一定的算法和路由协议自动生成路由表。

（7）RIP 协议：使用向量-距离（Vector-Distance）路由选择算法，即路由器根据距离（跳数）选择路由，所以也称为距离向量协议。

（8）OSPF 协议：使用链路−状态（Link−Status）路由选择算法，主要依据带宽确定度量值大小，一般用于同一个 AS 内。

实训 1 子网规划与划分

1. 实验目的
掌握 IP 地址的分配和划分子网的方法。

2. 实验环境
用以太网交换机连接起来的 Windows 操作系统计算机或者模拟器。

3. 实验内容
实验内容包括 IP 地址分配和划分子网。

（1）子网规划。IP 地址分配前需进行子网规划，选择的子网号部分应能产生足够的子网数，选择的主机号部分应能容纳足够的主机，路由器需要占用有效的 IP 地址。

（2）在局域网上划分子网。子网编址的初衷是为了避免小型或微型网络浪费 IP 地址；将一个大规模的物理网络划分成几个小规模的子网；各个子网在逻辑上独立，没有路由器的转发，子网之间的主机不能相互通信。

192.168.1.0 划分子网实例如下。

① 子网地址分配表。

子网号：借 4 位　　$2^4-2=14$

主机号：余 4 位　　$2^4-2=14$

子网掩码：255.255.255.240

1	1	1	1	0	0	0	0

子网地址分配如表 5.15 所示。

表 5.15　192.168.1.0 在掩码为 255.255.255.240 时的地址分配表

子网	子网掩码	IP 地址范围	直接广播	有限广播	直接广播
1	255.255.255.240	192.168.1.17～192.168.1.30	192.168.1.16	192.168.1.31	255.255.255.255
2	255.255.255.240	192.168.1.33～192.168.1.46	192.168.1.32	192.168.1.47	255.255.255.255
3	255.255.255.240	192.168.1.49～192.168.1.62	192.168.1.48	192.168.1.63	255.255.255.255
4	255.255.255.240	192.168.1.65～192.168.1.78	192.168.1.64	192.168.1.79	255.255.255.255
5	255.255.255.240	192.168.1.81～192.168.1.94	192.168.1.80	192.168.1.95	255.255.255.255
6	255.255.255.240	192.168.1.97～192.168.1.110	192.168.1.96	192.168.1.111	255.255.255.255
7	255.255.255.240	192.168.1.113～192.168.1.126	192.168.1.112	192.168.1.127	255.255.255.255

续表

子网	子网掩码	IP 地址范围	直接广播	有限广播	直接广播
8	255.255.255.240	192.168.1.129～ 192.168.1.142	192.168.1.128	192.168.1.143	255.255.255.255
9	255.255.255.240	192.168.1.145～ 192.168.1.158	192.168.1.144	192.168.1.159	255.255.255.255
10	255.255.255.240	192.168.1.161～ 192.168.1.174	192.168.1.160	192.168.1.175	255.255.255.255
11	255.255.255.240	192.168.1.177～ 192.168.1.190	192.168.1.176	192.168.1.191	255.255.255.255
12	255.255.255.240	192.168.1.193～ 192.168.1.206	192.168.1.192	192.168.1.207	255.255.255.255
13	255.255.255.240	192.168.1.209～ 192.168.1.222	192.168.1.208	192.168.1.223	255.255.255.255
14	255.255.255.240	192.168.1.225～ 192.168.1.239	192.168.1.224	192.168.1.239	255.255.255.255

② 子网划分拓扑图。

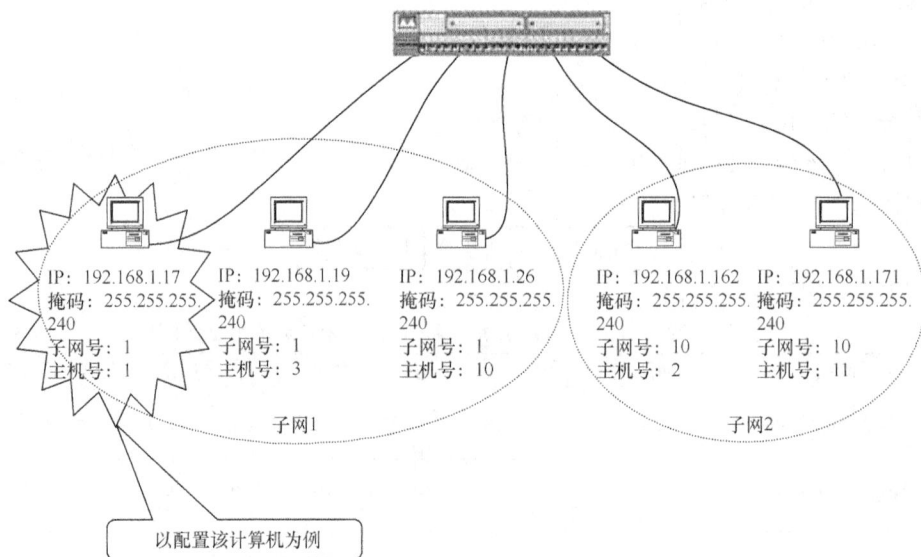

③ 配置计算机的 IP 地址和子网掩码。

④ 测试子网划分、IP 分配和计算机配置是否正确。

a. 处于同一子网的计算机是否能够通信？（利用 ping 命令，观察 ping 命令输出结果，如利用 IP 地址为 192.168.1.17 的计算机去 ping IP 地址为 192.168.1.19 的计算机。）

b. 处于不同子网的计算机是否能够通信？（利用 ping 命令，观察 ping 命令输出结果。如利用 IP 地址为 192.168.1.17 的计算机去 ping IP 地址为 192.168.1.162 的计算机。）

4．实验思考

（1）进一步理解了 IP 地址的含义。

（2）掌握了利用 IP 地址的设置来划分子网的方法。

实训 2 路由器的基本配置

1. 实验目的

掌握路由器的基本配置命令。

2. 实验环境

Cisco Packet Tracer 模拟软件。

3. 实验内容

实验内容包括：① 连接网络线缆；② 配置路由器基本信息；③ 配置路由器相应端口。
实验过程如下。

拓扑图

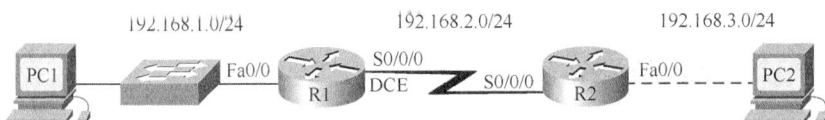

地址分配表

设备	接口	IP 地址	子网掩码	默认网关
R1	Fa0/0	192.168.1.1	255.255.255.0	不适用
	S0/0/0	192.168.2.1	255.255.255.0	不适用
R2	Fa0/0	192.168.3.1	255.255.255.0	不适用
	S0/0/0	192.168.2.2	255.255.255.0	不适用
PC1	不适用	192.168.1.10	255.255.255.0	192.168.1.1
PC2	不适用	192.168.3.10	255.255.255.0	192.168.3.1

任务 1 对路由器 R1 进行基本配置

步骤 1：建立与路由器 R1 的 HyperTerminal 会话。

步骤 2：进入特权执行模式。

Router>enable

Router#

步骤 3：进入全局配置模式。

Router#configure terminal

Router（config）#

步骤 4：将路由器名称配置为 R1。

Router（config）#hostname R1

R1（config）#

步骤 5：禁用 DNS 查找。

R1（config）#no ip domain-lookup（思考在实验环境中禁用 DNS 查找的原因）

步骤 6：配置执行模式口令。

使用 enable secret 密码命令配置执行模式口令。

R1（config）#enable secret hello （思考 enable secret 和 enable password 的区别）

步骤 7：在路由器上配置控制台口令。

使用 cisco 作为口令。配置完成后，退出线路配置模式。

R1（config）#line console 0

R1（config-line）#password cisco

R1（config-line）#login

R1（config-line）#exit

步骤 8：为虚拟终端线路配置口令。

使用 cisco 作为口令。配置完成后，退出线路配置模式。

R1（config）#line vty 0 4

R1（config-line）#password cisco

R1（config-line）#login

R1（config-line）#exit

任务 2　对路由器 R1 进行端口配置

步骤 1：配置 FastEthernet0/0 接口。

使用 IP 地址 192.168.1.1/24 配置 FastEthernet0/0 接口。

R1（config）#interface fastethernet 0/0

R1（config-if）#ip address 192.168.1.1 255.255.255.0

R1（config-if）#no shutdown

步骤 2：配置 Serial0/0/0 接口。

使用 IP 地址 192.168.2.1/24 配置 Serial0/0/0 接口。将时钟频率设置为 64000。

R1（config-if）#interface serial 0/0/0

R1（config-if）#ip address 192.168.2.1 255.255.255.0

R1（config-if）#clock rate 64000

R1（config-if）#no shutdown

注意：配置并激活 R2 上的串行接口后，此接口才会激活。

步骤 3：返回特权执行模式。

R1（config-if）#end

R1#

步骤 4：保存 R1 配置。

R1#copy running-config startup-config

任务 3　对路由器 R2 进行配置

按照实验拓扑图和地址分配表对 R2 进行相应配置。

任务 4　对 PC1 和 PC2 进行配置

按照实验拓扑图和地址分配表对 PC1 和 PC2 进行相应配置。

任务 5　查看相应配置

在 R1 路由器上的特权模式下输入以下命令查看相应信息。

（1）show running-config 查看路由器基本配置信息。

（2）show ip route 查看路由表表项。

（3）show ip interface brief 查看路由器各端口简要信息。

4. 实验思考

（1）掌握路由器基本配置命令。

（2）学会利用路由器端口配置命令进行路由器端口配置。

实训 3　静态路由与动态路由

1. 实验目的

掌握路由器静态路由和动态路由 RIP 的配置命令。

2. 实验环境

Cisco Packet Tracer 模拟软件。

3. 实验内容

实验内容包括：① 配置路由器基本信息；② 配置路由器静态路由；③ 配置路由器动态路由 RIP。

实验过程如下。

拓扑图

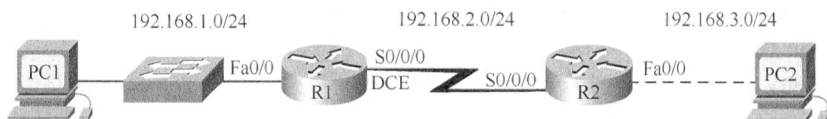

地址分配表

设备	接口	IP 地址	子网掩码	默认网关
R1	Fa0/0	192.168.1.1	255.255.255.0	不适用
	S0/0/0	192.168.2.1	255.255.255.0	不适用
R2	Fa0/0	192.168.3.1	255.255.255.0	不适用
	S0/0/0	192.168.2.2	255.255.255.0	不适用
PC1	不适用	192.168.1.10	255.255.255.0	192.168.1.1
PC2	不适用	192.168.3.10	255.255.255.0	192.168.3.1

任务 1　配置路由器基本信息

按照"实训 2 路由器的基本配置"配置相应路由器及 PC 信息。

任务 2　配置路由器静态路由

（1）方法一

R1（config）#ip route 192.168.3.0 255.255.255.0 192.168.2.2　　R1 静态路由设置

R1（config）#end

R1#show ip route 查看路由表

R2（config）#ip route 192.168.1.0 255.255.255.0 192.168.2.1

R2（config）#end

R2#show ip route 查看路由表

PC1ping PC2 测试网络连通性

（2）方法二

先删除方法一的配置。

R1（config）#no ip route 192.168.3.0 255.255.255.0

R2（config）#no ip route 192.168.1.0 255.255.255.0

R1（config）#ip route 192.168.3.0 255.255.255.0 s0/0/0 R1 静态路由设置

R1（config）#end

R1#show ip route 查看路由表

R2（config）#ip route 192.168.1.0 255.255.255.0 s0/0/0

R2（config）#end

R2#show ip route 查看路由表

PC1ping PC2 测试网络连通性

任务 3 配置路由器动态路由 RIP

动态路由协议中 RIP 的设置，删除静态路由配置。

R1（config）#no ip route 192.168.3.0 255.255.255.0

R2（config）#no ip route 192.168.1.0 255.255.255.0

R1（config）#router rip

R1（config）#network 192.168.1.0

R1（config）#network 192.168.2.0

R2（config）#router rip

R2（config）#network 192.168.2.0

R2（config）#network 192.168.3.0

R1（config）#end

R1#show ip route 查看路由表

R2（config）#end

R2#show ip route 查看路由表

PC1ping PC2 测试网络连通性

4. 实验思考

（1）掌握了路由器静态路由配置命令。

（2）能够利用动态路由 RIP 配置命令进行路由器配置。

习　题

1. 选择题

（1）网络层的主要功能是（　　）。

A. 差错控制　　　　　　B. 数据压缩　　　　　C. 数据加密　　　　　D. 路由选择

（2）IP 地址共分（　　）类。

A. 两　　　　　　　　　B. 三　　　　　　　　C. 五　　　　　　　　D. 六

（3）常用的 IP 地址类型有（　　）。

A. A、B、C　　　　　　B. C、D、E　　　　　C. A、D、E　　　　　D. B、C、E

（4）子网掩码 255.255.192.0 的二进制表示为（　　）。

A 11111111 11110000 00000000 00000000

B. 11111111 11111111 00001111 00000000

C. 11111111 11111111 11000000 00000000

D. 11111111 11111111 11111111 00000000

（5）IP 地址 190.233.27.13/16 所在的网段的网络地址是（　　）。

A. 190.0.0.0　　　　　　B. 190.233.0.0　　　　C. 190.233.27.0　　　　D. 190.233.27.1

（6）某公司申请到一个 C 类 IP 地址，但要连接 6 个子公司，最大的一个子公司有 26 台计算机，每个子公司在一个网段中，则子网掩码应设为（　　）。

A. 255.255.255.0　　　　　　　　　　　B. 255.255.255.128

C. 255.255.255.192　　　　　　　　　　D. 255.255.255.224

（7）一个 B 类 IP 地址最多可用（　　）位来划分子网。

A. 8　　　　　　　　　B. 14　　　　　　　　C. 16　　　　　　　　D. 22

（8）假定有 IP 地址：190.5.6.1，子网掩码：255.255.252.0，那么这个 IP 地址所在的网络号是（　　），子网广播地址是（　　）。

A. 190.5.4.0　　190.5.7.255

B. 190.5.4.0　　190.5.4.255

C. 190.5.4.0　　190.5.4.254

D. 190.5.1.0　　190.5.1.255

（9）对于网段 175.25.8.0/19 的子网掩码是（　　）。

A. 255.255.0.0　　　　　　　　　　　　B. 255.255.224.0

C. 255.255.24.0　　　　　　　　　　　　D. 依赖于地址类型

（10）RARP 的典型应用是（　　）。

A. 笔记本电脑　　　　　B. 服务器　　　　　　C. 无盘工作站　　　　D. 台式机

（11）子网络号号是（　　）中划分来的。

A. 网络号　　　　　　　B. 主机号　　　　　　C. 本来就有的　　　　D. 没有正确答案

（12）一般路由表的目的地址是（　　）。

A. 目的主机 IP 地址　　　　　　　　　　B. 目的网络的网络地址

C. MAC 地址　　　　　　　　　　　　　D. 路由器的 IP 地址

（13）（　　）的说法正确。

A. OSPF、RIP 都适合静态的、小规模的网络

B. OSPF、RIP 都适合动态的、大规模的网络

C. OSPF 适合动态的、小规模的网络；RIP 适合静态的、小规模的网络

D. OSPF 适合动态的、大规模的网络；RIP 适合动态的、小规模的网络

（14）OSPF 的主干区域一般用（　　）表示。

A. area1　　　　　　　B. area2　　　　　　　C. area3　　　　　　　D. area0

2. 填空题

（1）路由器具有＿＿＿＿、＿＿＿＿、＿＿＿＿、＿＿＿＿、＿＿＿＿、＿＿＿＿功能。

（2）ARP 协议的功能是＿＿＿＿＿＿＿＿＿＿＿＿＿＿＿＿＿＿。

（3）子网掩码的定义是＿＿＿＿＿＿＿＿＿＿＿＿＿＿＿＿＿＿＿＿。

（4）从功能上分类，路由器可分为＿＿＿＿、＿＿＿＿、＿＿＿＿。

（5）对于默认路由来说，子网掩码是＿＿＿＿，目的网络是＿＿＿＿，下一路由器地址是＿＿＿＿＿＿＿＿＿＿；对于特定主机路由来说，子网掩码是＿＿＿＿＿，目的地址是＿＿＿＿，下一路由器地址是＿＿＿＿＿。

3. 简答题

（1）路由信息协议的基本思想。

（2）简述链路–状态算法的基本思想。

（3）简述 OSPF 为什么要分区。

4. 应用题

（1）一公司有经理室、财务处、广告部、人事处、研发部等 9 个部门，人员最多的部门有 10 台计算机，现有 IP 地址段 192.168.1.0，请根据需要划分出子网，计算子网号，子网掩码，每个子网的范围。

（2）图 5.28 是某个网络的结构图，请为这个网络中的各个设备和子网分配 C 类（200.1.1.0）的 IP 地址，并写出各个路由器的静态路由表。

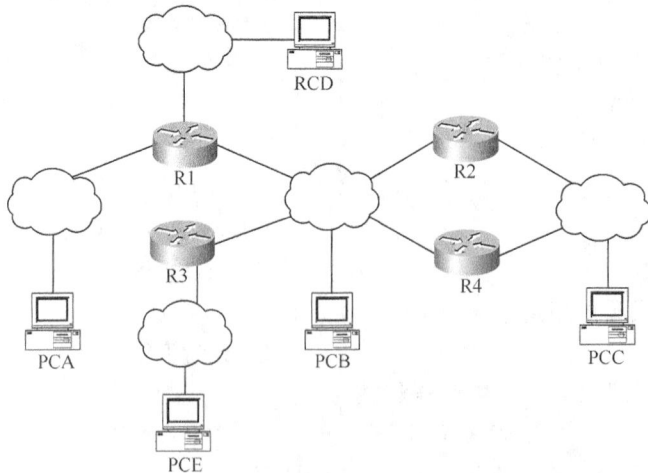

图5.28　网络结构图

（3）写出 5.6.2 节里图 5.24 中 R2、R3、R4 的最短路径树和各自的 OSPF 路由表。

6

Chapter

第6章
传输层

学习目标
- 理解端到端的概念、面向连接的服务和无连接服务
- 掌握端口的概念及常用的端口
- 了解掌握 TCP 及其工作原理
- 了解基于 UDP 的一些应用层协议
- 能够由传输层 TCP、UDP 及端口情况判断计算机网络工作异常状态

本章从分析网络层存在的问题入手，为了要克服网络层的缺陷，提供端到端的传输服务，引入了传输层的两个协议 TCP 与 UDP，并对 TCP 与 UDP 进行了详细的分析，同时对传输层的端口、基于 TCP 与 UDP 的常用的应用协议进行了较详细的介绍。

6.1 传输层简介

传输层（Transport Layer）是 OSI 中最重要、最关键的一层，是唯一负责总体的数据传输和数据控制的一层，传输层提供端到端的交换数据机制。

6.1.1 传输层的提出

传输层是 OSI 参考模型的第四层，其下一层是 IP 层。由于分层功能的划分，IP 只是负责实现对数据进行分段、重组，在多种网络中传送，其他功能无法实现，存在着以下问题。

（1）IP 包在网络层传送过程中由于网络硬件损坏，网络负荷过重，目的网络、目的主机、目标端口不可达等原因，导致 IP 包被丢弃或损坏。

（2）由于 IP 包的体积是有限的，而应用系统之间交换的数据往往会超过这个限制，因此，必须有一套机制将应用系统送来的数据进行划分，以符合 IP 包的传送要求。

（3）由于 IP 包路由的复杂性及不可预测性，IP 包的抵达通常不是按顺序的，必须对 IP 包进行组装和控制。

（4）主机上同时可能有多个应用系统之间需要进行通信的情况，需要标示；需要一套传输控制机制，以更可靠、更方便和有效地传送数据，且将这种机制与应用程序分离开，并向应用程序提供一致的数据流传送接口。

传输层就是应上述要求而产生的。

传输层的目的是在网络层提供主机之间通信服务的基础上，向主机上应用进程之间提供可靠（如果需要的话）的数据通信服务；接收由上层协议传来的数据，并以 IP 包可以接受的格式进行"封装"工作；通过 IP 层提供的服务进行数据的传送和回应的确认，以及处理数据流的错误检测、组装和控制。

6.1.2 传输层的两个协议

TCP/IP 传输层的两个协议 TCP 和 UDP 都是因特网的正式标准。

1. TCP

TCP（Transfer Control Protocol，传输控制协议）提供面向连接（Connection Oriented）的、全双工的、可靠的传输服务，有以下主要特点。

（1）提供数据包的错误检测、回应确认、流量控制和数据包顺序控制等机制。

（2）面向连接（采用虚电路技术）的服务，需要建/拆链。

（3）全双工字符流通信。

（4）支持报文分组。

（5）提供包的差错控制、顺序控制、应答与重传机制。

（6）提供流量控制。

（7）保证发送方不会"淹没"接收方。

（8）提供报文拥塞控制。

（9）保证发送方不会"淹没"网络中的路由器。

2. UDP

UDP（User Datagram Protocol，用户数据报协议）是一个无连接（Connectionless）的、非可靠传输协议，只提供一种基本的、低延迟的数据报通信服务，有以下主要特点。

（1）没有确认机制来保证数据是否正确的被接收。

（2）不需要重传遗失的数据。

（3）数据的接收可不必按顺序进行。

（4）没有控制数据流速度的机制。

（5）适合讯息量较大、时效性大于可靠性的传输。

6.1.3　传输层的主要任务

OSI 参考模型下三层的主要任务是数据通信，上三层的任务是数据处理，而传输层是 OSI 模型的第四层。因此该项层是通信子网和资源子网的接口和桥梁，起到承上启下的作用。

传输层的主要任务是向用户提供可靠的端到端的差错和流量控制，保证报文的正确传输，包括以下 3 个方面。

（1）连接管理，提供建立、维护拆除传输层的连接。

（2）流量控制，差错检测，提供端到端的错误恢复和流控制。

（3）对用户请求的响应，向会话层提供独立于网络层的传送服务和可靠的透明数据传送。

6.2　传输层端口

网络层只是根据网络地址将源结点发出的数据包传送到目的结点，而传输层则利用通信子网资源，提供建立、维护和取消传输连接的功能，负责将数据可靠地传送到相应的端口。

6.2.1　什么是端口

主机上可能有多个进程同时运行，发送端如何将数据包发给指定进程呢？当数据包抵达目的地后，接收端又如何将它交给正确的服务进程处理呢？

TCP 与 UDP 都是使用与应用层接口处的端口与上层的应用进程进行通信。

端口是个非常重要的概念。在网络技术中，端口（port）有好几种意思。集线器、交换机、路由器的端口指的是连接其他网络设备的接口，如 RJ-45 端口、Serial 端口等。这里所指的端口不是指物理意义上的端口，而是特指 TCP/IP 中的端口，是逻辑意义上的端口，如图 6.1 所示。

为每个需要通信的应用程序分配一个通信端口，在 TCP/IP 中，其值为 1~216，用于唯一标识一个进程。

在 TCP/IP 中如果把 IP 地址比作一间房子，端口就是出入这间房子的门。真正的房子只有几个门，但是一个 IP 地址的端口可以有 65536 个。端口是通过端口号来标记的，范围是 0~65535。

在技术上，进程使用哪一个端口并不重要，关键是能让对方知道就行，同一主机中进程的端口号必须是唯一的。

一台拥有 IP 地址的主机可以提供许多服务，如 Web 服务、FTP 服务、SMTP 服务等，这些服务完全可以通过一个 IP 地址来实现。那么，主机是怎样区分不同的网络服务呢？显然不能只靠 IP 地址，因为 IP 地址与网络服务的关系是一对多的关系。实际上是通过"IP 地址+端口号"，也叫套接字（socket）来区分不同的服务的。需要注意的是，端口并不是一一对应的，端口号只具有本地意义。例如，如果计算机作为客户机访问一台 WWW 服务器时，WWW 服务器使用"80"端口与这台计算机通信，该计算机则可能使用的是"3480"这样的端口。

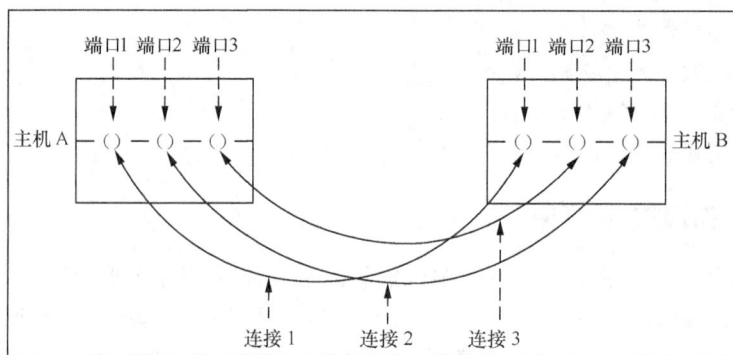

图6.1　端口概念示意图

按对应的协议类型，端口有两种：TCP 端口和 UDP 端口。由于 TCP 和 UDP 两个协议是独立的，因此各自的端口号也相互独立，例如 TCP 有 235 端口，UDP 也可以有 235 端口，两者并不冲突。

6.2.2　端口的种类

端口号分为两类。一类是由因特网指派和号码公司 ICANN 负责分配给一些常用的应用层程序固定使用的熟知端口（well known ports），范围是 0～1023，如表 6.1 所示。

表6.1　常用的熟知端口

应用程序	FTP	TELNET	SMTP	DNS	TFIP	HTTP	SNMP
熟知端口	20	23	25	53	69	80	161

网络服务也可以使用其他端口号，如果不是默认的端口号，则应该在地址栏上指定端口号，例如 www.cce.com.cn:8080，说明是使用"8080"作为 WWW 服务的端口。有些系统协议使用固定的端口号，它是不能被改变的，例如"139"端口专门用于 NetBIOS 与 TCP/IP 之间的通信，不能手动改变。

另一类是动态端口（dynamic ports），其范围是 1024～65535，之所以称为动态端口，是因为它一般不固定分配某种服务，而是动态分配。

6.3　传输控制协议

在 TCP/IP 体系中，采用 TCP 传输的协议数据单元称为 TCP 报文段，简称段（segment），是基于字节的数据结构。

TCP 发送报文段的过程如图 6.2 所示。图 6.2 中只画出了一个方向的段传输，实际上，只要建立了 TCP 连接，就能支持同时双向通信的数据流，也就是说，数据流是双向的。

TCP 的工作主要是建立连接，然后从应用层程序中接收数据并进行传输。TCP 采用虚电路连接方式进行工作，在发送数据前它需要在发送方和接收方建立一个连接，数据在发送出去后，发送方会等待接收方给出一个确认性的应答，否则发送方将认为此数据丢失，并重新发送此数据。

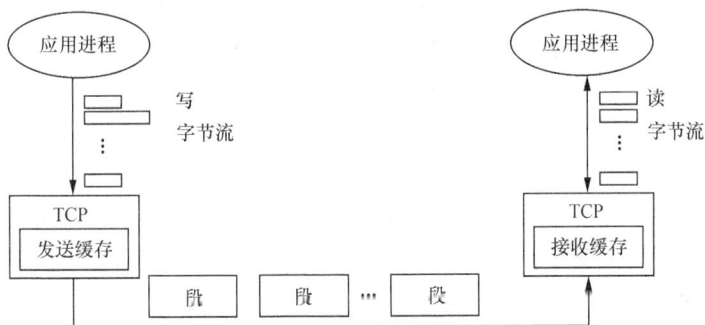

图6.2 段的传输

6.3.1 TCP 报文段的首部格式

TCP 段头总长最小为 20 个字节，其段头结构如图 6.3 所示。

图6.3 TCP报头结构

（1）源端口和目的端口：指定了发送端和接收端的端口。

（2）序列号：指明了段在即将传输的段序列中的位置。

（3）确认号：规定成功收到段的序列号，确认序列号包含发送确认的一端所期望收到的下一个序列号。

（4）TCP 偏移量：指定了段头的长度。段头的长度还取决于段头选项字段中设置的选项。

（5）保留：指定了一个保留字段，以备将来使用。

（6）标志：SYN、ACK、PSH、RST、URG、FIN。

① SYN：表示同步。

② ACK：表示确认。

③ PSH：表示尽快将数据送往接收进程。

④ RST：表示复位连接。

⑤ URG：表示紧急指针。

⑥ FIN：表示发送方完成数据发送。

（7）窗口：指定关于发送端能传输的下一段的大小的指令。

（8）校验和：校验和包含 TCP 段头和数据部分，用来校验段头和数据部分的可靠性。

（9）紧急指针：指明段中包含紧急信息，只有当 URG 标志置1时紧急指针才有效。

（10）选项：指定了公认的段大小、时间戳、选项字段的末端，以及指定了选项字段的边界选项。TCP 只规定了一种选项，即最大长度（Maximum Segment Size，MSS）。MSS 告诉对方 TCP"我的缓存所能接收的段的数据字段的最大长度是 MSS 个字节"，当没有使用选项时，TCP 的首部长度是 20 字节。

6.3.2　建立连接

建立连接听起来容易，但实际上却出乎意料地麻烦。初看起来，一个传输实体似乎只需向目的机器发送一个连接请求，并等待对方接受连接的应答就足够了，但当网络可能丢失、存储和出现重复分组时，问题就来了。

设想一个网络，它十分拥塞，确认根本不能及时返回时，每个分组由于在规定时间内得不到确认而需要重发2次或3次，每个分组拥有不同的路由。一些分组可能会因网络内部线路拥塞，被存储在某个路由器里，需要很长一段时间才能到达。最坏的可能性是一个用户与银行之间建立了一条连接，并发送报文让银行将一笔巨款转到一个商户的账户上，然后便释放连接。不幸的是，此分组均被复制在网络节点上，有可能再次请求连接，将巨款再次转移。

问题的关键是由于网络中存在着延迟的重复分组。解决的办法是可以给每个连接一个序号，在建立连接时双方要商定初始序号。TCP 每次发送的段的首部中的序号字段数值，表示该段中的数据部分的第一个字节的序号。

TCP 的确认号表示接收端期望下次收到的数据中的第一个数据字节序号，即收到的最后一个字节号加1。

TCP 传输的可靠是由于使用了序列号和确认号。当 TCP 发送一个段时，它同时也在自己的重传队列中存放一个副本，若收到确认，则删除此副本，若在计时器时间到之前还未收到确认，则重传此报文的副本。

由于 TCP 连接能提供全双工通信，因此通信中的每一方都不必专门发送确认段，而可以在传送数据时顺便把确认信息捎带传送，以提高效率。

TCP 的连接建立采用客户/服务器方式。服务器端运行服务器进程，使服务器端被动打开，处于"侦听"状态，TCP 准备接收客户进程的请求。客户端运行客户端进程，使 TCP 主动打开，准备向某个 IP 地址的某个端口建立连接。整个连接过程分三次发收，叫作三次握手，如图 6.4 所示。

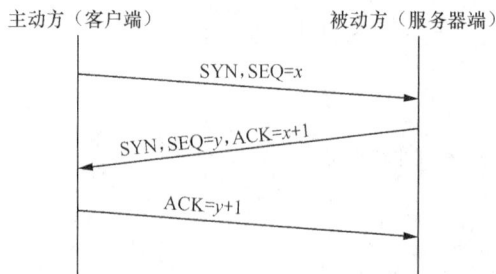

图6.4　三次握手建立连接

第一次握手：客户端的 TCP 向服务器端的 TCP 发出连接请求段，其首部中的同步比特 SYN 置"1"，同时选定序号 x 即 SEQ=x，表明在后续传送的数据第一个数据字节的序号是 x。

第二次握手：服务器端的 TCP 收到连接请求段后，如同意，则发回确认，同步 SYN 置"1"，其确认号为 $x+1$ 即 ACK=$x+1$，同时也为自己选择一个序号 y。

第三次握手：客户端收到此段后，还要向服务器端给出确认，其确认号为 $y+1$ 即 ACK=$y+1$。

客户端的 TCP 通知上层应用进程，连接已经建立。服务器端收到确认后，也通知上层应用进程，连接已经建立。

6.3.3 释放连接

连接的释放要比建立更容易些。在实际应用时，人们在解决释放连接问题往往采用四次握手。在数据传输结束后，通信的双方都可以发出释放连接的请求，如图 6.5 所示。

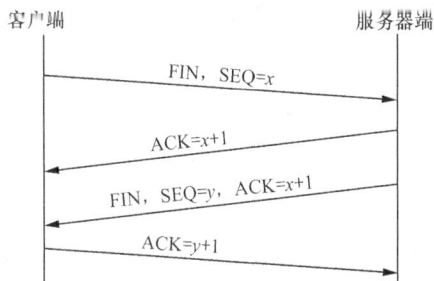

图6.5 释放连接的四次握手

例如，客户端的应用进程先向其 TCP 发出连接释放请求，并且不再发送数据。TCP 通知对方要释放从客户端到服务器端方向的连接。

第一次握手：将发往服务器端的段首部终止比特 FIN 置"1"，其序号 x 等于前面已传送过的数据的最后一个字节的序号加 1。

第二次握手：服务器端的 TCP 收到释放连接通知后即发出确认，其序号为 $x+1$，同时通知高层应用进程。这样，从客户端到服务器端的连接就释放了，连接处于半关闭状态，客户端仍可接收数据。

第三次握手：在服务器端向客户端发送信息结束后，其应用进程就通知 TCP 释放连接，服务器端发出的连接释放段必须将终止比特 FIN 置"1"，并使其序号 y 等于前面已传送过的数据的最后一个字节的序号加 1，还必须重复上次发送过的 ACK=$x+1$。

第四次握手：客户端必须对收到的段发出确认，给出 ACK=$y+1$，从而释放由服务器端方向的连接。

客户端的 TCP 再向其应用进程报告，整个连接已经全部释放。

6.3.4 滑动窗口

为了提高段的传输效率，TCP 采用大小可变的滑动窗口进行流量控制。窗口大小的单位是字节。在 TCP 段首部的窗口字段写入的数值就是当前给对方设置的发送窗口数值的上限。发送窗口在连接建立时由双方商定。但在通信的过程中，接收端可根据自己的资源情况随时动态地调整对方的发送窗口上限值。

下面通过例子说明利用可变窗口大小进行流量控制，如图 6.6 所示。

假设发送端和接收端双方确定的窗口值是 400，而每一段的长为 100 字节，序号的初始值为 1。

因为窗口值是 400，发送端发送序号为 1 的段包含的 100 字节后，还能再发送以序号 101 开始的下一个段，因为距离 400 的窗口还有 300 字节的距离，依次发送。在发送到序号为 201 开始的段时，接到接收端发来的应答，ACK=201，窗口 WIN=300，即接收端希望收到的下一段开始序号为 201，说明上一发送段已丢失，并调整窗口为 300。

发送端依此窗口发送并重发因超时而丢失的以 201 开始的段。发送端收到接收端的应答，ACK=501，窗口 WIN=200，即接收端希望收到的下一段开始序号为 501，并调整窗口为 200。

发送端发送以 501 开始的段后收到接收端的应答，ACK=601，窗口 WIN=0，即接收端希望收到的下一段开始序号为 601，并调整窗口为 0，说明不允许发送端再发送，数据已接收完成。

图6.6　利用可变窗口进行流量控制

6.3.5　确认机制与超时重传

1. 流量控制

流量控制可以保证数据的完整性，可以防止发送方将接受方的缓冲区溢出。

当接收方在接到一个很大或速度很快的数据时，它把来不及处理的数据先放到缓冲区里，然后再处理。缓冲区只能解决少量的数据，如果数据很多，那么后来的数据将会丢失。使用流量控制，接收方不是让缓冲区溢出，而是发送一个信息给发送方："我没有准备好，停止发送"，这时，发送方就会停止发送。当接收方能再接收数据时，就会再发送一个信息，"我准备好了，请继续发送"，那么发送方就会继续发送数据。

面向连接的通信会话做到以下几点。

（1）根据所传送数据段的接收情况，对发送发做出确认。

（2）重传没有收到确认的数据段。

（3）对数据段进行排序，得到正确的数据。

（4）维持可管理的数据流量，避免拥塞、超载和数据丢失。

2. 拥塞控制

拥塞控制与流量控制有密切关系。区别在于，拥塞控制是网络能够承受现有的网络负荷，是一个全局变量；而流量控制往往只是指点对点之间对通信量的控制。

6.4　用户数据报协议

用户数据报协议（User Datagram Protocol，UDP）只提供一种基本的、低延迟的被称为数据报的通信。TCP/IP 体系按 UDP 传输的传输协议单元称为 UDP 报文或用户数据报。

所谓数据报，就是一种自带寻址信息，从发送端走到接收端的数据集。UDP 经常用于路由表数据交换转发和系统信息、网络监控数据等的交换。UDP 没有 TCP 那样的三次握手并且是基于数据报，因此 UDP 没有 TCP 那样丰富的头信息，以实现诸多功能。

6.4.1　用户数据报 UDP 的首部格式

首部共有两个字段：数据字段和首部字段。首部字段很简单，只有 8 个字节，如图 6.7 所示。

（1）源端口：源端口号。

（2）目的端口：目的端口号。

（3）长度：信息长度，用来告诉接收端信息的大小。

（4）校验和：用于接收端判断信息是否有效。

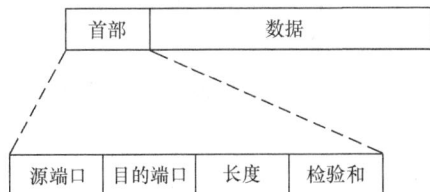

图6.7　UDP的首部格式

由于 UDP 比较简单，所以 UDP 连接不会像 TCP 连接那样可靠，它只负责尽力地转发数据包，但不会把错误的数据报重新发送，它会丢弃掉所有被破坏或者损坏的数据报，并且继续后面的传送，至于被丢弃的部分，发送端不知道，也不会被接收端要求重新发送。除此之外，UDP 不具备把乱序到达的数据报重新排列的功能（因为没有 TCP 头中包含的 TCP 序列号），这样一来，UDP 便是完全不可靠的，因为根本就无法保证所收到的数据是完整的。但是，UDP 协议的不可靠并不代表 UDP 是毫无用处的，恰恰相反，没有和 TCP 一样的复杂头信息，各种设备处理 UDP 数据报的时间将会大大缩短，效率比 TCP 要高得多。由于 UDP 处理的高效性，UDP 往往被用于那些数据报不断出现的应用，例如 IP 电话或者实时视频会议，如表 6.2 所示。

表 6.2　基于 TCP 与 UDP 的常用的应用协议

应用协议	应用层协议	传输层协议	应用协议	应用层协议	传输层协议
网络管理	SNMP	UDP	电子邮件	SMTP	TCP
远程文件服务	NFS	UDP	远程终端接入	TELNET	TCP
IP 电话	专用协议	UDP	超文本传输	HTTP	TCP
流媒体通信	专用协议	UDP	文件传输	FTP	TCP

6.4.2　UDP 和 TCP 的区别

两者在如何实现信息的可靠传递方面不同。TCP 中包含了专门的传递保证机制，当数据接收方收到发送方传来的信息时，会自动向发送方发出确认消息；发送方只有在接收到该确认消息之后才继续传送其他信息，否则将一直等待直到收到确认信息为止。

与 TCP 不同，UDP 并不提供数据传送的保证机制。如果在从发送方到接收方的传递过程中出现数据报的丢失，协议本身并不能做出任何检测或提示。因此，通常人们把 UDP 称为不可靠的传输协议。所以此协议常用于小信息量的通信和小文件传输，如 QQ 软件就是一例。

相对于 TCP，UDP 的另外一个不同之处在于如何接收突发性的多个数据报。不同于 TCP，UDP 并不能确保数据的发送和接收顺序。例如，一个位于客户端的应用程序向服务器发出了以下 4 个数据报：D1、D22、D333、D4444；但是 UDP 有可能按照以下顺序将所接收的数据提交到服务端的应用：D333、D1、D4444、D22。事实上，UDP 的这种乱序性基本上很少出现，通常只会在网络非常拥挤的情况下才有可能发生。

6.4.3　UDP 的应用

既然 UDP 是一种不可靠的网络协议，那么还有什么使用价值或必要呢？其实不然，在有些情况下 UDP 可能会变得非常有用。因为 UDP 具有 TCP 所望尘莫及的速度优势。虽然 TCP 中植入了各种安全保障功能，但是在实际执行的过程中会占用大量的系统开销，无疑使速度受到严重的影响。反观 UDP 由于排除了信息可靠传递机制，将安全和排序等功能移交给上层应用来完成，极大地降低了执行时间，使速度得到了保证。

关于 UDP 的最早规范是 RFC 768，1980 年发布。尽管时间已经很长，但是 UDP 仍然继续在主流应用中发挥着作用，包括视频电话会议系统在内的许多应用都证明了 UDP 的存在价值。因为相对于可靠性来说，这些应用更加注重实际性能，所以为了获得更好的使用效果（例如，更高的画面帧刷新速率）往往可以牺牲一定的可靠性（例如，画面质量）。这就是 UDP 和 TCP 两种协议的权衡之处。根据不同的环境和特点，两种传输协议都将在今后的网络世界中发挥更加重要的作用。

本章小结

传输层是 OSI 参考模型的第四层，它为上一层提供了端到端的可靠的信息传递。物理层可以在各链路上透明地传输比特流。数据链路层则增强了物理层所提供的服务，它使得相邻节点所构成的链路能够传输无差错的帧。网络层又在数据链路层的基础上，提供路由选择、网络互连的功能。而对于用户进程来说，希望得到的是端到端的服务。因此传输层的主要功能有连接管理、流量控制、差错检测、对用户请求的响应。

传输服务也有两种类型，一种是面向连接的服务，另一种是无连接的服务。TCP 提供面向连接的服务，UDP 提供无连接的服务。

端口有两种，熟知端口和动态端口，传输层通过端口号来区别应用层的服务。

TCP 提供的是面向连接的、全双工的、可靠的传输服务。它的传输单元叫作"段"，它在建立连接时采用三次握手，释放连接时采用四次握手。它通过可变窗口大小进行流量控制。

UDP 提供一种基本的、低延迟的被称为数据报的通信，UDP 传输的传输协议单元称为 UDP 报文或用户数据报，UDP 的延迟使它具有 TCP 不可替代的优点。

实训　传输层协议的应用

1. 实训目标
（1）查看分析当前计算机传输层 TCP、UDP 的协议和打开的端口情况。
（2）判断计算机网络当前工作状态是否异常。

2. 实训环境
局域网工作情况下的计算机。

3. 实训内容
（1）引例

现在内部网络越来越容易受到木马病毒的威胁，用户使用网络时，当发现机器工作很不正常，速度明显变慢，那么对此类状况要特别关注并查看该机器是否中了木马病毒。

当用户上网时就是本机和其他机器传递数据的过程，要传递数据必须要用到端口，当前最为常见的木马病毒通常是基于 TCP、UDP 进行 Client 端与 Server 端之间的通信的，既然利用到这两个协议，就不可避免要在 Server 端（就是被种了木马病毒的计算机）打开监听端口来等待连接。即使是非常高明的木马病毒利用正常的端口传送数据也不是没有痕迹的，那么，可以利用查看本机开放端口的方法来检查本机是否被种了木马病毒或其他 hacker 程序。

通过查看其端口情况，以便采取措施。

（2）查看端口

两种方式：一种是利用系统内置的命令"netstat-na"，可以列出系统正在开放的端口号及其状态；另一种是利用第三方端口扫描软件。

示例操作如下。

在命令提示符窗口输入"netstat-na"。

```
C:\>netstat-na
Active Connections
Proto    Local Address          Foreign Address        State
TCP      0.0.0.0:135            0.0.0.0:0              LISTENING
TCP      0.0.0.0:445            0.0.0.0:0              LISTENING
TCP      192.168.133.149:139    0.0.0.0:0              LISTENING
UDP      0.0.0.0:445            *:*
UDP      0.0.0.0:500            *:*
UDP      0.0.0.0:1026           *:*
UDP      0.0.0.0:1028           *:*
```

显示的信息内容就是打开的服务端口，其中 Proto 代表协议，有 TCP 和 UDP 两种协议。Local Address 代表本机地址，该地址冒号后的数字就是开放的端口号。Foreign Address 代表远程地址，如果和其他机器正在通信，显示的就是对方的地址，State 代表状态，显示的 LISTENING 表示处于侦听状态，就是说该端口是开放的，等待连接，但还没有被连接，就像房子的门已经敞开了，但此时还没有人进来。

TCP 0.0.0.0:135 0.0.0.0:0　LISTENING 这一行的意思是本机的 135 端口正在等待连接。

说明：只有 TCP 的服务端口才能处于 LISTENING 状态。

4. 实训思考

（1）通过查看知道：本机开了哪些端口，也就是可以进入到本机的"门"有几个？都是谁开的？

（2）目前本机的端口处于什么状态，是等待连接还是已经连接？连接是个正常连接还是非正常连接（木马病毒等）？

（3）目前本机是不是正在和其他计算机交换数据，是正常的程序访问还是访问到一个陷阱？

习 题

1. 判断题

（1）UDP 协议支持广播发送数据。（　　　）

（2）UDP 协议属于应用层协议。（　　　）

（3）TCP/IP 的传输层协议不能提供无连接服务。（　　　）

（4）传输层用通信端口号来标示主机间通信的应用进程。（　　　）

（5）传输层的目的是在任意两台主机上的应用进程之间进行可靠数据传输。（　　　）

2. 单选题

（1）能保证数据端到端可靠传输能力的是相应 OSI 的（　　　）。

A. 网络层　　　　　　　　B. 传输层　　　　　C. 会话层　　　　　　D. 表示层

（2）TCP 和 UDP 的共同之处是（　　　）。

A. 面向连接的协议　　　　B. 面向非连接的协议 C. 传输层协议　　　　D. 以上均不对

（3）小于（　　　）的 TCP/UDP 端口号已保留，与现有服务一一对应，此数字以上的端口号可自由分配。

A. 199　　　　　　　　　B. 100　　　　　　　C. 1024　　　　　　　D. 2048

（4）TCP 建立连接过程需（　　　）。

A. 二次握手　　　　　　　B. 三次握手　　　　C. 四次握手　　　　　D. 五次握手

（5）TCP 释放连接过程需（　　　）。

A. 二次握手　　　　　　　B. 三次握手　　　　C. 四次握手　　　　　D. 五次握手

（6）对 UDP 数据报描述不正确的是（　　　）。

A. 是无连接的　　　　　　B. 是不可靠的　　　C. 不提供确认　　　　D. 提供消息反馈

（7）TCP 是 TCP/IP 中的一个协议，它提供的服务是（　　　）。

A. 面向连接的报文通信　　　　　　　　　　B. 面向连接的字节流通信

C. 不可靠的　　　　　　　　　　　　　　　D. 无连接的

（8）滑动窗口的作用是（　　　）。

A. 流量控制　　　　　　　B. 拥塞控制　　　　C. 路由控制　　　　　D. 差错控制

3. 多选题

（1）TCP/IP 的传输层协议具有的功能包括（　　　）。

A. 提供面向连接的服务　　　　　　　　　　B. 提供无连接的服务

C. 提供流量控制机制　　　　　　　　　　　　D. 提供差错控制机制

（2）对于网络拥塞控制描述正确的有（　　　）。

A. 拥塞控制主要用于保证网络传输数据通畅，是一种全局性的控制措施

B. 拥塞控制涉及网络中所有与之相关的主机和路由器的发送和转发行为

C. 拥塞控制涉及网络中端到端主机的发送和接收数据的行为

D. 拥塞控制和流量控制没有任何区别

（3）在 ISO/OSI 参考模型中，对于传输层描述正确的有（　　　）。

A. 为系统之间提供面向连接的和无连接的数据传输服务

B. 提供路由选择，简单的拥塞控制

C. 为传输数据选择数据链路层所提供的最合适的服务

D. 提供端到端的差错恢复和流量控制，实现可靠的数据传输

7 Chapter

第 7 章
网络操作系统中常用服务器的配置与管理

学习目标
- 了解 Internet 常用服务器的作用
- 能够完成常用服务器的配置
- 学会维护常用服务器

本章主要介绍 Windows Server 网络操作系统中常用服务器 DNS、DHCP、IIS、FTP 的概念、原理、安装、配置与管理等。

7.1　DNS 服务器

DNS（Domain Name System，域名系统）在 3 维网上作为域名和 IP 地址相互映射的一个分布式数据库，能够帮助用户使用域名更方便地访问互联网。

7.1.1　什么是 DNS

Internet 上计算机之间的 TCP/IP 通信是通过 IP 地址来进行的，因此，Internet 上的计算机都应有一个 IP 地址作为它们的唯一标识。域名系统（DNS）就是用于注册计算机名及其 IP 地址的。DNS 是在 Internet 环境下研制和开发的，目的是使任何地方的主机都可以通过比较友好的计算机名字而不是它的 IP 地址来找到另一台计算机。DNS 是一种不断向前发展的服务，该服务是通过 Internet 工程任务组（IFTF）的草案和 RFC（Request For Comment）文件的建议不断升级的。

不要混淆域名系统服务器和域名系统。域名系统服务器只是域名系统中的工具，通过它们不停地工作来实现域名系统的功能。

早在美国国防部为试验目的搭建小型 Internet 模型的时候，DNS 就已出现。通过一台中央服务器上的一个 HOSTS 文件来管理网络中的主机名。哪台机器需要解析网络中的主机名，它就要把这个文件下载到本地。

随着 Internet 上主机数目的迅速增加，HOSTS 文件的大小也随之变大，这将大大影响主机名解析的效率。人们越来越觉得以前的系统无法满足需求，需要一套新的主机名解析系统，来提供扩展性能好、分布式管理和支持多种数据类型等功能。于是域名系统（Domain Name System，DNS）在 1984 年应运而生。使用 DNS 可使存储在数据库中的主机名数据分布在不同的服务器上，从而减少对任何一台服务器的负载，并且提供了以区域为基础的对主机名系统的分布式管理能力。

DNS 支持名字继承，而且除了 HOSTS 文件中的主机名到 IP 地址的映射数据外，DNS 还能注册其他不同类型的数据。由于是分布式的数据库，它的大小是无限的，而且它的性能不会因为增加更多的服务器而受到影响。最早的 DNS 系统是建立在 RFC 882（Domain Names：Concepts and Facilities）和 RFC 883（Domain Names–Implementation and Specification）国际标准上的，现在则由国际标准 RFC 1034（Domain Names–Concepts and Facilities）和 RFC 1035（Domain Names–Implementation and Specification）来代替。

1. 主机名和 IP 地址

DNS 的数据文件中存储着主机名和与之相匹配的 IP 地址。从某种意义上说，域名系统类似于存储用户名及与此相匹配的电话号码的电话号码服务系统。

虽然除了主机名和 IP 地址外，DNS 还记录了一些其他的信息，并且 DNS 系统本身也有一些较复杂的问题要讨论，但 DNS 最主要的用途和最重要的价值是，通过它可以由主机名找到与之匹配的 IP 地址，并且在需要时输出相应的信息。

2. 主机名的注册

主机名和 IP 地址必须注册。注册就是将主机名和 IP 地址记录在一个列表或者目录中。注册的方法可以是人工的或者自动的、静态的或者动态的。过去的 DNS 服务器都是通过人工的方法来进行原始的主机注册，也就是说，主机在 DNS 列表中的注册是要由人工从键盘输入的。

最近的趋势是动态的主机注册。更新是由动态主机配置协议（Dynamic Host Configuration Protocol，DHCP）服务器触发完成的，或者直接由具有动态 DNS 更新能力的主机完成。除非使用动态 DNS，DNS 注册通常是人工的和静态的。Windows Server 2008 中就提供了动态 DNS 的功能。当主机的信息有所变化时，主机记录的更新通常由人工来完成。图 7.1 所示为若干主机在 DNS 服务器中的注册。在 DNS 服务器中，最主要的信息只是主机名和 IP 地址。

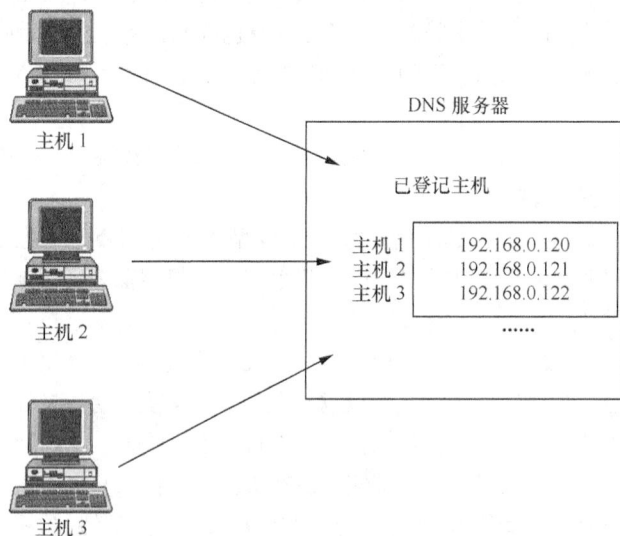

图7.1 主机名的注册

3. 主机名的解析

只要进行了注册，主机名就可以被解析。解析是一个客户端过程，目的是查找已注册的主机名或者服务器名，以便得到相应的 IP 地址。客户端得到了目标主机的 IP 地址后，就可以直接在本地网上通信，或者通过一个或几个路由器在远程网上通信。

显然，一个 DNS 服务器可以有许多已注册的主机。解析注册在同一台 DNS 服务器上的其他主机名应该是比较快的。一个具有上千台主机的企业只需要少数几台 DNS 服务器。图 7.2 所示为 DNS 客户机解析另一个在同一台 DNS 服务器注册的主机名的过程。

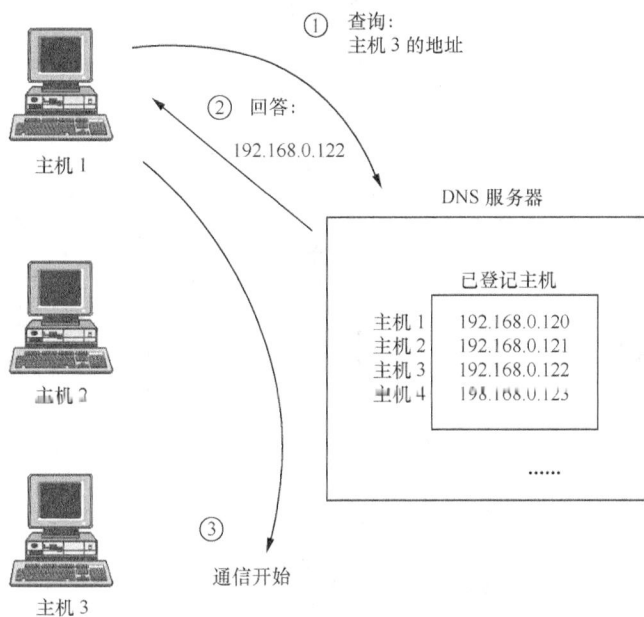

图7.2　主机名的解析

4. 主机名的分布

并不是一台单独的 DNS 服务器就包含了全世界的主机名，这是不可能的。如果存在这样的主 DNS 服务器的话，客户机和这台服务器的距离就太遥远了。同时也很难想象这样一台为整个 Internet 服务的 DNS 服务器需要多大能力和带宽。另外，如果这台主 DNS 服务器停机，遍布全球的 Internet 将陷入瘫痪！与这种设想相反，主机名分布于许多 DNS 服务器之中。主机名的分布解决了不只用一台 DNS 服务器的问题，但这又出现了另一个问题：客户机如何得知向哪一台 DNS 服务器查询。域名系统通过使用自顶向下的域名树来解决这个问题，每一台主机是树中某一个分支的叶子，而每个分支具有一个域名。每一台主机都和一个域相关联。那究竟总共需要多少 DNS 服务器呢？尽管实际的数字是不可知的，并且根据具体情况而变化，但从理论上来说，域名树的每一个分支需要一台 DNS 服务器。图 7.3 所示为域名树中主机名的分布。

5. 域名空间结构

（1）根域：位于层次结构的最高端是域名树的根，提供根域名服务，以"."来表示。

（2）顶级域：顶级域位于根域之下，数目有限且不能轻易变动。

（3）子域：在 DNS 域名空间中，除了根域和顶级域之外，其他的域都称为子域，子域是有上级域的域，一个域可以有许多子域。

（4）主机：在域名层次结构中，主机可以存在于根以下各层上。

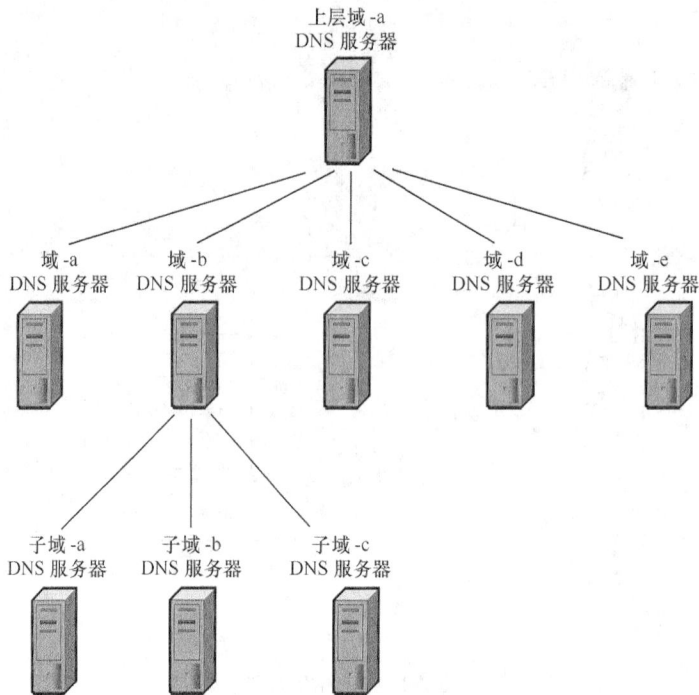

图7.3 主机名的分布

Internet 域名系统是由 Internet 上的域名注册机构来管理的，它们负责管理向组织和国家开放的顶级域名，这些域名遵循 3166 国际标准。表 7.1 列出了现有的组织顶级域名和国家顶级域名的缩写。

表 7.1 顶级域名的缩写

DNS 顶级域名	组织类型
com	商业公司
edu	美国大学或学院
org	非营利机构
net	大的网络中心
gov	美国非军事联邦政府组织
mil	美国军事机构
num	电话号码簿
arpa	反向 DNS
其他的国家或地区代码	代表其他国家/地区的代码，如 cn 表示中国，jp 为日本

在 DNS 域名空间中，子域是相对而言的。如 www.ahdy.edu.cn 中，ahdy.edu 是 cn 的子域，ahdy 是 edu.cn 的子域。表 7.2 中给出了域名层次结构中的若干层。

表 7.2　域名层次结构中的若干层

域名	域名层次结构中的位置
.	根是唯一没有名称的域（可省略不写）
.cn	顶级域名称，中国子域
.edu.cn	二级域名称，中国的教育部门
.ahdy.edu.cn	子域名称，教育网中的安徽电子信息职业技术学院

7.1.2　安装 DNS 服务器

默认情况下，Windows Server 2008 系统中没有安装 DNS 服务器。在部署 DNS 前，首先要设置 DNS 的 TCP/IP 属性，手工指定 IP 地址、子网掩码、默认网关和 DNS 地址等。

1. 安装 DNS 角色

安装 DNS 服务器，操作步骤如下。

单击"开始"→"管理工具"→"服务器管理器"命令，打开如图 7.4 所示窗口，单击控制台左侧"角色"选项，在控制台右侧单击"添加角色"按钮，启动"添加角色向导"，单击"下一步"按钮，显示图 7.5 所示的"选择服务器角色"对话框，在"角色"列表中，勾选"DNS 服务器"复选框。在打开的向导页中依次单击"下一步"按钮，如图 7.6 所示，最后单击"安装"按钮开始安装 DNS，安装完毕后单击"关闭"按钮，完成 DNS 角色的安装，如图 7.7 所示。

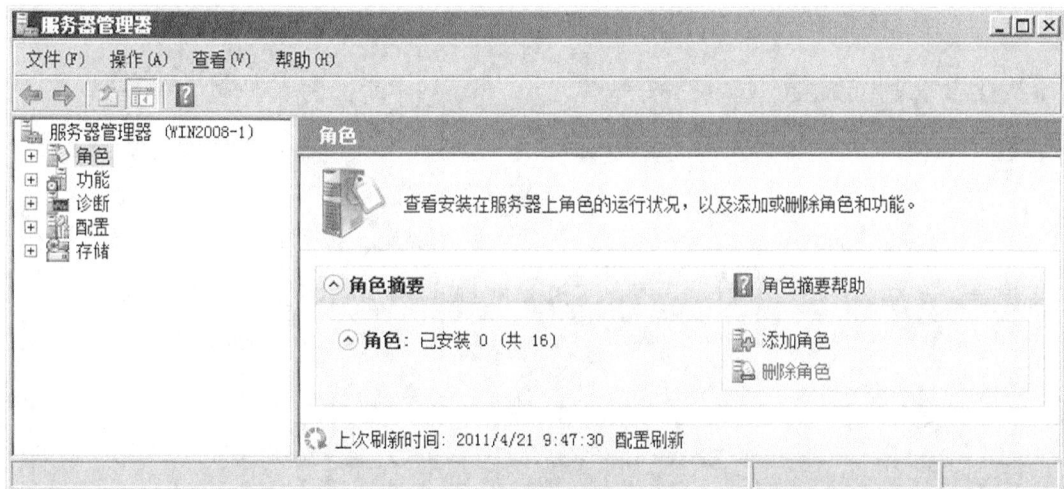

图7.4　"服务器管理器"窗口

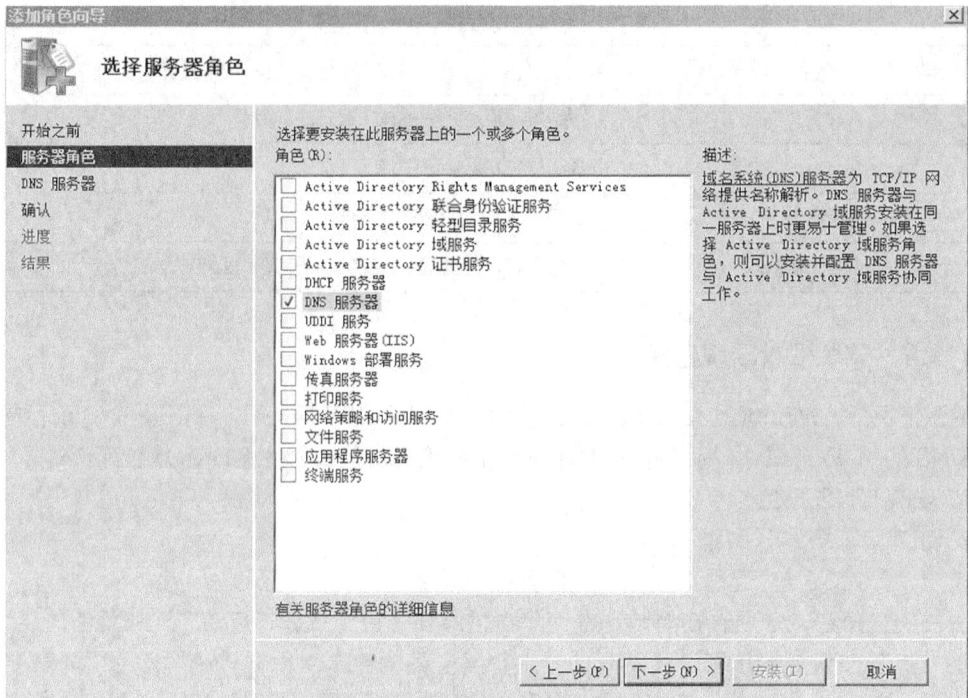

图7.5 "选择服务器角色"对话框

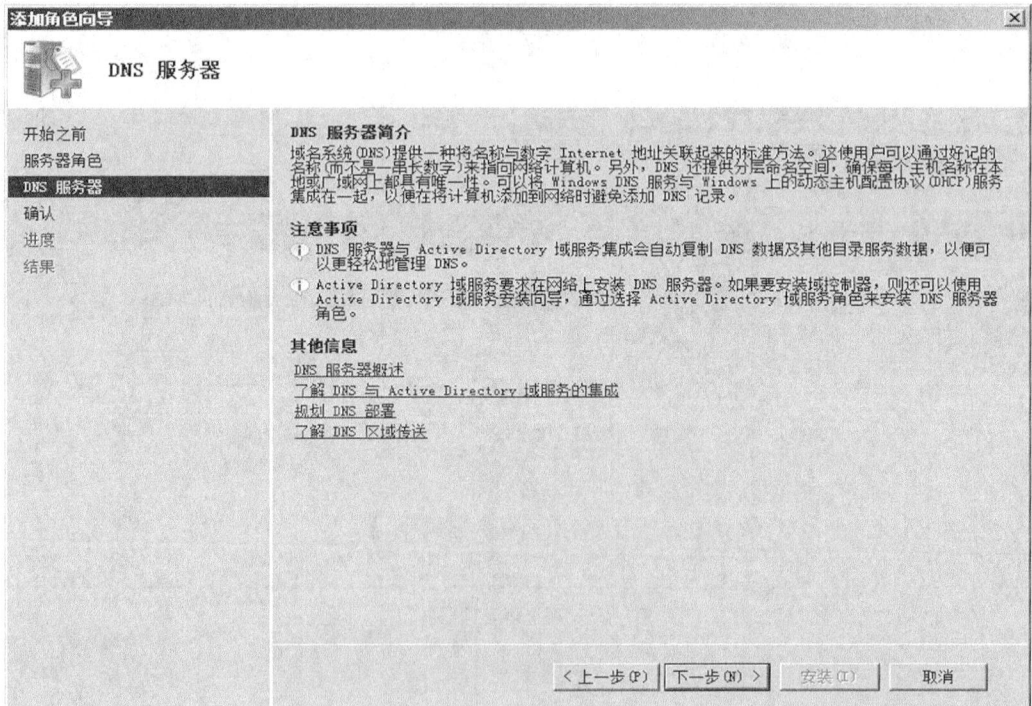

图7.6 添加角色向导

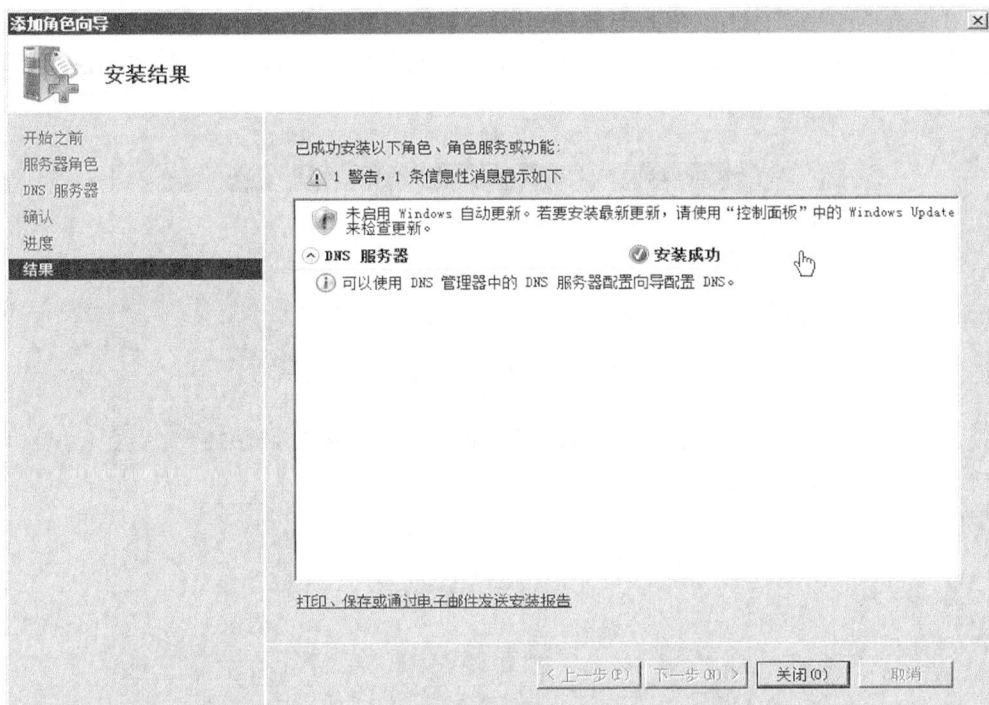

图7.7 安装完成

2. 创建正向主要区域

正向查找区域用于通过 DNS 域名来查询 IP 地址，在 DNS 上创建正向主要区域 "abc.edu.cn"，具体步骤如下。

（1）在 "Windows Server 2008" 上，单击 "开始" → "管理工具" → "DNS"，打开 "DNS 管理器" 控制台，展开 DNS 目录树，如图 7.8 所示。右击 "正向查找区域" 选项，在弹出的快捷菜单中选择 "新建区域" 选项，显示 "新建区域向导"。

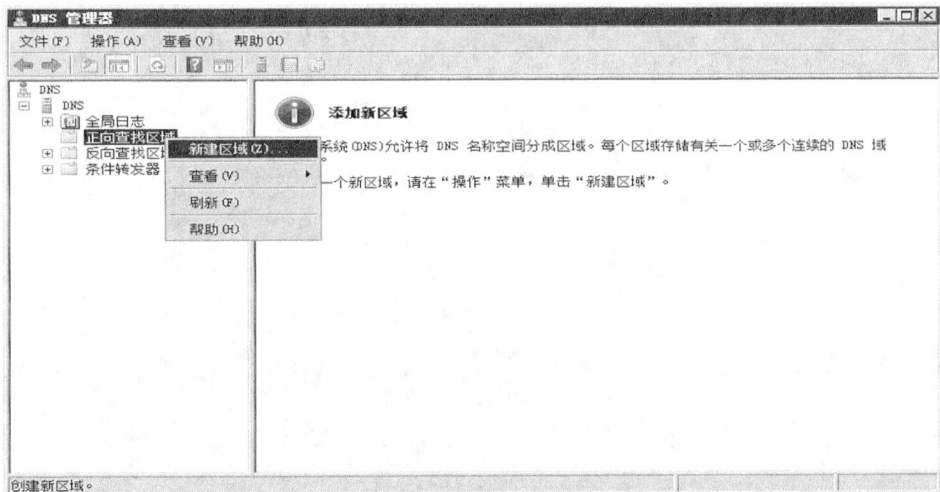

图7.8 "DNS管理器" 控制台

（2）单击"下一步"按钮，打开如图7.9所示"区域类型"对话框，选择要创建的区域类型，有"主要区域""辅助区域"和"存根区域"3种。若要创建新的区域，应当选中"主要区域"单选按钮。

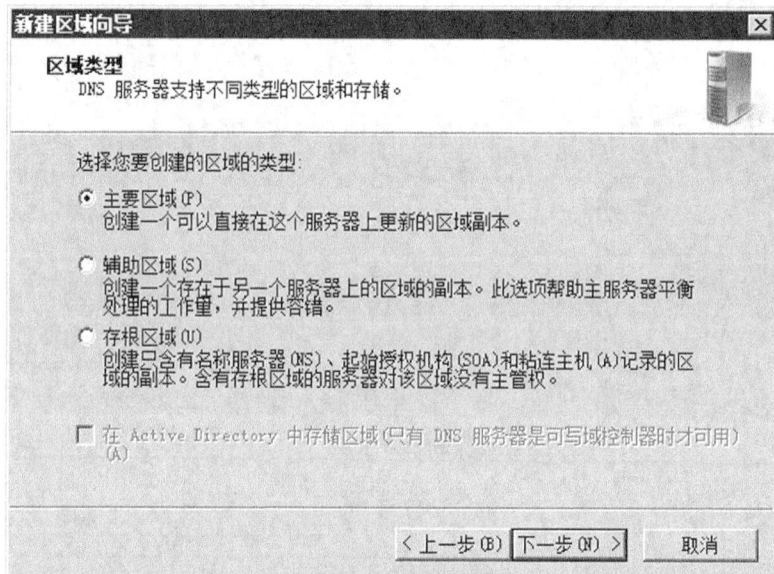

图7.9　区域类型

（3）单击"下一步"按钮，在"区域名称"文本框中键入一个能反映单位信息的区域名称（如abc.edu.cn），单击"下一步"按钮，如图7.10所示。

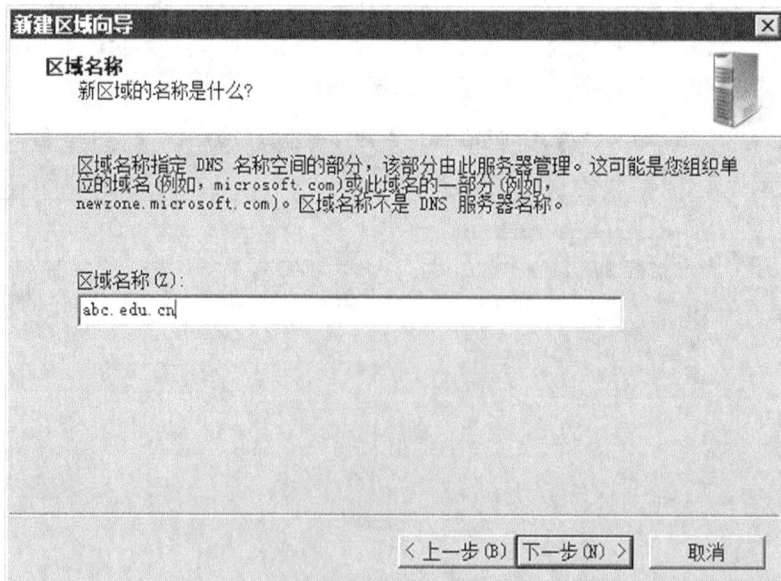

图7.10　填写区域名称

（4）在打开的"区域文件"对话框中，系统根据区域名称默认填入了一个文件名。该文件是一个 ASCII 文本文件，其中保存了该区域的信息，默认情况下保存在"windows\system32\dns"文件夹中。保持默认设置不变，单击"下一步"按钮，如图 7.11 所示。

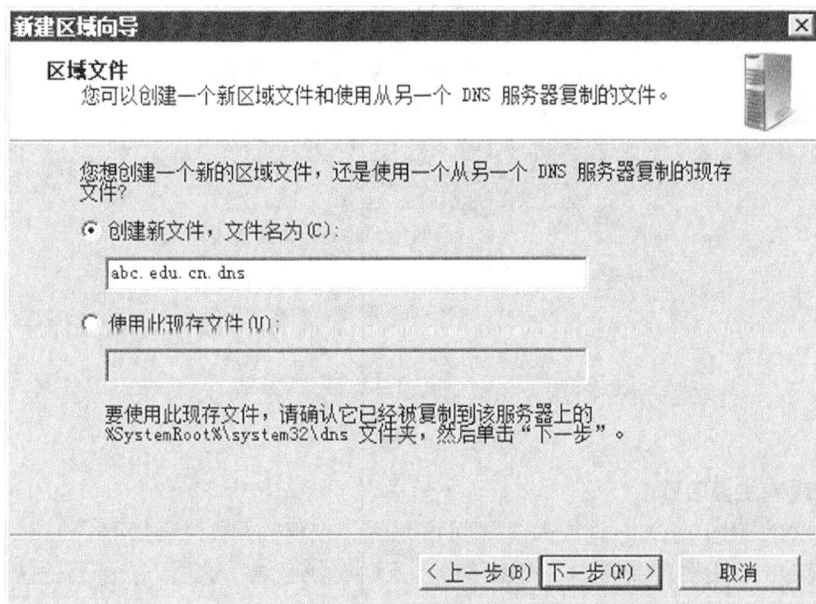

图7.11　"区域文件"对话框

（5）在打开的"动态更新"对话框中，指定该 DNS 区域能够接受的注册信息更新类型。允许动态更新可以让系统自动地在 DNS 中注册有关信息，在实际应用中比较有用。这里选中"不允许动态更新"单选按钮，单击"下一步"按钮，如图 7.12 所示。

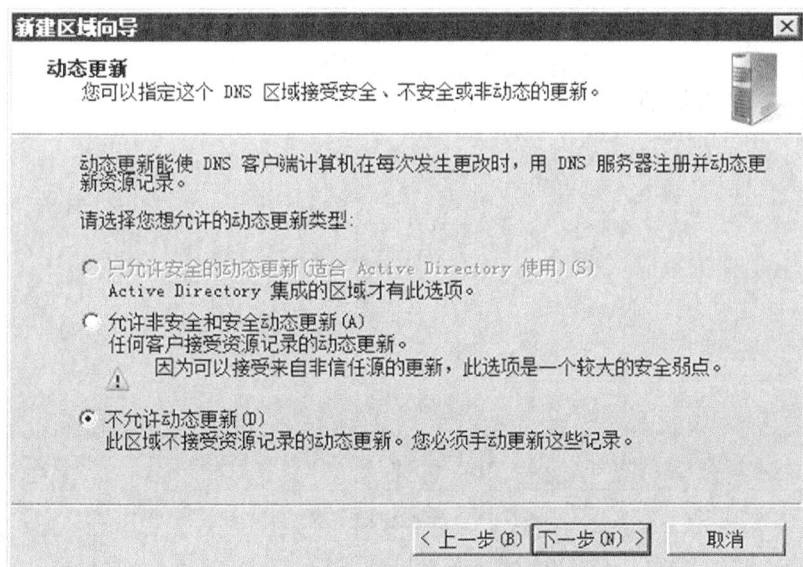

图7.12　"动态更新"对话框

（6）单击"下一步"按钮，显示新建区域摘要。单击"完成"按钮，完成正向区域的安装，如图 7.13 所示。

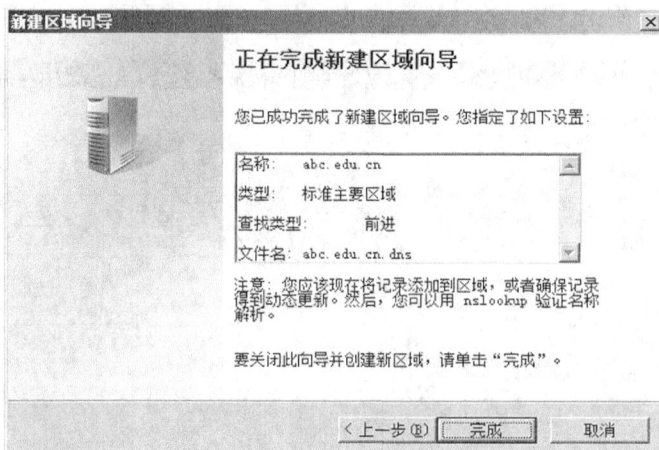

图7.13 完成配置

3. 创建反向主要区域

反向查找区域用于通过 IP 地址来查询 DNS 域名，创建的具体过程如下。

（1）在 DNS 管理器控制台中，右键单击"反向查找区域"选项，在弹出的快捷菜单中选择"新建区域"选项，如图 7.14 所示。在打开对话框的区域类型中选择"主要区域"，如图 7.15 所示。

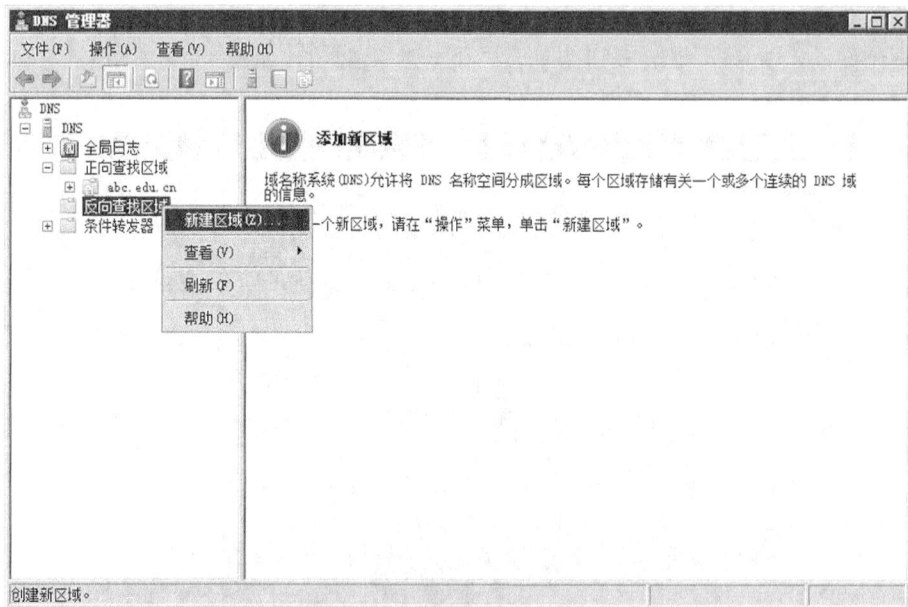

图7.14 新建反向查询区域

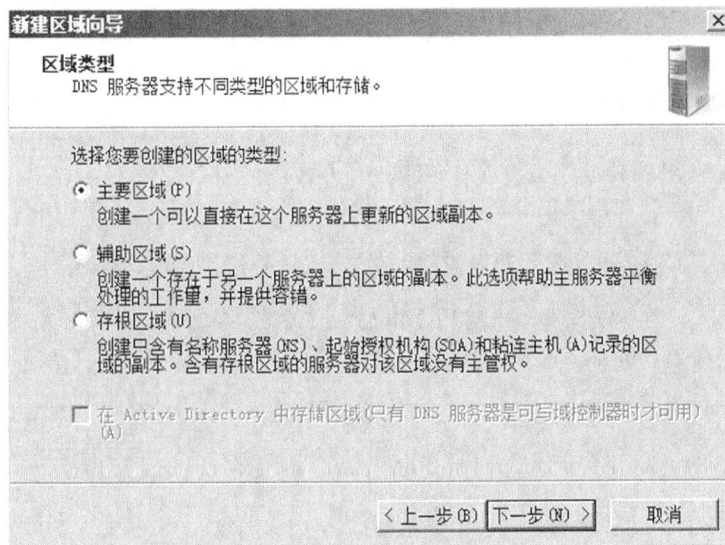

图7.15　选择区域类型

（2）单击"下一步"按钮，在"反向查找区域名称"对话框中，选择"IPv4 反向查找区域"单选按钮，如图 7.16 所示。

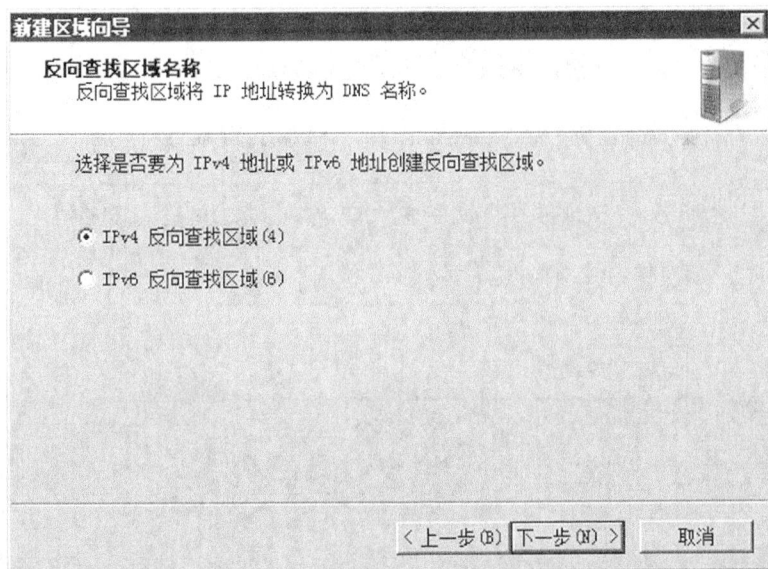

图7.16　反向查找区域名称——IPv4

（3）单击"下一步"按钮，在图 7.17 所示的对话框中输入网络 ID 或者反向查找区域名称，本例中输入网络 ID 后，反向查找区域名称根据网络 ID 自动生成。例如，输入的网络 ID 为192.168.1.0，反向查找区域名称自动生成 168.192.1.in-addr.arpa。

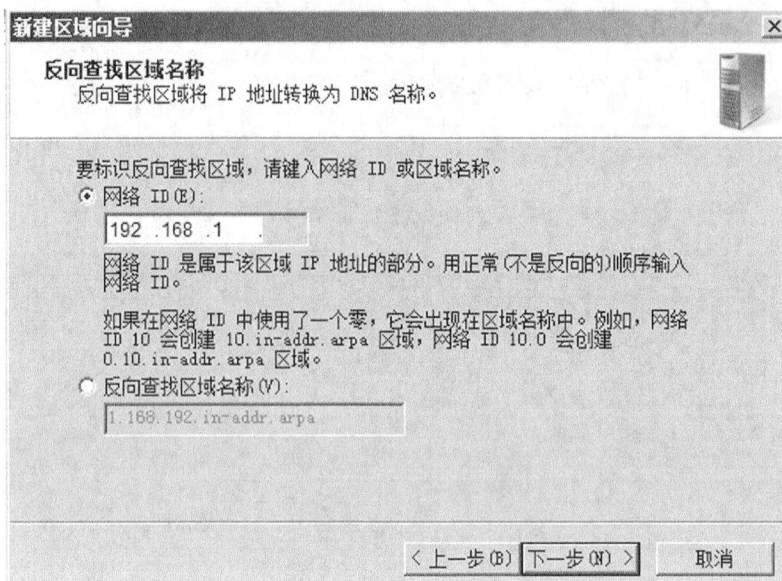

图7.17 反向查找区域名称——网络ID

（4）单击"下一步"按钮，在"区域文件"对话框中，系统会自动在区域名称后加.dns 作为文件名，用户可以修改区域文件名，也可以使用一个已有文件，如图 7.18 所示。

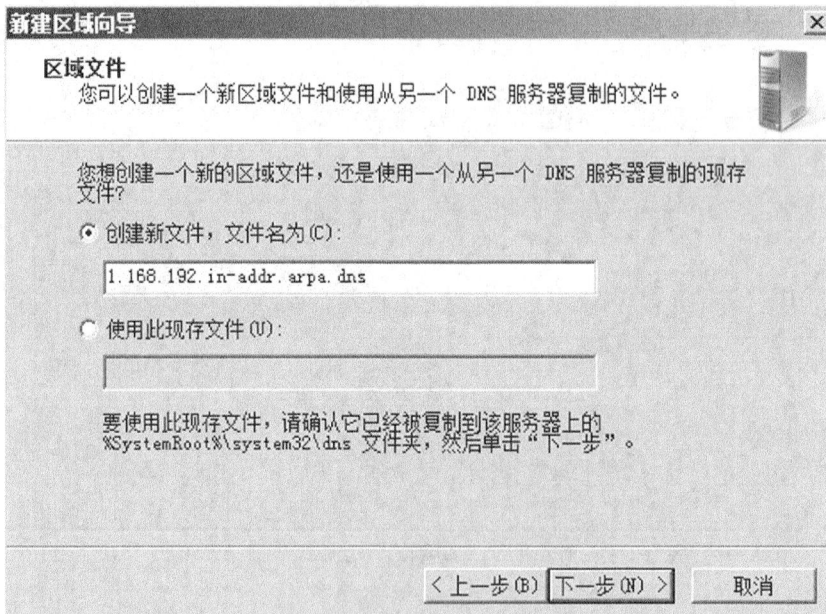

图7.18 "区域文件"对话框

（5）单击"下一步"按钮，在"动态更新"对话框中选中"不允许动态更新"单选按钮，如图 7.19 所示。

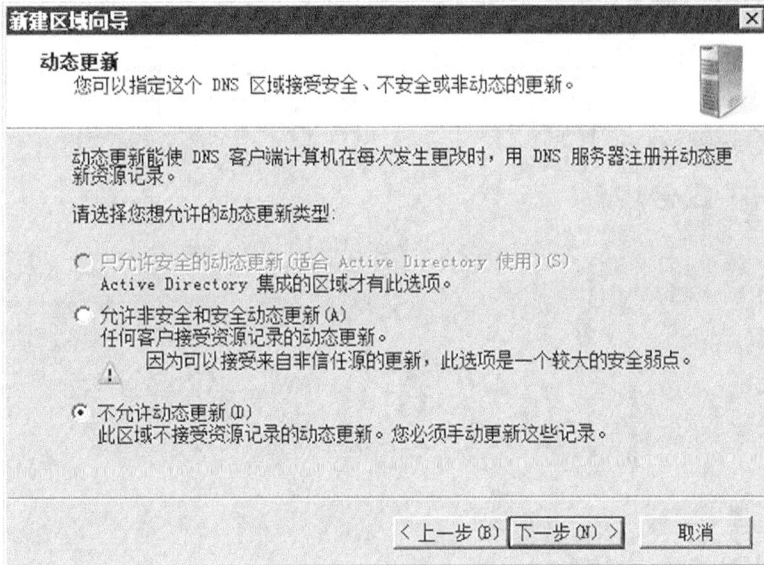

图7.19　"动态更新"对话框

（6）单击"下一步"按钮，显示新建区域摘要，如图 7.20 所示。单击"完成"按钮，完成区域创建，如图 7.21 所示。

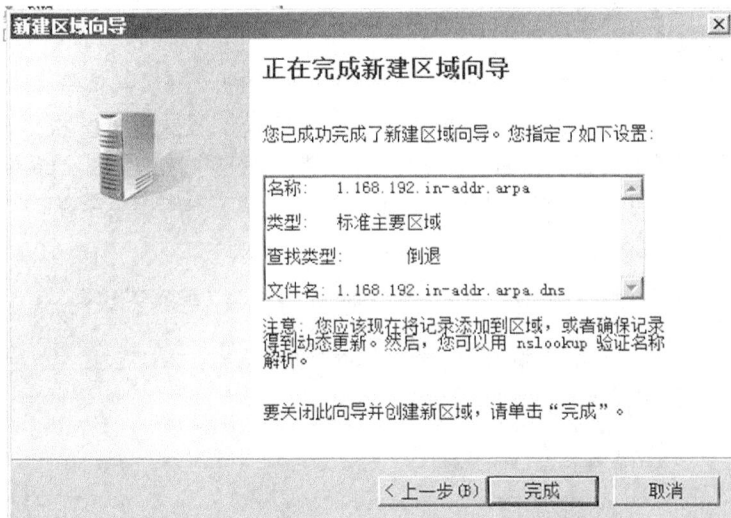

图7.20　新建区域摘要

图7.21　创建反向区域后的DNS管理器

7.1.3　创建资源记录

DNS 需要根据区域中的资源记录提供该区域的名称解析，因此，在区域创建完成后，需要在区域中创建所需的资源记录。

1. 创建主机记录

下面创建一个用以访问站点的域名 www.abc.edu.cn 主机记录，具体操作步骤如下。

（1）以管理员账户登录 Windows Server 2008，依次单击"开始"→"管理工具"→"DNS"命令，打开"DNS 管理器"控制台窗口。在窗格左侧控制台树中选择要创建资源记录的正向主要区域 abc.edu.cn，然后用鼠标右键单击 abc.edu.cn 区域，或在右侧控制台窗口空白处右击，执行快捷菜单中的"新建主机（A 或 AAAA）"选项，如图 7.22 所示。

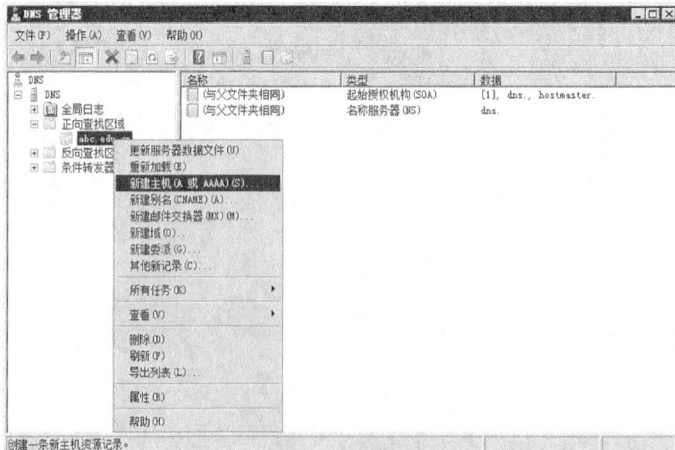

图7.22　"DNS管理器"控制台

（2）打开"新建主机"对话框，在"名称"文本框中键入一个能代表该主机所提供服务的名称（本例输入 www）。在"IP 地址"文本框中输入该主机的 IP 地址（如"192.168.1.100"），单击"添加主机"按钮，如图 7.23 所示，系统会提示已经成功创建了主机记录。

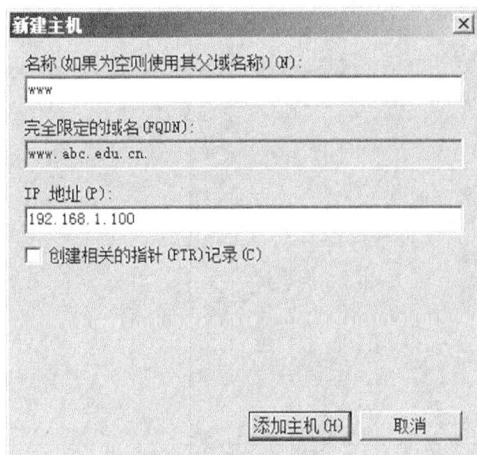

图7.23　"新建主机"对话框

2．创建指针记录

指针（PTR）资源记录的作用是反向查找区域内的 IP 地址及主机，把 IP 地址映射成主机域名。

创建指针（PTR）资源记录的主要步骤如下。

在控制树中右击已创建的反向查找区域节点，选择"新建指针"命令，在"新建资源记录"对话框中，输入主机 IP 地址和主机的完全合格的域名（www.abc.edu.cn），如图 7.24 所示。

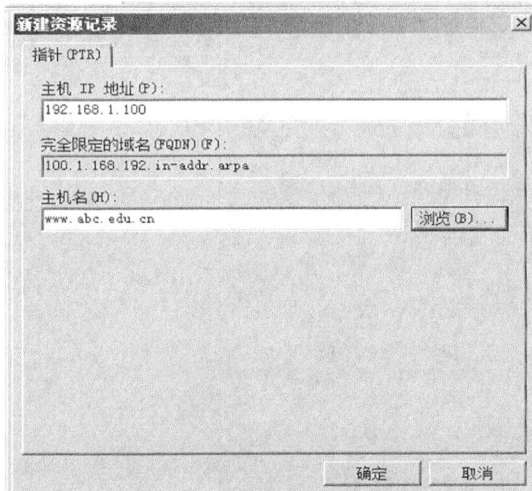

图7.24　"新建资源记录"对话框

指针记录创建完成后，在"DNS 管理器"控制台（见图 7.25）和区域数据库文件中均可以看到。

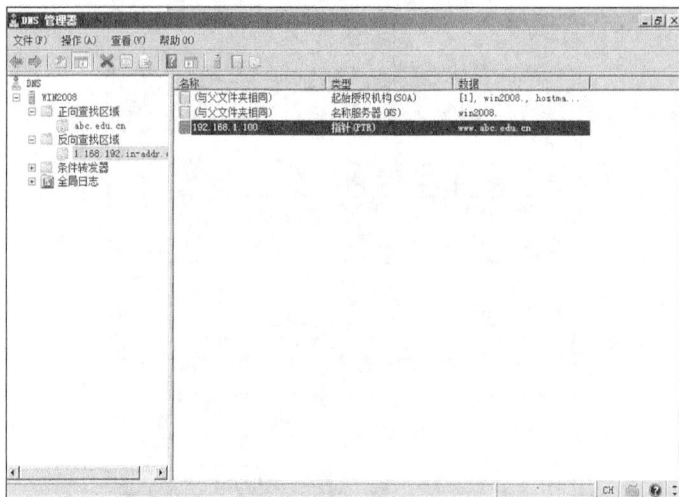

图7.25 在"DNS管理器"控制台查看反向区域中的记录

7.1.4 设置 DNS 客户端

尽管 DNS 服务器已经创建成功，并且创建了合适的域名，但在客户机的浏览器中却无法使用 www.abc.edu.cn 这样的域名访问网站。这是因为虽然已经创建了 DNS 服务器，但客户机并不知道 DNS 服务器在哪里，因此不能识别用户输入的域名。用户必须手动设置 DNS 服务器的 IP 地址。可在客户机"Internet 协议版本 4（TCP/IPv4）属性"对话框中的"首选 DNS 服务器"文本框中输入刚刚部署的 DNS 服务器的 IP 地址，如图 7.26 所示。

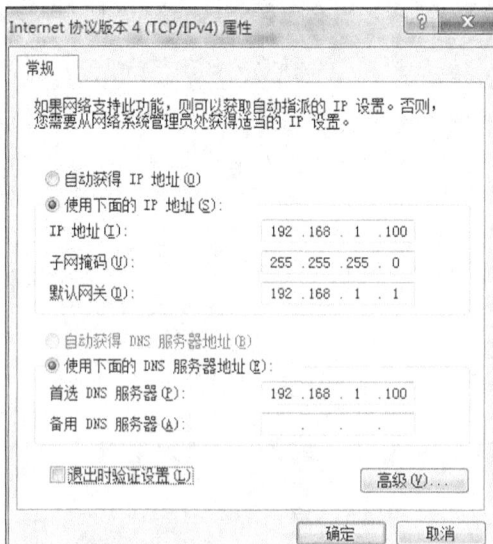

图7.26 设置客户端DNS服务器IP地址

7.2 DHCP 服务器

DHCP 能够帮助用户或网络管理员集中地管理和自动分配 IP 地址。

7.2.1 DHCP 概述

1. DHCP 的基本概念

DHCP（Dynamic Host Configuration Protocol，动态主机配置协议）是一个简化主机 IP 地址分配管理的 TCP/IP 标准协议。用户可以利用 DHCP 服务器管理动态的 IP 地址分配及其他相关的环境配置工作（如 DNS、WINS、Gateway 的设置）。

要使用 DHCP 方式动态分配 IP 地址，整个网络必须至少有一台安装了 DHCP 服务的服务器。其他要使用 DHCP 功能的客户端也必须要有支持自动向 DHCP 服务器索取 IP 地址的功能。当 DHCP 客户端第一次启动时，它就会自动与 DHCP 服务器通信，并由 DHCP 服务器分配给 DHCP 客户端一个 IP 地址，直到租约到期（并非每次关机释放），这个地址就会被 DHCP 服务器收回，并将其提供给其他的 DHCP 客户端使用。

与手动分配 IP 地址相比，DHCP 动态进行 TCP/IP 的配置主要有以下优点。

（1）安全而可靠的配置。DHCP 避免了因手工设置 IP 地址及子网掩码所产生的错误，同时也避免了把一个 IP 地址分配给多台工作站所造成的地址冲突。

（2）降低了管理 IP 地址设置的负担。使用 DHCP 服务器大大缩短了配置或重新配置网络中工作站所花费的时间，同时通过对 DHCP 服务器的设置可灵活地设置地址的租约。

（3）DHCP 地址租约的更新过程将有助于用户确定哪个客户的设置需要经常更新（如使用便携机的客户经常更换地点），且这些变更由客户端与 DHCP 服务器自动完成，无需网络管理员干涉。

DHCP 服务器使用租约生成过程在指定时间段内为客户端分配 IP 地址。IP 地址的租用通常是临时的，所以 DHCP 客户端必须定期向 DHCP 服务器更新租约。DHCP 租约生成和更新是 DHCP 的两个主要工作过程。

2. DHCP 租约生成过程

当 DHCP 客户端第一次登录网络时，通过 DHCPDISCOVER（IP 租约发现）、DHCPOFFER（IP 租约提供）、DHCPREQUEST（IP 租约请求）和 DHCPACK（IP 租约确认）4 个步骤向 DHCP 服务器租用 IP 地址，如图 7.27 所示。

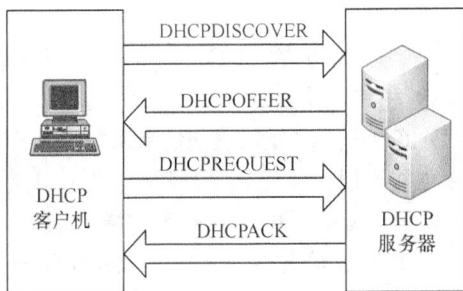

图7.27　DHCP的工作过程

租约生成过程开始于客户端第一次启动或初始化 TCP/IP 时，另外当 DHCP 客户端续订租约失败，终止使用其租约时（如客户端移动到另一个网络时）也会产生这个过程。此过程如下。

（1）IP 租约发现

DHCP 客户端在本地子网中先发送一条 DHCPDISCOVER 消息。此时客户端还没有 IP 地址，所以它使用 0.0.0.0 作为源地址。由于客户端不知道 DHCP 服务器地址，它使用 255.255.255.255 作为目标地址，也就是以广播的形式发送此消息。此消息中还包括了客户端网卡的 MAC 地址和计算机名，以表明申请 IP 地址的客户机。

（2）IP 租约提供

在 DHCP 服务器收到 DHCP 客户端广播的 DHCPDISCOVER 消息后，如果在这个网段中有可以分配的 IP 地址，则它以广播的方式向 DHCP 客户端发送 DHCPOFFER 消息进行响应。在这个消息中包含以下信息。

① 客户端的 MAC 地址。

② 提供的 IP 地址。

③ 子网掩码。

④ 租约的有效时间。

⑤ 服务器标识即提供 IP 地址的 DHCP 服务器。

⑥ 广播以 255.255.255.255 作为目标地址。

每个应答的 DHCP 服务器都会保留所提供的 IP 地址，在客户进行选择之前不会分配给其他的 DHCP 客户端。DHCP 客户会等待 1s 来接受租约，如果 1s 内没有收到任何响应，它将重新广播 4 次请求，分别以 2s、4s、8s 和 16s（随机加上一个 0～1000ms 延时）为时间间隔。如果经过 4 次广播仍没有收到提供的租约，则客户会从保留的专用 IP 地址 169.254.0.1～169.254.255.254 中选择一个地址，即启用自动配置 IP 地址（APIPA），可以让所有没有找到 DHCP 服务器的客户位于同一个子网并可以相互通信。每隔 5min 查找一次 DHCP 服务器。如果找到可用的 DHCP 服务器，则客户可以从服务器上得到 IP 地址。

（3）IP 租约请求

DHCP 客户如果收到提供的租约（如果网络中有多个 DHCP 服务器，客户可能会收到多个响应），则会通过广播 DHCPREQUEST 消息来响应并接受得到的第一个租约，进行 IP 租约的选择。此时之所以采用广播方式，是为了通知其他未被接受的 DHCP 服务器收回提供的 IP 地址并将其留给其他 IP 租约请求。

（4）IP 租约确认

当 DHCP 服务器收到 DHCP 客户发出的 DHCPREQUEST 请求消息后，它便向 DHCP 客户发送一个包含它所提供的 IP 地址和其他设置的 DHCPACK 确认消息，告诉 DHCP 客户端可以使用它所提供的 IP 地址。然后 DHCP 客户端使用这些信息来配置其 TCP/IP，并把 TCP/IP 与网络服务和网卡绑定在一起，以建立网络通信。

需要注意的是，所有 DHCP 服务器和 DHCP 客户端之间的通信都使用用户数据报协议（UDP），端口号分别是 67 和 68。默认情况下，交换机和路由器不能正确地转发 DHCP 广播，为了使 DHCP 工作正常，用户必须配置交换机在这些端口上转发广播，对于路由器，需把它配置成 DHCP 中继代理。

3. DHCP 租约更新

当租用时间达到租约期限的一半时，DHCP 客户端会自动尝试续订租约。客户端直接向提供租约的 DHCP 服务器发送一条 DHCPREQUEST 消息，以续订当前的地址租约。如果 DHCP 服务器是可用的，它将续订租约并向客户端发送一条 DHCPACK 消息，此消息包含新的租约期限和一些更新的配置参数。客户端收到确认消息后就会更新配置。如果 DHCP 服务器不可用，则客户端将继续使用当前的配置参数。当租约时间达到租约期限的 7/8 时，客户端会广播一条 DHCPDISCOVER 消息来更新 IP 地址租约。这个阶段，DHCP 客户端会接受从任何 DHCP 服务器发出的租约。如果租约到期客户仍未成功续订租约，则客户端必须立即中止使用其 IP 地址，然后客户端重新尝试得到一个新的 IP 地址租约。

需要注意的是，重新启动 DHCP 客户端时，客户端自动尝试续订关闭时的 IP 地址租约。如果续订请求失败，客户端将尝试连接配置的默认网关。如果默认网关响应，表明此客户端还在原来的网络中，这时客户端可以继续使用此 IP 地址到租约到期。如果不能进行续订或与默认网关无法通信，则立即停止使用此 IP 地址，从 169.254.0.1～169.254.255.254 中选择一个 IP 地址使用，并每隔 5min 尝试连接 DHCP 服务器。

如果需要立即更新 DHCP 配置信息，用户可以手动续订 IP 租约。例如，新安装了一台路由器，需要用户立即更改 IP 地址配置时，可以在路由器的命令行使用 ipconfig/renew 来续订租约。还可以使用 ipconfig/release 命令来释放租约，释放租约后，客户端就无法再使用 TCP/IP 在网络中通信了。

7.2.2　安装与设置 DHCP 服务器

1. 安装 DHCP 服务器

（1）对 Windows DHCP 服务器的要求

运行 Windows Server 系列中任何操作系统的服务器都可以作为 DHCP 服务器。DHCP 服务器需要具备以下条件。

① DHCP 服务器本身需要静态 IP 地址、子网掩码和默认网关。

② 包含可分配多个 DHCP 客户端的一组合法的 IP 地址。

③ 添加并启动 DHCP 服务。

（2）对 DHCP 客户端的要求

运行以下操作系统的计算机都可作为 DHCP 服务器的客户端。

① Windows Professional、Windows Server、Windows XP 和 Windows 7。

② Windows NT Workstation （all released versions）、Windows NT Server （all released versions）。

③ 安装有 TCP/IP-32 的 Windows for Workgroups version 3.11。

④ 支持 TCP/IP 的 Microsoft Network Client version 3.0 for MS-DOS。

⑤ LAN Manager version 2.2c。

⑥ 其他非微软操作系统和网络设备。

（3）启用 DHCP 客户端

打开"Internet 协议（TCP/IP）属性"对话框，选中"自动获得 IP 地址"，单击"确定"按钮，此计算机就成为 DHCP 客户端，如图 7.28 所示。

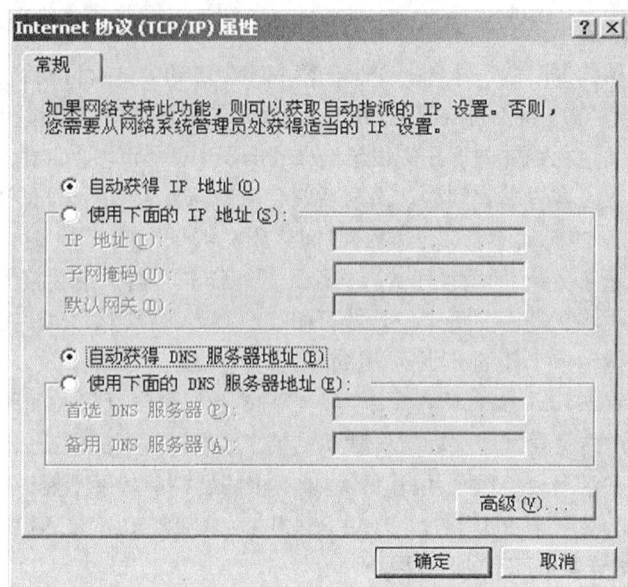

图7.28 设置DHCP客户端

（4）安装 DHCP 服务器的步骤

① 启动添加角色向导，在"选择服务器角色"对话框中选中"DHCP 服务器"复选框，如图 7.29 所示。

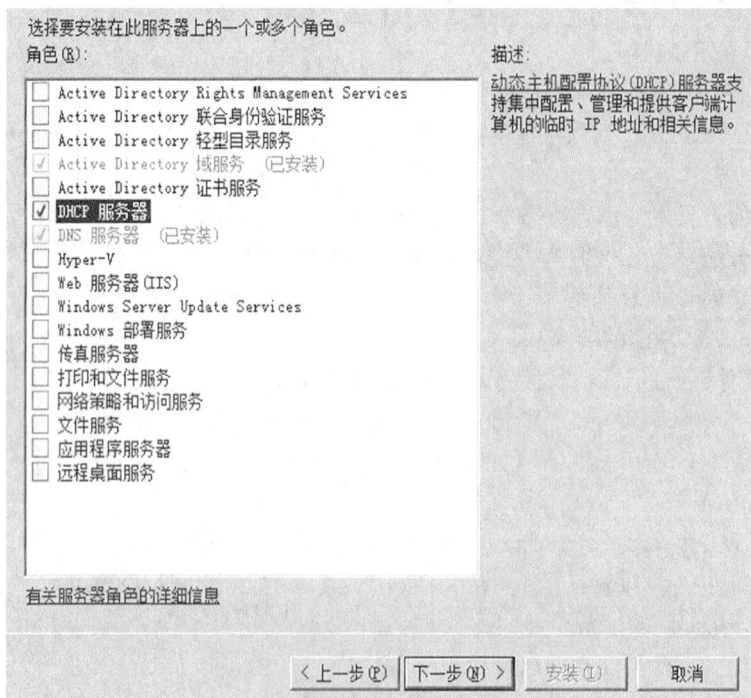

图7.29 "选择服务器角色"对话框

② 单击"下一步"按钮，打开"DHCP 服务器简介"对话框，这里对 DHCP 服务器的

功能做了简要介绍，如图 7.30 所示。

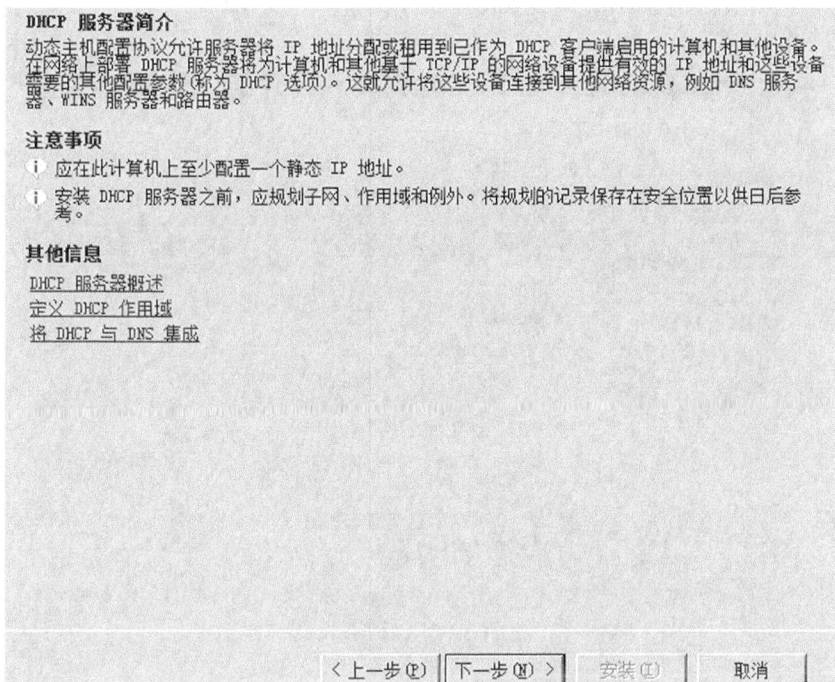

DHCP 服务器简介

动态主机配置协议允许服务器将 IP 地址分配或租用到已作为 DHCP 客户端启用的计算机和其他设备。在网络上部署 DHCP 服务器将为计算机和其他基于 TCP/IP 的网络设备提供有效的 IP 地址和这些设备需要的其他配置参数（称为 DHCP 选项）。这就允许将这些设备连接到其他网络资源，例如 DNS 服务器、WINS 服务器和路由器。

注意事项

ⓘ 应在此计算机上至少配置一个静态 IP 地址。

ⓘ 安装 DHCP 服务器之前，应规划子网、作用域和例外。将规划的记录保存在安全位置以供日后参考。

其他信息

DHCP 服务器概述
定义 DHCP 作用域
将 DHCP 与 DNS 集成

〈上一步(P)〉　下一步(N) 〉　安装(I)　取消

图7.30　"DHCP服务器简介"对话框

③ 单击"下一步"按钮，显示"选择网络连接绑定"对话框，选择向客户端提供服务的网络连接，如图 7.31 所示。

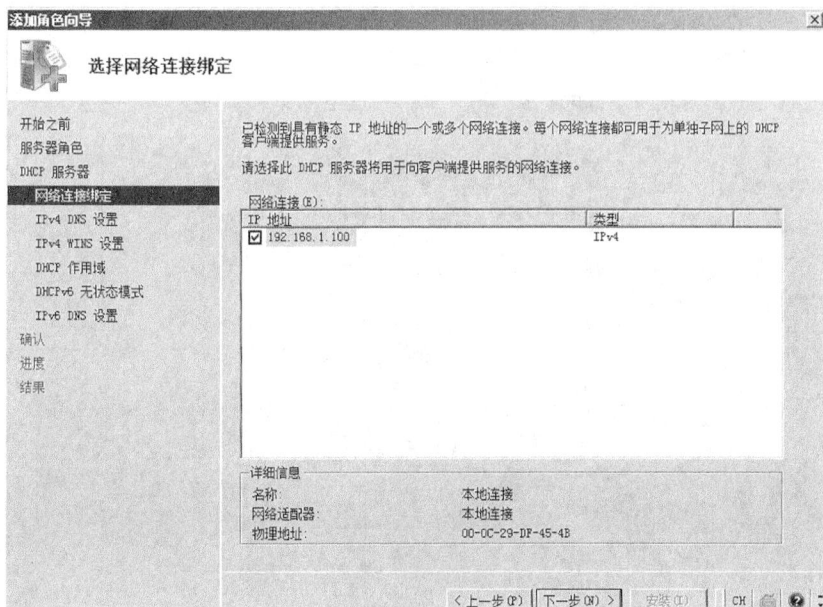

图7.31　"选择网络连接绑定"对话框

④ 单击"下一步"按钮，显示"指定 IPv4 DNS 服务器设置"对话框。输入父域名以及本地网络中所使用的 DNS 的 IPv4 地址，如图 7.32 所示。

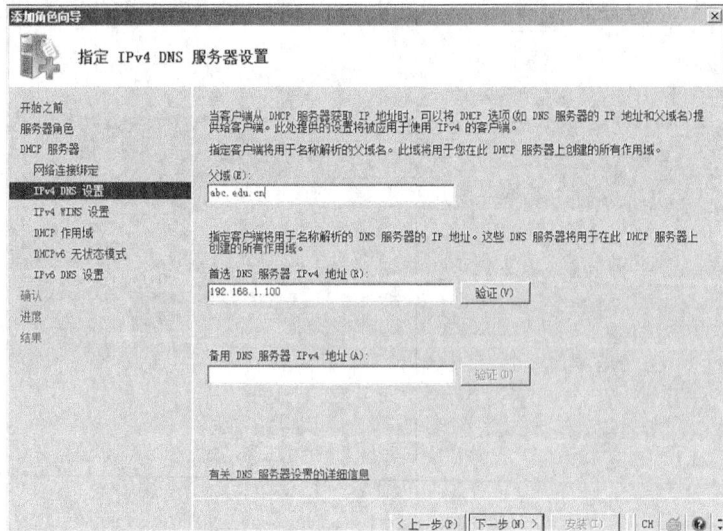

图7.32　"指定IPv4 DNS服务器设置"对话框

⑤ 单击"下一步"按钮，在打开的对话框中选择是否要使用 WINS 服务，按默认值，选择不需要。

⑥ 单击"下一步"按钮，显示"添加或编辑 DHCP 作用域"对话框，可添加 DHCP 作用域，用来向客户端分配 IP 地址，如图 7.33 所示。

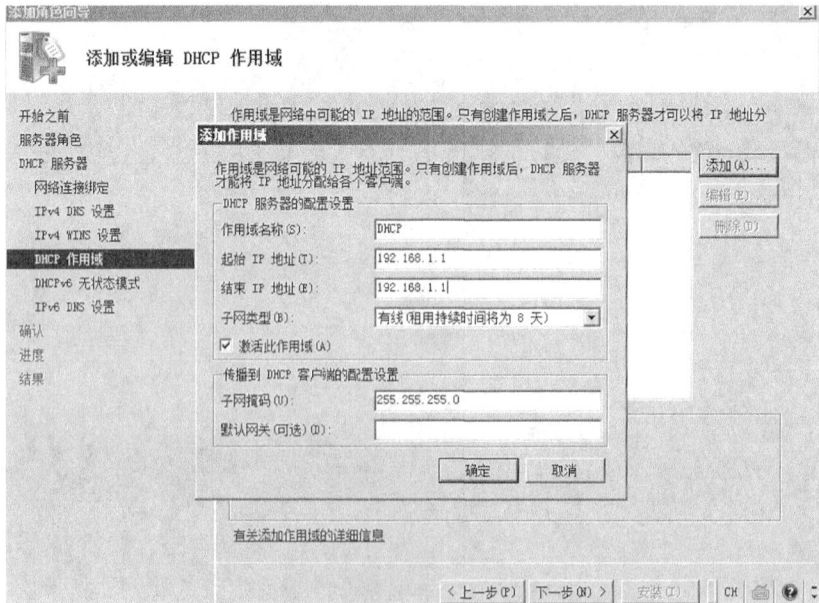

图7.33　"添加或编辑DHCP作用域"对话框

⑦ 单击"添加"按钮，设置该作用域的名称、起始和结束 IP 地址、子网类型、子网掩码以及默认网关。勾选"激活此作用域"复选框，也可在作用域创建完成后自动激活。

⑧ 单击"确定"按钮，单击"下一步"按钮，在"配置 DHCPv6 无状态模式"对话框中选择"此服务器禁用 DHCPv6 无状态模式"单选按钮；单击"下一步"按钮，显示"确认安装选择"对话框，列出了已做的配置。如果需要更改，可单击"上一步"按钮返回；单击"安装"按钮，开始安装 DHCP 服务器。安装完成后显示"安装结果"对话框，显示 DHCP 服务器已经安装成功。

⑨ 单击"开始"→"管理工具"→"DHCP"，打开"DHCP"管理控制台，如图 7.34 所示，可以在此配置与管理 DHCP 服务器。

图7.34　"DHCP"管理控制台

2. 授权 DHCP 服务器

Windows Server 2008 为使用活动目录网络提供了集成的安全性，在使用活动目录网络中 DHCP 服务器提供动态分配 IP 地址之前，必须对其进行授权。通过授权能够防止未授权的 DHCP 服务器向客户端提供可能无效的 IP 地址而造成的 IP 地址冲突；在工作组环境中，DHCP 服务器不需要经过授权。

（1）检测未授权的 DHCP 服务器

当 DHCP 服务器启动时，DHCP 服务器会向网络发 DHCPINFORM 广播消息。其他 DHCP 服务器收到该信息后将返回 DHCPACK 信息，并提供自己所属的域。DHCP 将查看自己是否属于这个域，并验证是否在该域的授权服务器列表中。如果该服务器发现自己不能连接到目录或发现自己不在授权列表中，它将认为自己没有被授权，那么 DHCP 服务器启动但会在系统日志中记录一条错误信息，并忽略所有客户端请求。如果发现自己在授权列表中，那么 DHCP 服务器启动并开始向网络中的计算机提供 IP 地址租用。

需要注意的是，DHCP 服务器会每隔 5min 广播一条 DHCPINFORM 消息，检测网络中是否有其他的 DHCP 服务器，这种重复的消息广播使服务器能够确定对其授权状态的更改。

（2）授权 DHCP 服务器

所有作为 DHCP 服务器运行的计算机必须是域控制器或成员服务器才能在目录服务中授权和向客户端提供 DHCP 服务。授权 DHCP 服务器的操作步骤如下。

① 单击"开始"→"程序"→"管理工具"→"DHCP"命令，用鼠标右键单击"DHCP"，选择"管理授权的服务器"命令，弹出的对话框如图 7.35 所示。

② 在"管理授权的服务器"对话框中单击"授权"按钮，在弹出的对话框中输入 DHCP 服务器的主机名或 IP 地址，如图 7.36 所示，然后单击"确定"按钮。

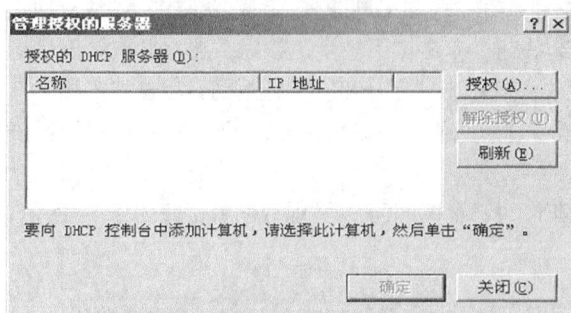

图7.35 "管理授权服务器"对话框

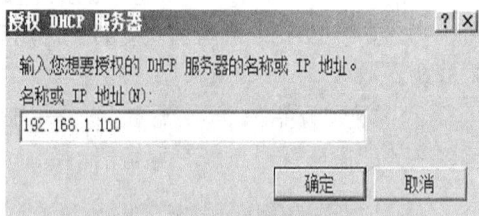

图7.36 "授权DHCP服务器"对话框

3. 创建和配置作用域

作用域是一个有效的 IP 地址范围，这个范围内的 IP 地址能租用或分配给某特定子网内的客户端。用户通过配置 DHCP 服务器上的作用域来确定服务器可分配给 DHCP 客户端的 IP 地址池。

在 DHCP 服务器中添加作用域的操作步骤如下。

（1）在"DHCP"控制台中用鼠标右键单击要添加作用域的服务器，如图 7.37 所示。选择"新建作用域"命令启用新建作用域向导，弹出"欢迎使用新建作用域向导"对话框。

（2）单击"下一步"按钮，弹出"作用域名"对话框，如图 7.38 所示。为该域设置一个名称，还可以输入一些说明文字。

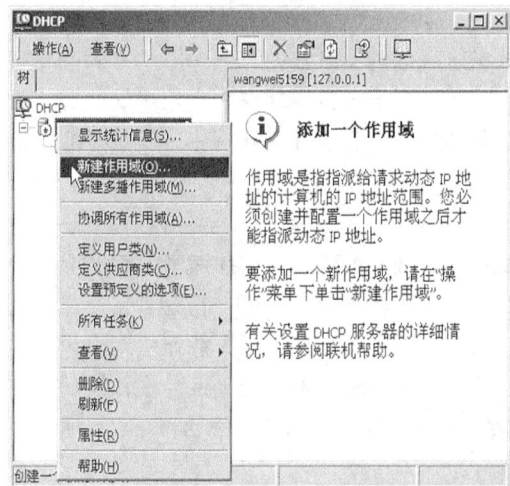

图7.37 "DHCP"控制台

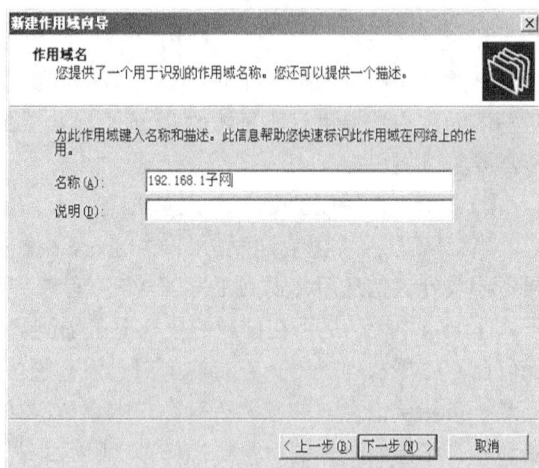

图7.38 "作用域名"对话框

（3）单击"下一步"按钮，弹出"IP 地址范围"对话框，如图 7.39 所示。在此定义新作用域可用 IP 地址范围、子网掩码等信息。

（4）单击"下一步"按钮，弹出"添加排除"对话框，如图 7.40 所示。如果前面设置的 IP 作用域内有部分 IP 地址不想提供给 DHCP 客户端使用，则可在该对话框中设置需排除的地址范围，可单击"添加"按钮进行设置。

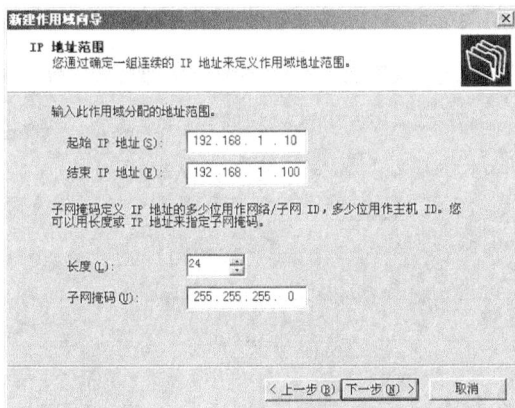

图7.39　"IP地址范围"对话框

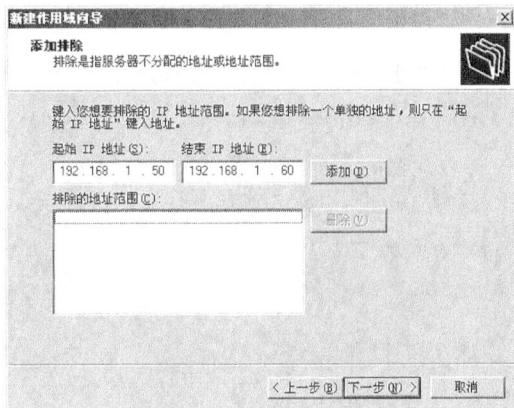

图7.40　"添加排除"对话框

（5）单击"下一步"按钮，弹出"租约期限"对话框，设置 IP 地址的租约期限（默认为8 天）。

（6）单击"下一步"按钮，弹出"配置 DHCP 选项"对话框，如图 7.41 所示。如果选中"否，我想稍后配置这些选项"单选按钮，单击"下一步"按钮后，单击"完成"按钮即可完成对作用域的创建。

（7）作用域创建后，需要激活作用域才能发挥作用。选中新创建的作用域，单击右键，在弹出的快捷菜单中选择"激活"选项，如图 7.42 所示。

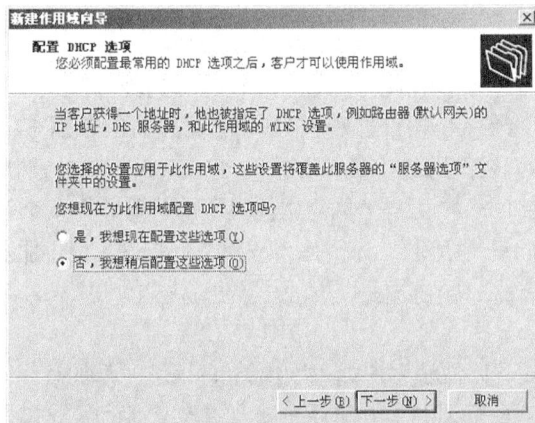

图7.41　"配置DHCP选项"对话框

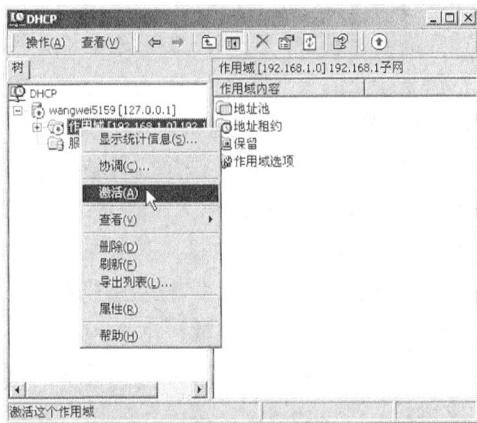

图7.42　激活作用域

（8）在第（6）步中，如果选中"是，我想现在配置这些选项"单选按钮，然后单击"下一步"按钮，可为这个 IP 作用域设置 DHCP 选项，分别是默认网关、DNS 服务器、WINS 服务器等。当 DHCP 服务器在给 DHCP 客户端分派 IP 地址时，会将这些 DHCP 选项中的服务器数据指定给客户端。

（9）单击"下一步"按钮，弹出"路由器（默认网关）"对话框，如图 7.43 所示。输入默认网关的 IP 地址，然后单击"添加"按钮。

（10）单击"下一步"按钮，弹出"域名称和 DNS 服务器"对话框，如图 7.44 所示。设置客户端的 DNS 域名称，输入 DNS 服务器的名称与 IP 地址，或者只输入 DNS 服务器的名称，然后单击"解析"按钮，系统会自动找到这台 DNS 服务器的 IP 地址。

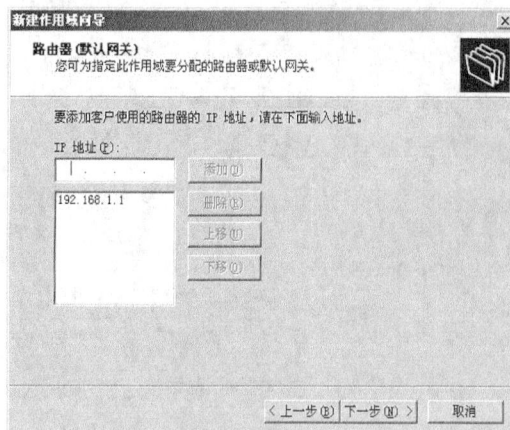

图7.43　"路由器（默认网关）"对话框　　　图7.44　"域名称和 DNS 服务器"对话框

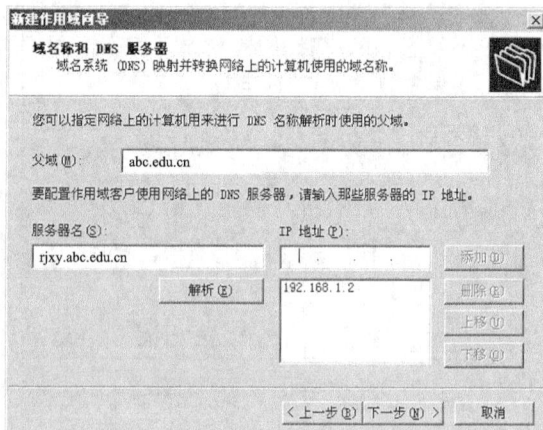

（11）单击"下一步"按钮，弹出"WINS 服务器"对话框。输入 WINS 服务器的名称与 IP 地址，或者只输入名称，单击"解析"按钮让系统自动解析。如果网络中没有 WINS 服务器，则可以不输入任何数据。

（12）单击"下一步"按钮，弹出"激活作用域"对话框。选中"是，我想现在激活此作用域"单选按钮，开始激活新的作用域，然后在"完成新建作用域向导"对话框中单击"完成"按钮即可。

完成上述设置，DHCP 服务器就可以开始接受 DHCP 客户端索取 IP 地址的要求。

需要注意的是，在一台 DHCP 服务器内，针对一个子网只能设置一个 IP 作用域。例如，不可以在设置一个 IP 作用域为 192.168.1.1~192.168.1.49 后，再设置另一个 IP 作用域为 192.168.1.61~192.168.1.100；正确的方法是先设置一个连续的 IP 作用域 192.168.1.1~192.168.1.100，然后将 192.168.1.50~192.168.1.60 排除掉。在一台 DHCP 服务器内可以为不同的子网建立多个 IP 作用域。例如，可以在 DHCP 服务器内建立两个 IP 作用域，一个是为子网 192.168.1 提供服务的，另一个是为子网 172.17 提供服务的。

4. 保留特定的 IP 地址

可以保留特定的 IP 地址给特定的客户端使用，以便该客户端每次申请 IP 地址时都拥有相同的 IP 地址。可以通过此功能逐一为用户设置固定的 IP 地址，避免用户随意更改 IP 地址，这就是所谓的 IP-MAC 绑定，这会给维护减少不少工作量。

保留特定的 IP 地址的操作步骤如下。

（1）启动"DHCP 管理器"，在 DHCP 服务器窗口列表框中选择一个 IP 范围，单击鼠标右键，选择"保留"→"新建保留"，弹出"新建保留"对话框，如图 7.45 所示。

（2）在"保留名称"文本框中输入用来标识 DHCP 客户端的名称，该名称只是一般的说明文字，并非用户账号的名称，例如，可以输入计算机名称，但并不一定需要输入客户端的真正计算机名称，因为该名称只在管理 DHCP 服务器中的数据时使用。在"IP 地址"文本框中输入一个保留的 IP 地址，可以指定任何一个保留的未使用的 IP 地址。如果输入重复或非保留地址，"DHCP"管理控制台将发出警告信息。在"MAC 地址"文本框中输入上述 IP 地址要保留给的客户端的网卡号。在"说明"文本框中输入描述客户的说明文字,该项内容可选。

网卡 MAC 地址是固化在网卡里的编号,是一个 12 位的十六进制数。全世界所有的网卡都有自己的唯一标号,是不会重复的。在安装 Windows 2008 的机器中,通过"开始"→"运行",输入"cmd"进入命令提示符窗口,输入"ipconfig/all"命令查看本机网络属性信息,如图 7.46所示。

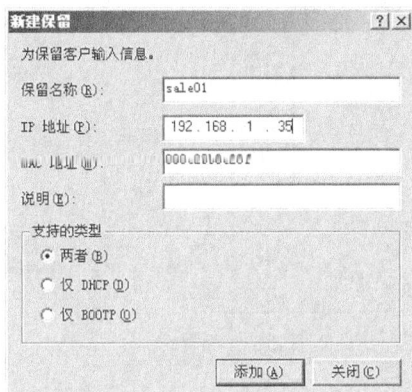

图7.45 "新建保留"对话框   图7.46 命令提示符窗口

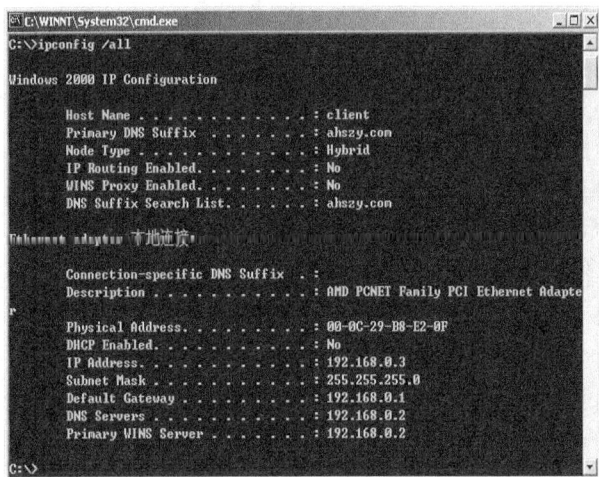

(3)在"新建保留"对话框中,单击"添加"按钮,将保留的 IP 地址添加到 DHCP 服务器的数据库中。可以按照以上操作继续添加保留地址,添加完所有保留地址后,单击"关闭"按钮。

可以通过单击"DHCP"管理控制台中的"地址租约"查看目前有哪些 IP 地址已被租用或用作保留。

5. 配置作用域选项

要改变作用域在建立租约时提供的网络参数(如 DNS 服务器、默认网关、WINS 服务器),需要对作用域的选项进行配置。

设置 DHCP 选项时,可以针对一个作用域进行设置,也可以针对该 DHCP 服务器内的所有作用域进行设置。如果这两个地方设置了相同的选项,如都对 DNS 服务器、网关地址等做了设置,则作用域的设置优先级高。

例如,设置 006 DNS 服务器的步骤如下。

(1)在"DHCP"管理控制台中的"作用域选项"上单击右键,选择"配置选项"选项,弹出"作用域选项"对话框,如图 7.47 所示。

(2)选中"006 DNS 服务器"复选框,然后输入 DNS 服务器的 IP 地址,单击"添加"按钮。如果不知道 DNS 服务器的 IP 地址,可以输入 DNS 服务器的 DNS 域名,然后单击"解析"按钮让系统自动寻找相应的 IP 地址,完成后单击"确定"按钮。

(3)完成设置后,在"DHCP"管理控制台中可以看到设置的选项"006 DNS 服务器",如图 7.48 所示。

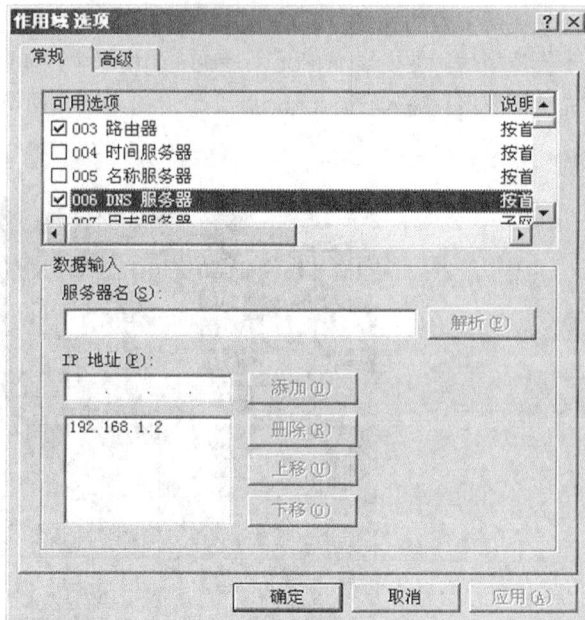

图7.47 "作用域选项"对话框

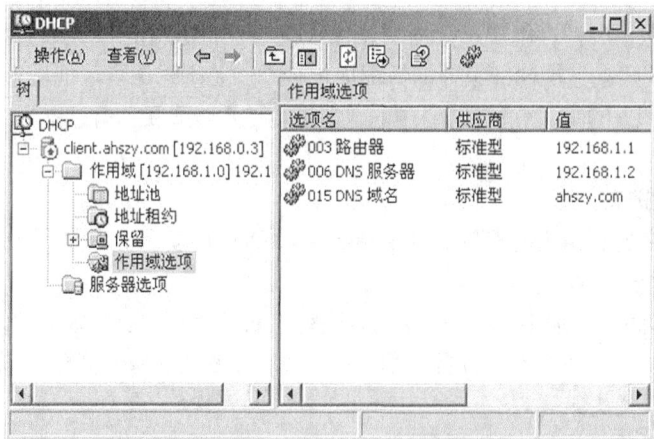

图7.48 "DHCP"管理控制台

DHCP 服务提供的选项包括以下几项。

（1）003 路由器：配置路由器的 IP 地址。

（2）006 DNS 服务器：可以配置一个或多个 DNS 服务器的 IP 地址。

（3）015 DNS 域名：通过指定客户端所属的 DNS 域的域名，客户端可以更新 DNS 服务器上的信息，以便其他客户进行访问。

（4）044 WINS/NBNS 服务器：可以指定一个或多个 WINS 服务器的 IP 地址。

（5）046 WINS/NBT 节点类型：不同的 NetBIOS 节点类型所对应的 NetBIOS 名解析方法不

同。通过 046 WINS/NBT 节点类型设置可以指定适当的 NetBIOS 节点类型。

　　DHCP 的标准选项还有很多，但是大部分客户端只能识别其中的一部分。如果在客户端已经为某个选项指定了参数，则优先使用客户端的配置参数。

　　可以选择作用域选项是应用于所有 DHCP 客户端、一组客户端或者单个客户端。因此，相应地可以在 4 个级别上配置作用域选项：服务器、作用域、类别及保留客户端。

　　（1）服务器选项：服务器选项应用于所有向 DHCP 服务器租用 IP 地址的 DHCP 客户端。如果子网上所有客户端都需要同样的配置信息，则应配置服务器选项。例如，可能希望配置所有客户端使用同样的 DNS 服务器或 WINS 服务器。要配置服务器选项，可展开需要配置的服务器，在"服务器选项"上单击右键，选择"配置选项"选项。

　　（2）作用域选项：作用域选项只对本作用域租用地址的客户端可用。例如，每个子网需要不同的作用域，并且可为每个作用域定义唯一的默认网关地址。在作用域级配置的选项优先于在服务器级配置的选项。要配置作用域选项，可展开要设置选项的地址作用域，在"作用域选项"上单击右键，选择"配置选项"选项。

　　（3）类别选项：在此选项中，只对向 DHCP 服务器标识自己属于特定类别的客户端可用。例如，运行于 Windows Server 2008 的客户端计算机能够接受与网络上其他客户端不同的选项。在类别级配置的选项优先于在作用域或服务器级配置的选项。要在类别级配置选项，可在"服务器选项"或"作用域选项"对话框中的"高级"选项卡中，选择供应商类别或用户类别，然后在"可用选项"列表框中配置适合的选项。

　　（4）保留客户端选项：此选项仅对特定客户端可用。例如，可以保留客户端配置选项，从而使特定的 DHCP 客户端能够使用特定路由器访问子网外的资源。在保留客户端配置的选项优先于在其他级别配置的选项。在 DHCP 中，要在保留客户端配置选项，可在"保留"上单击右键，选择"新建保留"选项，将相应客户端的保留地址添加到相应 DHCP 服务器和作用域，然后在此客户端上单击右键，单击"配置选项"。

7.2.3　在路由网络中配置 DHCP

　　在大型网络中通常会用路由器将网络划分为多个物理子网。路由器最主要的功能之一是屏蔽各子网之间的广播，减少带宽占用，提高网络性能。DHCP 客户端是通过广播来获得 IP 地址的，因此，除非将 DHCP 服务器配置为在路由网络环境下工作，否则 DHCP 通信将限制在单个子网中。

　　通过以下 3 种方法可以在路由网络上配置 DHCP 功能。

　　（1）每个子网中至少设置一台 DHCP 服务器，这会增加设备费用和管理员的工作量。

　　（2）配置一台与 RFC 1542 兼容的路由器，这种路由器可转发 DHCP 广播到不同的子网，对其他类型的广播仍不予转发。

　　（3）在每个子网都设置一台计算机作为 DHCP 中继代理。在本地子网中，DHCP 中继代理截取 DHCP 客户端地址请求广播消息，并将它们转发给另一子网上的 DHCP 服务器。DHCP 服务器使用定向数据包应答中继代理，然后中继代理在本地子网上广播此应答，供请求的客户端使用。

　　下面介绍安装与配置 DHCP 中继代理的方法来在路由网络中配置 DHCP 服务。

1. 安装 DHCP 中继代理

（1）单击"开始"→"程序"→"管理工具"→"路由和远程访问"命令，展开"IP 路由选择"，在"常规"上单击右键，选择"新路由选择协议"选项，如图 7.49 所示。

（2）在弹出的对话框当中，选择"DHCP 中继代理程序"，单击"确定"按钮，打开"DHCP中继代理程序 属性"对话框，在"服务器地址"文本框中输入 DHCP 服务器的 IP 地址，然后单击"添加"按钮，如图 7.50 所示。

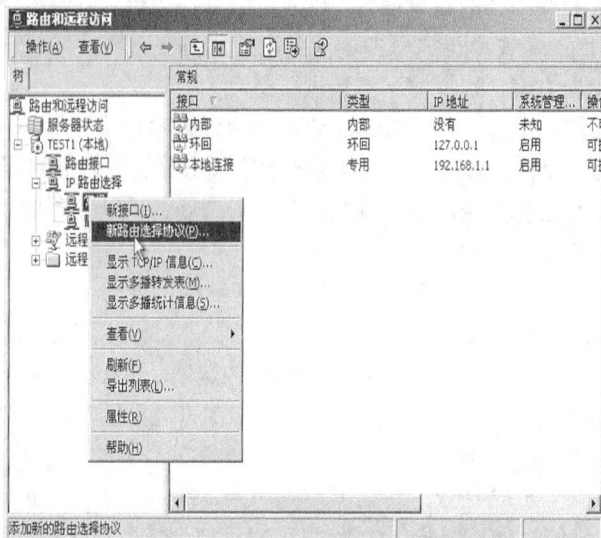

图7.49 "新路由选择协议"选项

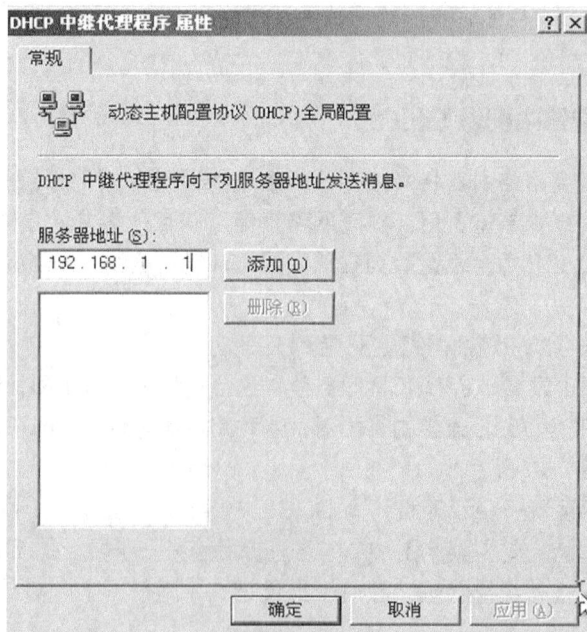

图7.50 "DHCP 中继代理程序 属性"对话框

2. 配置 DHCP 中继代理

在 DHCP 中继代理转发来自任意网络接口的客户端的 DHCP 请求之前，必须配置中继代理，以应答这些请求。启用中继代理功能时，也可为跃点计数阈值和启动阈值指定超时值。

（1）跃点计数阈值：规定了广播包最多可经过多少个子网，如广播包在规定的跳跃中仍未被响应，该广播包将被丢弃。如果此值设得过高，在中继代理设置错误时将导致网络流量过大。

（2）启动阈值：设定了 DHCP 中继代理将客户端请求转发到其他子网的服务器之前，等待本子网的 DHCP 服务器响应的时间。DHCP 中继代理先将客户端的请求发送到本地的 DHCP 服务器，等待一段时间未得到响应后，中继代理才将请求转发给其他子网的 DHCP 服务器。

选择"DHCP 中继代理程序"，单击鼠标右键，选择"新接口"，再选择"本地连接"，即可设定跃点计数阈值和启动阈值，如图 7.51 所示。

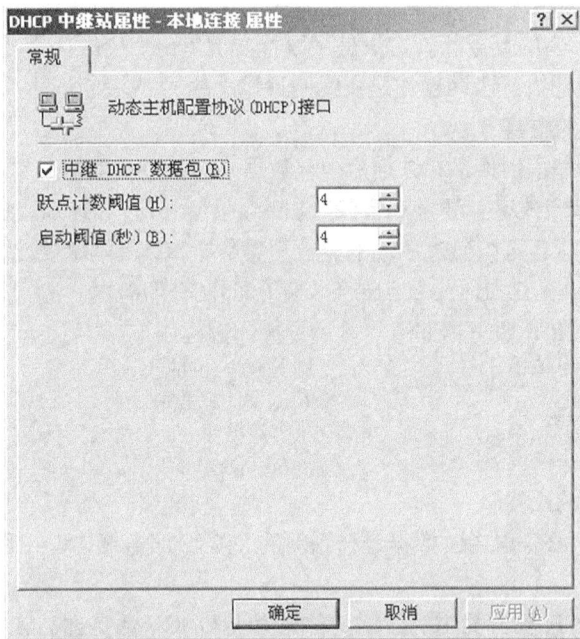

图7.51　"DHCP 中继站属性"对话框

7.2.4　DHCP 数据库的管理

Windows Server 2008 把 DHCP 数据库文件存放在"%Systemroot%\System32\dhcp"文件夹内。其中的 dhcp.mdb 是其存储数据的文件，而其他的文件则是辅助性的文件，注意不要随意删除这些文件。

1. DHCP 数据库的备份

DHCP 服务器数据库是一个动态数据库，在向客户端提供租约或客户端释放租约时它会自动更新。DHCP 服务器默认会每隔 60min 自动将 DHCP 数据库文件备份到数据库目录的"backup\jet\new"目录中。如果想修改这个时间间隔，可以通过修改 BackupInterval 这个注册表参数实现，它位于注册表项：HKEY_LOCAL _MACHINE\SYSTEM\CurrentControl Set\Services\DHCPserver\Parameters 中。也可以先停止 DHCP 服务，然后直接将 DHCP 内的文件进行复制备份。

2. DHCP 数据库的还原

DHCP 服务器在启动时，会自动检查 DHCP 数据库是否损坏，并自动恢复故障，还原损坏的数据库。也可以利用手动的方式来还原 DHCP 数据库，其方法是将注册表 HKEY_LOCAL_MACHINE\SYSTEM\CurrentControlSet\Services\DHCPserver\Parameters 下的参数 RestoreFlag 设为 1，然后重新启动 DHCP 服务器即可。也可以先停止 DHCP 服务器，然后直接将 "backup" 文件夹中备份的数据复制到 DHCP 文件夹。

3. IP 作用域的协调

如果发现 DHCP 数据库中的设置与注册表中的相应设置不一致，例如，DHCP 客户端所租用的 IP 数据不正确或丢失时，可以用协调的功能让二者数据一致。因为在注册表数据库内也存储着一份在 IP 作用域内租用数据的备份，协调时，可以利用存储在注册表数据库内的数据来恢复 DHCP 服务器数据库内的数据。其方法是用鼠标右键单击相应的作用域后选择 "协调"。为确保数据库的正确性，定期执行协调操作是良好的习惯。

4. DHCP 数据库的重整

DHCP 服务器使用一段时间后，数据库内部数据必然会存在数据分布凌乱的情况，因此为了提高 DHCP 服务器的运行效率，要定期重整数据库。Windows Server 2008 系统会自动定期在后台运行重整操作，不过也可以通过手动的方式重整数据库，其效率要比自动重整更高，方法如下：进入到 "\winnt\system32\dhcp" 目录下，停止 DHCP 服务器，运行 Jetpack.exe 程序完成重整数据库，再运行 DHCP 服务器即可。其命令操作过程如下。

```
cd\winnt\system32\dhcp          //进入 DHCP 数据库目录
net stop dhcpserver             //停止 DHCP 服务
jetpack dhcp.mdb temp.mdb       //压缩数据库
net start dhcpserver            //重新启动 DHCP 服务
```

5. DHCP 数据库的迁移

要想将旧的 DHCP 服务器内的数据迁移到新的 DHCP 服务器内，并改由新的 DHCP 服务器提供服务，步骤如下。

（1）备份旧的 DHCP 服务器内的数据：首先停止 DHCP 服务器，在 "DHCP" 管理控制台中用鼠标右键单击服务器，选择 "所有任务" → "停止" 菜单，或者在命令提示符窗口运行 "net stop dhcpserver" 命令将 DHCP 服务器停止。然后将 "%Systemroot%\System32\dhcp" 下整个文件夹复制到新的 DHCP 服务器内任何一个临时的文件夹中。

运行 Regedt32.exe，选择注册表选项 HKEY_LOCAL_MACHINE\SYSTEM\Current ControlSet\Services\DHCPserver，选择 "注册表" → "保存" 选项，将所有设置值保存到文件中。最后删除旧 DHCP 服务器内的数据库文件夹。

（2）将备份数据还原到新的 DHCP 服务器：安装新的 DHCP 服务器，停止 DHCP 服务器，方法如上。将存储在临时文件内的所有数据（由旧的 DHCP 服务器复制来的数据），整个复制到 "%Systemroot%\System32\dhcp" 文件夹中。

运行 Regedt32.exe，选择注册表选项 HKEY_LOCAL_MACHINE\SYSTEM\CurrentControl
Set\Services\DHCPserver，选择"注册表"→"还原"选项，将前面保存的旧 DHCP 服务器的
设置还原到新的 DHCP 服务器。重启 DHCP 服务器，协调所有的作用域即可。

7.3　IIS 服务器

IIS 是一种 Web（网页）服务组件，利用 IIS 很容易在网络（包括互联网和局域网）上发布
信息。

7.3.1　IIS 概述

互联网信息服务(Internet Information Services, IIS)是由微软公司提供的基于运行 Microsoft
Windows 的互联网基本服务。它是微软公司主推的服务器，最初是 Windows NT 版本的可选包，
随后内置在 Windows 2000、Windows XP Professional 和 Windows Server 2008 一起发行。
Windows 2008 版本中包含的 IIS 7.0，IIS 与 Window NT Server 完全集成在一起，因而用户能够
利用 Windows NT Server 和 NTFS（NT File System，NT 的文件系统）内置的安全特性，建立强
大、灵活而安全的 Internet 和 Intranet 站点。

Windows Server 2008 中的 IIS 7.0 提供的服务包括：Web 服务器、FTP 服务器、SMTP 服
务器和 NNTP 服务器，分别用于网页浏览、文件传输、新闻服务和邮件发送等。

1. 万维网发布服务（World Wide Web，WWW 服务）

万维网通过将客户端 HTTP 请求连接到在 IIS 中运行的网站上，向 IIS 最终用户提供 Web 发
布，支持超文本传输协议。

2. 文件传输协议服务（FTP 服务）

FTP 服务提供对管理和处理文件的完全支持。该服务使用传输控制协议（TCP），确保了文
件传输的完成和数据传输的准确，支持文件传输协议（FTP）。

3. 简单邮件传输协议服务（SMTP 服务）

系统允许基于 Web 的应用程序传送和接收邮件，支持简单邮件传输协议（SMTP）。

4. 网络新闻传输协议服务（NNTP 服务）

我们可以使用网络新闻传输协议（NNTP）服务主控单个计算机上的 NNTP 本地讨论组。

5. 管理服务

该项功能管理 IIS 配置数据库，并为 WWW 服务、FTP 服务、SMTP 服务和 NNTP 服务更新
Microsoft Windows 操作系统注册表。

IIS 能发布网页，并且由 ASP（Active Server Pages）、Java、VBScript 产生页面，有着一
些扩展功能。Web 服务器在 IIS 7.0 中经过重新设计，能够通过添加或删除模块来自定义服务器，
以满足特定需求。模块是服务器用于处理请求的独特功能。例如，IIS 使用身份验证模块对客户
端凭据进行身份验证，并使用缓存模块来管理缓存活动。IIS 是一个支持 HTTP 和 FTP 发布服务
的 Web 服务器。IIS 7.0 通过支持灵活的可扩展模型来实现强大的定制功能，通过安装和运行特
征加强安全。

IIS 支持超文本传输协议（Hypertext Transfer Protocol，HTTP）、文件传输协议（Fele
Transfer Protocol，FTP）以及 SMTP，通过使用 CGI 和 ISAPI，IIS 可以得到高度的扩展。IIS

支持与语言无关的脚本编写和组件，通过 IIS，开发人员就可以开发新一代动态的、富有魅力的 Web 站点。IIS 不需要开发人员学习新的脚本语言或者编译应用程序，既完全支持 VBScript、Java Script 开发软件以及 Java，也支持 CGI 和 WinCGI、以及 ISAPI 扩展和过滤器。IIS 的设计目的是建立一套集成的服务器服务，用以支持 HTTP、FTP 和 SMTP，它能够提供快速且集成了现有产品，同时可扩展的 Internet 服务器。IIS 相应性极高，同时系统资源的消耗也最少。IIS 的安装、管理和配置都相当简单，这是因为 IIS 与 Windows NT Server 网络操作系统紧密地集成在一起，另外，IIS 还使用与 Windows NT Server 相同的安全性账号管理器（Security Accounts Manager，SAM），对于管理员来说，IIS 使用诸如 Performance Monitor 和简单网络管理协议（Simple Nerwork Management Protocol，SNMP）之类的 Windows NT Server 已有管理工具。

IIS 支持 ISAPI，使用 ISAPI 可以扩展服务器功能，而使用 ISAPI 过滤器可以预先处理和事后处理储存在 IIS 上的数据。用于 32 位或者 64 位 Windows 应用程序的 Internet 扩展，可以把 FTP、SMTP 和 HTTP 协议置于容易使用且任务集中的界面中，这些界面将 Internet 应用程序的使用大大简化。IIS 也支持 MIME（Multipurpose Internet Mail Extensions，多用于 Internet 邮件扩展），它可以为 Internet 应用程序的访问提供一个简单的注册项。

安装好 Windows Server 2008 后，可以立即看到 Windows Server 2008 和 IIS 7.0 的与众不同之处，其中一个关键的变化是，除了 Windows Server 2008 Web 版之外，Windows Server 2008 的其余版本默认不安装 IIS。按照微软公司过去的理念，安装操作系统的同时 IIS 也自动启动，为许多 Web 应用提供服务，Windows Server 2008 的做法可谓一大突破。在 Windows Server 2008 中，安装 IIS 是利用管理服务器向导，在服务器管理器中添加或删除角色来完成安装。

7.3.2 IIS 的安装

1. IIS 角色的安装

互联网信息服务（IIS）是与 Windows Server 2008 集成的 Web 服务。下面介绍利用在计算机 "Win2008" 上的 "服务器管理器" 安装 Web 服务器（IIS）角色的方法，步骤如下。

（1）在 "服务器管理器" 窗口中单击 "添加角色" 链接，启动 "添加角色向导"。

（2）显示如图 7.52 所示，在 "选择服务器角色" 对话框中勾选 "Web 服务器（IIS）" 复选框。

（3）系统提示无法安装 Web 服务器（IIS）角色，单击 "添加必需的功能" 按钮。

（4）返回 "选择服务器角色" 对话框。

（5）在 "Web 服务器（IIS）简介" 对话框中显示 Web 服务器的功能。

（6）在 "选择角色服务" 对话框中，根据实际需要选择安装的组件，如图 7.53 所示。

（7）在 "确认安装选择" 对话框中，等待用户确认。

（8）在 "安装进度" 对话框中显示服务器角色的安装过程。

（9）在 "安装结果" 对话框中显示 Web 服务器（IIS）角色已经安装成功。

（10）打开 "Internet 信息服务（IIS）管理器" 窗口，可以看出，在安装 IIS 时已创建一个名为 Default Web Site 的 Web 网站，如图 7.54 所示。

（11）打开浏览器，在地址栏中输入 "http://<服务器 IP 或域名>/"，若能看到图 7.55 所示的界面，则说明 Web 服务器安装成功。

选择要安装在此服务器上的一个或多个角色。

角色(R)：

- [ ] Active Directory Rights Management Services
- [ ] Active Directory 联合身份验证服务
- [ ] Active Directory 轻型目录服务
- [✓] Active Directory 域服务　(已安装)
- [ ] Active Directory 证书服务
- [ ] DHCP 服务器
- [✓] DNS 服务器　(已安装)
- [ ] Hyper-V
- [✓] Web 服务器(IIS)
- [ ] Windows Server Update Services
- [ ] Windows 部署服务
- [ ] 传真服务器
- [ ] 打印和文件服务
- [ ] 网络策略和访问服务
- [ ] 文件服务
- [ ] 应用程序服务器
- [ ] 远程桌面服务

描述：

Web 服务器(IIS)提供可靠、可管理并且可扩展的 Web 应用程序基础结构。

有关服务器角色的详细信息

< 上一步(P)　　下一步(N) >　　安装(I)　　取消

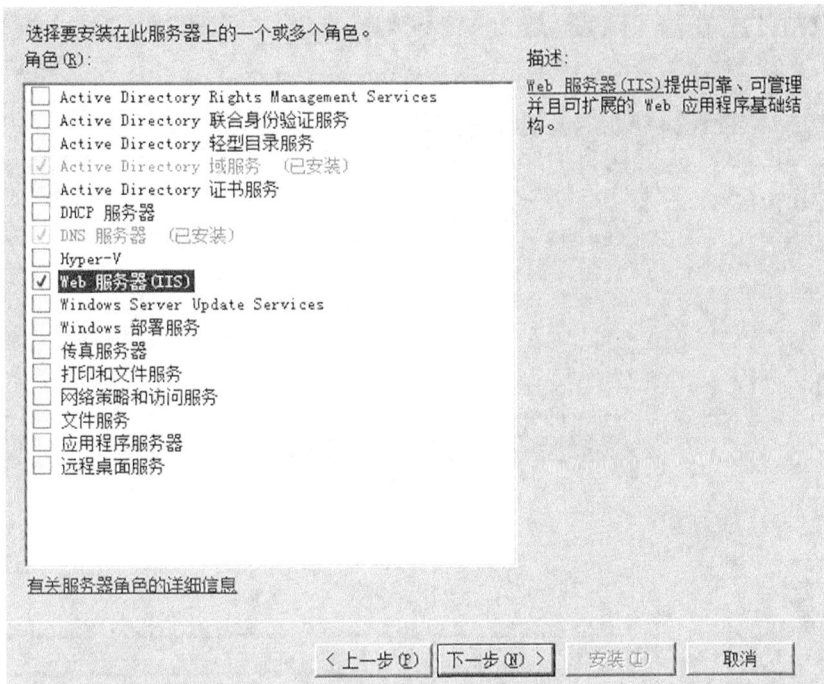

图7.52　"选择服务器角色"对话框

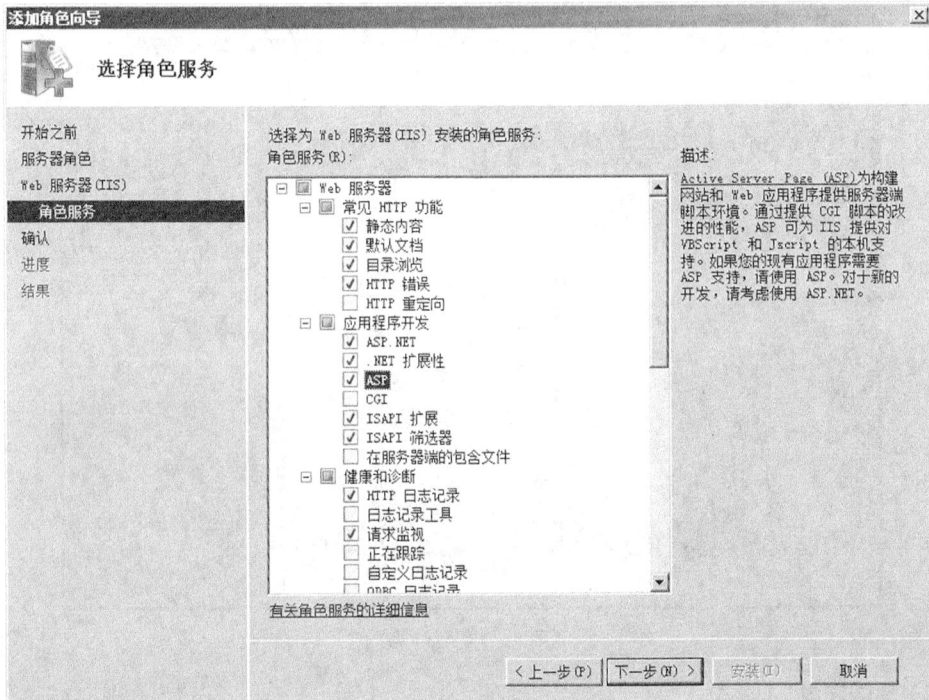

添加角色向导

选择角色服务

开始之前
服务器角色
Web 服务器(IIS)
角色服务
确认
进度
结果

选择为 Web 服务器(IIS)安装的角色服务：

角色服务(R)：

- Web 服务器
  - 常见 HTTP 功能
    - [✓] 静态内容
    - [✓] 默认文档
    - [✓] 目录浏览
    - [✓] HTTP 错误
    - [ ] HTTP 重定向
  - 应用程序开发
    - [✓] ASP.NET
    - [✓] .NET 扩展性
    - [✓] ASP
    - [ ] CGI
    - [✓] ISAPI 扩展
    - [✓] ISAPI 筛选器
    - [ ] 在服务器端的包含文件
  - 健康和诊断
    - [✓] HTTP 日志记录
    - [ ] 日志记录工具
    - [✓] 请求监视
    - [ ] 正在跟踪
    - [ ] 自定义日志记录
    - [ ] ODBC 日志记录

描述：

Active Server Page (ASP)为构建网站和 Web 应用程序提供服务器端脚本环境。通过提供 CGI 脚本的改进的性能，ASP 可为 IIS 提供对 VBScript 和 Jscript 的本机支持。如果您的现有应用程序需要 ASP 支持，请使用 ASP。对于新的开发，请考虑使用 ASP.NET。

有关角色服务的详细信息

< 上一步(P)　　下一步(N) >　　安装(I)　　取消

图7.53　"选择角色服务"对话框

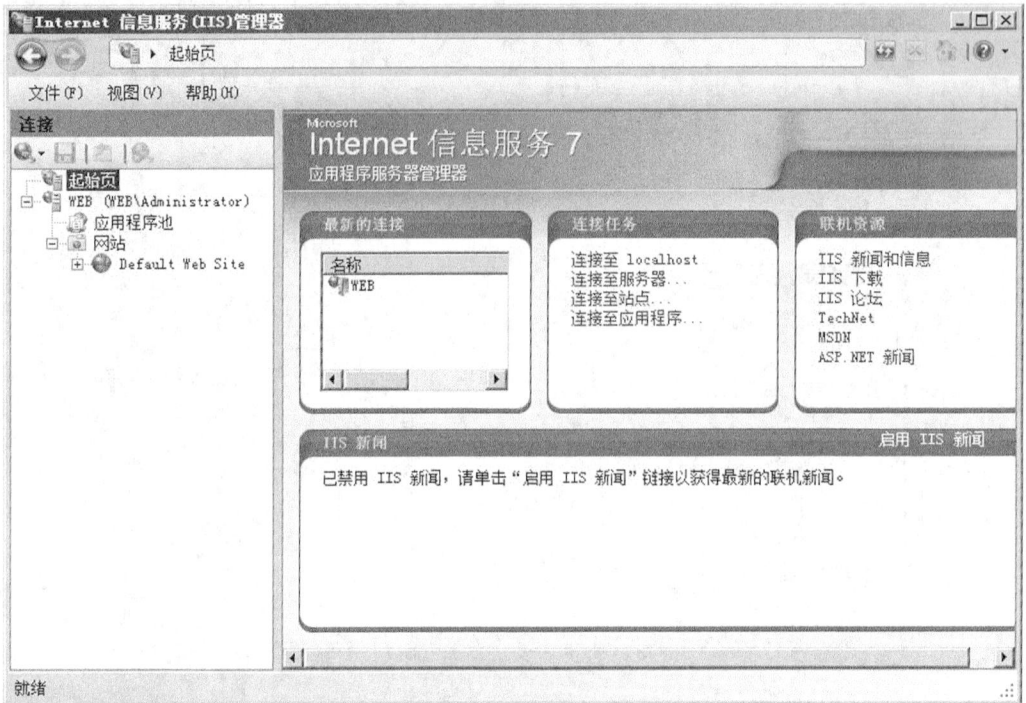

图7.54 "Internet信息服务（IIS）管理器"窗口

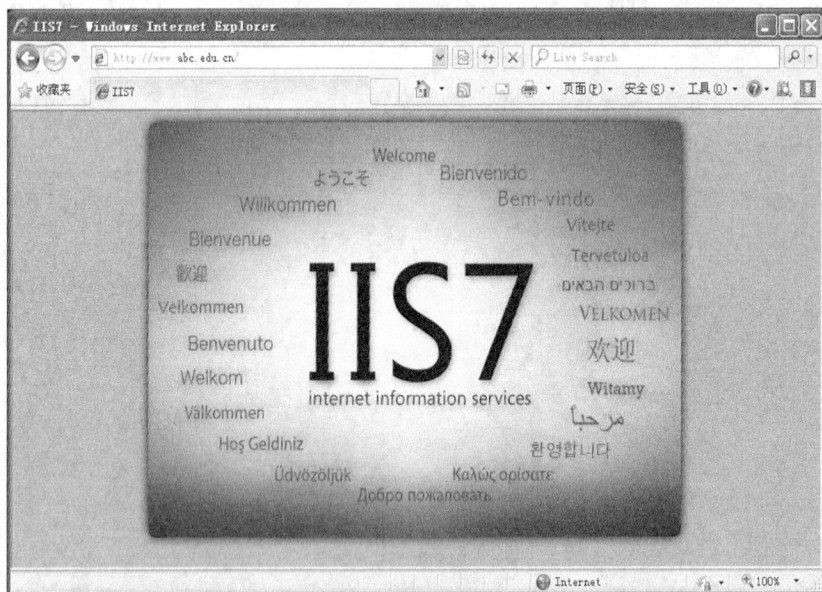

图7.55 IIS安装成功

2. IIS 的配置

IIS 配置的主要内容包括：更改网站标识，绑定 IP 地址、域名和端口号，设置网站发布主目录，设置网站的默认文档，设置主目录访问权限，设置网络限制，管理 Web 网络安全，创建 Web 网站虚拟目录等。

配置 IIS 的步骤如下。

（1）更改网站标识

① 打开"Internet 信息服务（IIS）管理器"窗口，右击"Default Web Site"节点，选择"重命名"命令，如图 7.56 所示。

② 在文本框中输入新的网站标识"ABC 学院主页"，按 Enter 键。

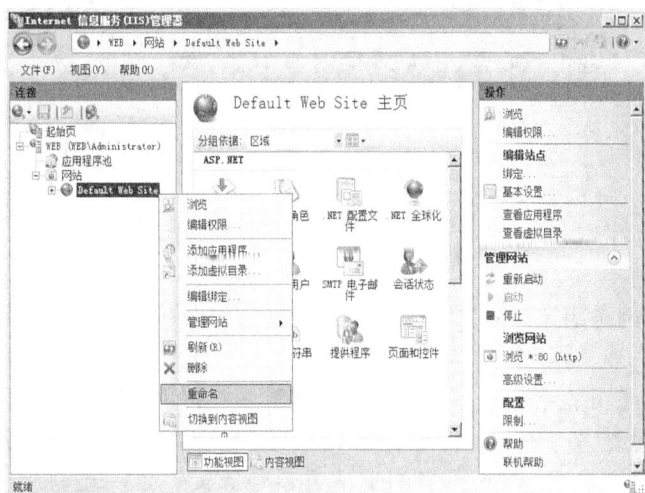

图7.56 选择"重命名"命令

（2）绑定 IP 地址、域名和端口号

只提供一个 Web 站点，意义不大，创建多个 Web 网站时，这 3 个参数必须修改一个以示区别，操作方法如下。

① 打开"Internet 信息服务（IIS）管理器"窗口，单击"操作"窗格中的"绑定"超链接，如图 7.57 所示。

图7.57 IIS管理器

② 在打开的"网站绑定"对话框中显示了该站点的主机名、绑定的 IP 地址和端口等信息，如图 7.58 所示。默认情况下，在列表中会显示一条信息，用户可以编辑该条目。若一个 Web 网站有多个域名或使用多个 IP 地址侦听，用户也可以单击"添加"按钮，添加一条新的绑定条目。

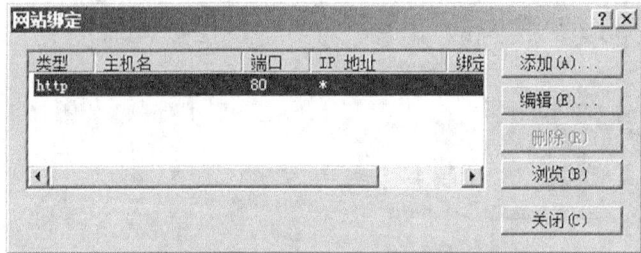

图7.58 "网站绑定"对话框

③ 打开"编辑网站绑定"对话框。在"编辑网站绑定"对话框中进行设置，如图 7.59 所示。

a. IP 地址：服务器可能会拥有多个 IP 地址，在默认情况下，用户可使用任何一个 IP 地址访问，仅使用一个 IP 地址访问 Web，指定一个 IP 地址，默认值为"全部未分配"。

b. 端口：在默认情况下，Web 服务的 TCP 端口号是 80，客户端直接使用 IP 地址或域名即可访问，当端口号更改后，客户端必须知道端口号才能连接到该 Web 服务器。

c. 主机名：在默认情况下，可以使用 IP 地址也可以使用域名，创建了多个 Web 站点，使用"主机名"来区别不同的站点。

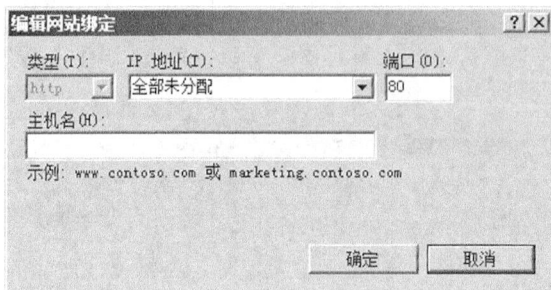

图7.59 "编辑网站绑定"对话框

（3）设置网站发布主目录

网站的根目录默认是文件夹"%Systemdrive%\Intepub\wwwroot"，也作为"Default Web Site"站点的主目录。可以将网站发布主目录保存设置在其他硬盘或非系统分区中，操作方法如下。

① 单击"操作"窗格中的"基本设置"超链接。

② 打开"编辑网站"对话框后，在"物理路径"区域中单击浏览按钮，如图 7.60 所示。

③ 在"浏览文件夹"对话框中选择一个合适的文件夹作为站点的主目录，如图 7.61 所示。

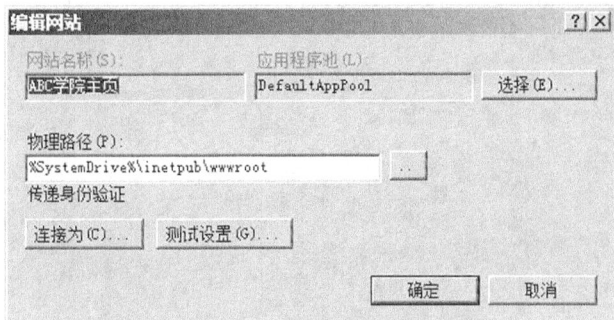

图7.60　"编辑网站"对话框

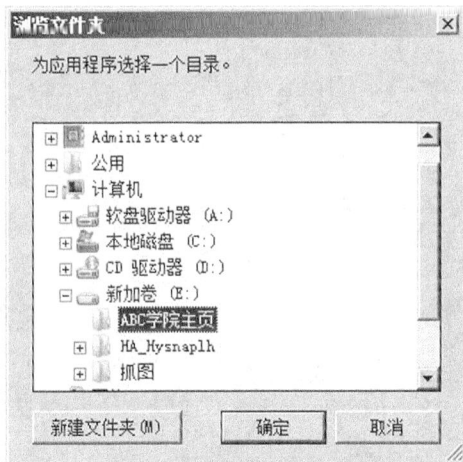

图7.61　"浏览文件夹"对话框

（4）设置网站的默认文档

Web 服务器会将默认文档回应给浏览器，最常用的主页名有：Default.htm、Default.asp、index.htm、index.html、iisstart.html 等，由上至下依次查找与之相对应的文件名，无法找到其中的任何一个，就会提示"Directory Listing Denied（目录列表被拒绝）"。设置网站的默认文档过程如下。

① 进入网站的设置主页，双击"默认文档"图标，如图 7.62 所示。

② 打开"默认文档"页后，通过"上移"和"下移"按钮调整各个默认文档的顺序，如图 7.63 所示。

③ 如果没有需要的文档，要用"添加"按钮添加文档，添加一个新的默认文档，如图 7.64 所示。单击"确定"按钮，设置默认内容文档。

由于刚刚安装的 IIS 7.0 不支持动态内容，所以出现了人们经常会问的问题："为什么我的服务器不能运行 ASP？"要想在 IIS 7.0 上运行程序，必须使用 IIS 7.0 的一种新特性，即 Web 服务扩展或 Web Service Extension（这个名字似乎意味着它与 XML Web 服务有某种关系，实际情况并非如此）。

图7.62 设置主页

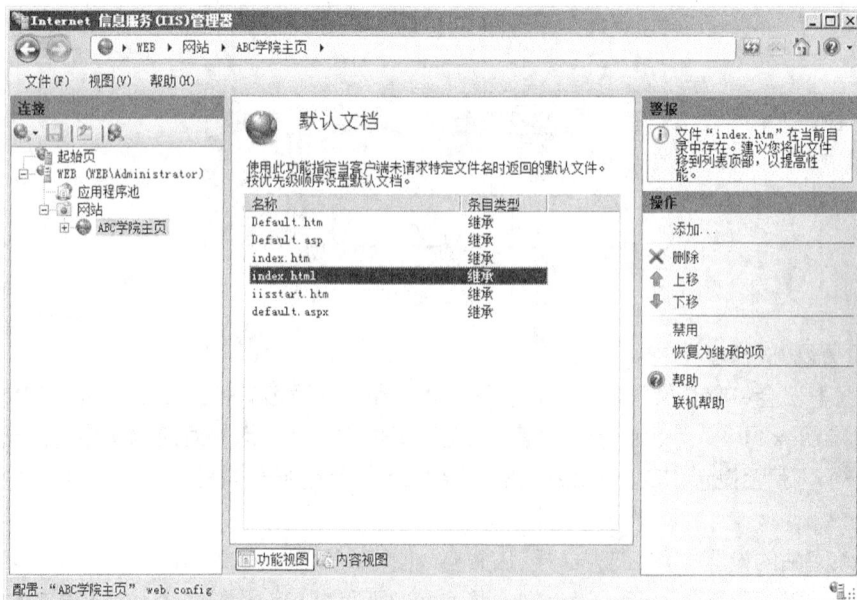

图7.63 调整默认文档的顺序

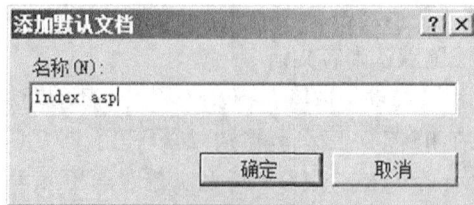

图7.64 "添加默认文档"对话框

（5）设置主目录访问权限

不允许用户具有写入权限的设置方法如下。

① 单击"操作"窗格中的"编辑权限"超链接。

② 打开 Web 主目录文件夹的"属性"对话框后，切换到"安全"选项卡，如图 7.65 所示。

③ 对于公开的 Web 站点来讲，采用匿名方式访问 Web 服务器，匿名账户为：IIS_IUSRS。单击"编辑"按钮，打开文件夹的"编辑权限"对话框后，添加匿名账户，如图 7.66 所示。

④ 将 Web 站点主目录的读取、执行、列出文件夹目录权限授予匿名账户，如图 7.67 所示。

⑤ 单击"确定"按钮保存设置。

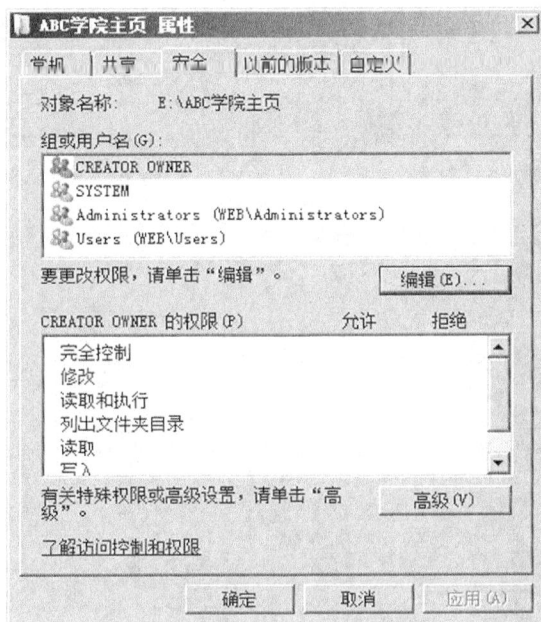

图7.65　"属性"对话框

（6）设置网络限制

设置网络限制目的是防止因并发连接的数量过多致使服务器死机，配置方法如下。

单击"操作"窗格中的"限制"超链接，在"编辑网站限制"对话框中进行设置，如图 7.68 所示。

① 限制带宽使用：控制 IIS 服务器向用户开放的网络带宽值。

② 连接限制：设置所允许的同地连接最大数量。

③ 连接超时：自动断开连接时间，默认 120 秒。

单击"确定"按钮，保存设置。

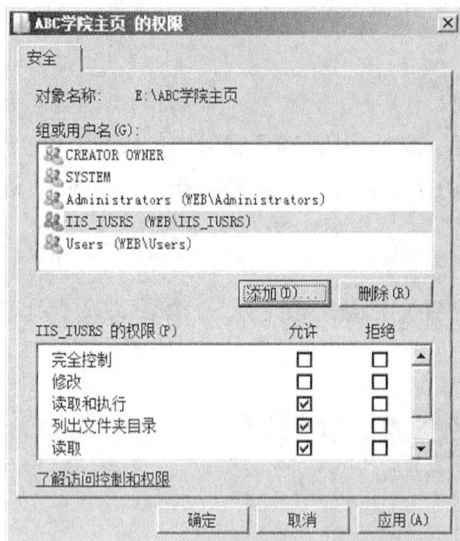

图7.66 "编辑权限"对话框

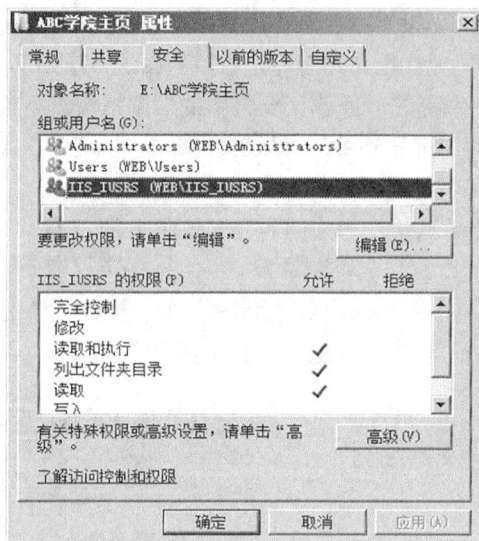

图7.67 "确定权限"对话框

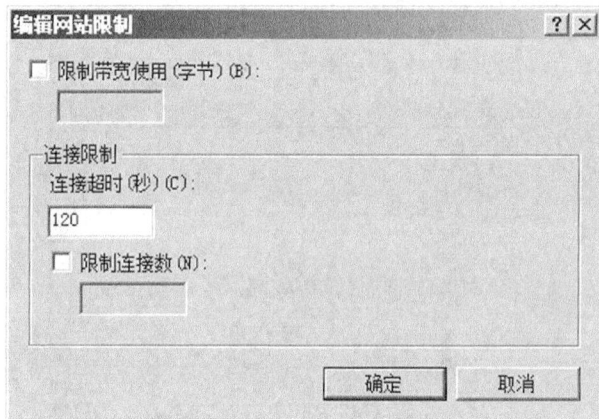

图7.68 "编辑网站限制"对话框

（7）管理 Web 网络安全

① 禁用匿名访问

Web 网站默认启用"匿名身份验证"，如果禁用匿名访问，进入网站的设置主页，双击"身份验证"图标，打开"身份验证"页后，在列表中选中"匿名身份验证"选项，然后在"操作"窗格中单击"禁用"按钮，如图 7.69 所示。

② 使用身份验证

有 3 种身份验证方式，在安装 Web 服务器（IIS）角色时，在"选择角色服务"对话框中选中欲安装的身份验证方式，如图 7.70 所示。

进入网站的设置主页，双击"身份验证"图标，打开"身份验证"页后，在列表中显示当前用户已经安装的身份验证方式，如图 7.71 所示。如果欲使用非匿名访问身份验证方式，则首先需禁用匿名身份验证方式，然后在列表中选择要使用的身份验证方式，并在右侧"操作"窗格中单击"启动"按钮，即可启动相应的身份验证方式，如图 7.72 所示。

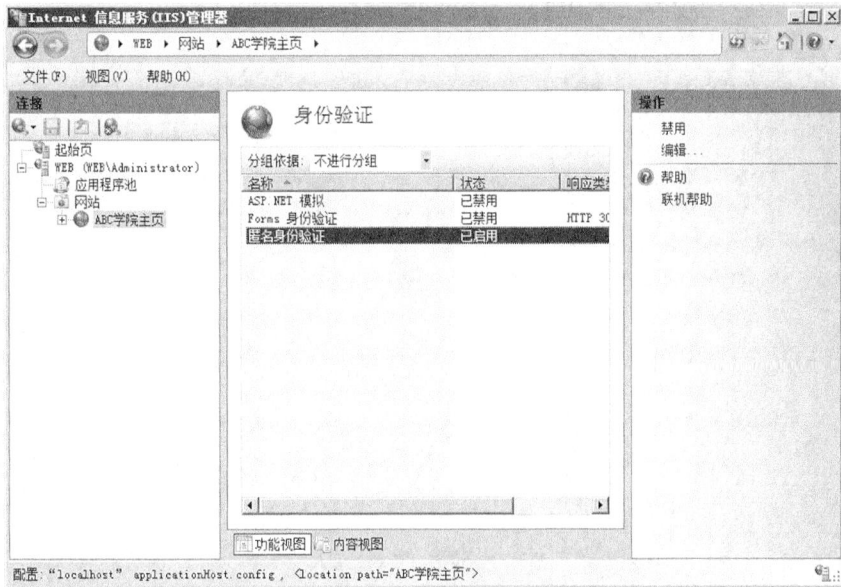

图7.69　设置匿名访问

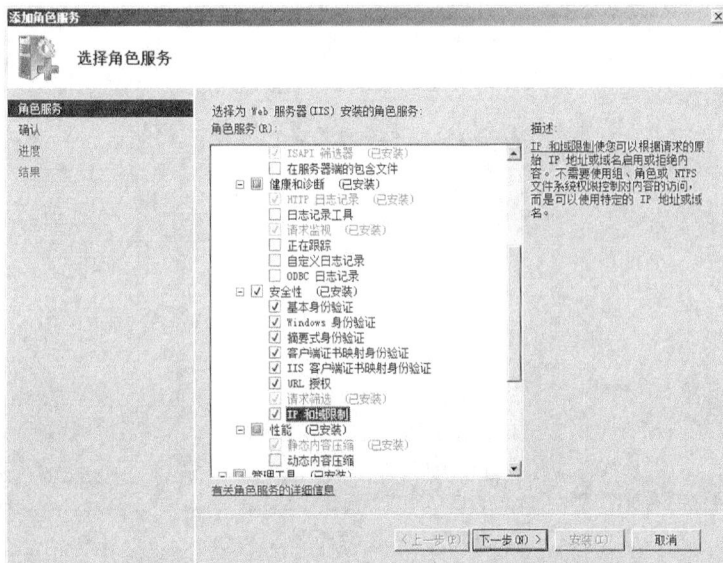

图7.70　"选择角色服务"对话框

图7.71 设置"身份验证"

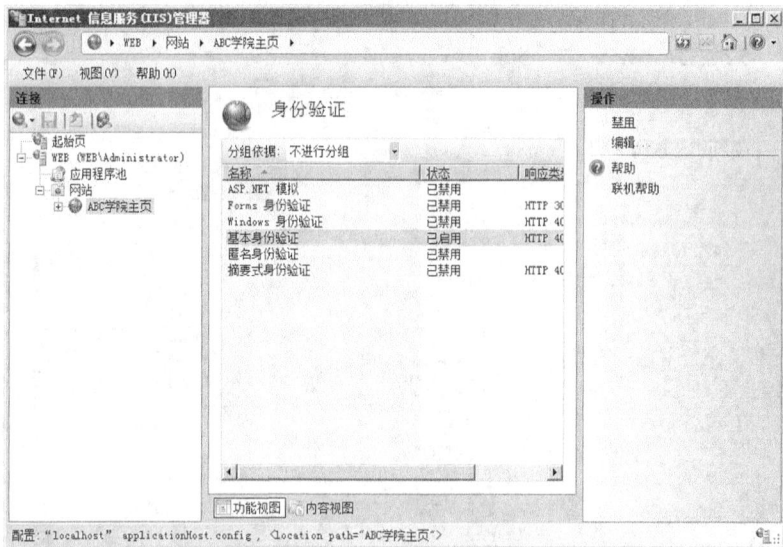

图7.72 启用"身份验证"

　　a. 基本身份验证：模仿一个本地用户登录到 Web 服务器，必须具有"本地登录"用户权限，是一种工业标准的验证方法，大多数浏览器支持，基本身份验证用户密码以未加密形式在网络上传输，相对不安全。

　　b. 摘要式身份验证：要求用户输入账号名称和密码，账号名称和密码都要经过 MD5 算法处理，并且 Web 服务器必须是 Windows 域的成员服务器。

　　c. Windows 身份验证：是一种较安全的验证形式，需要用户输入用户账户和密码，账户名和密码在通过网络发送前会经过散列处理，Windows 身份验证有两种，分别是 Kerberos V5 验证和 NTLM。

　　使用了基本身份验证，当客户端访问该网站时，就会打开身份验证对话框，要求用户输入合法的用户名及密码，如图 7.73 所示。

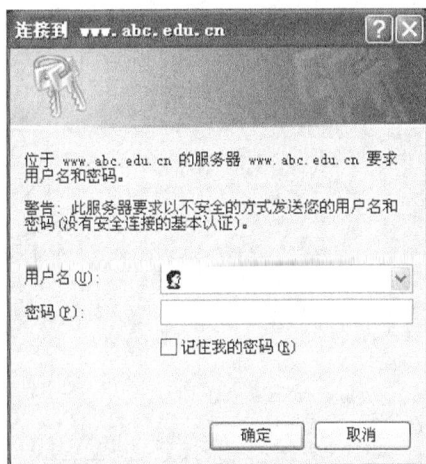

图7.73　客户端访问网站

如果验证通过即可打开网页，否则将返回错误页（错误代码为 401），如图 7.74 所示。

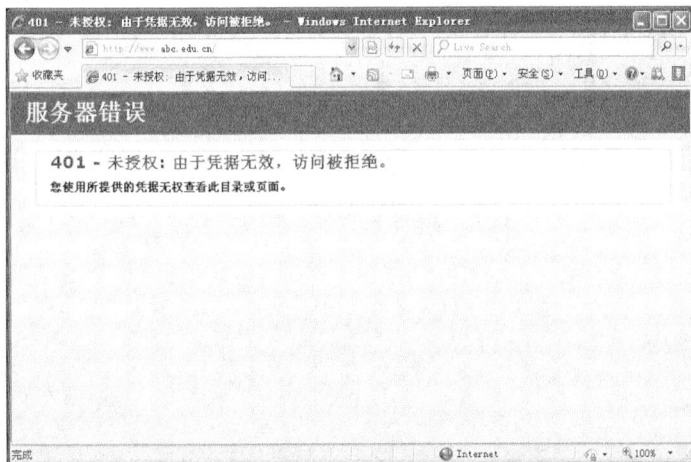

图7.74　访问网站

③ 通过 IP 地址限制保护网站

　　可以通过 IP 地址的访问来防止或允许某些特定的计算机、计算机组、域甚至整个网络访问 Web 站点。Windows Server 2008 默认不安装，如果要通过 IP 地址限制保护网站，在安装 Web 服务器（IIS）角色时，在"选择角色服务"对话框中选中"IP 和域限制"复选框，如图 7.75 所示。

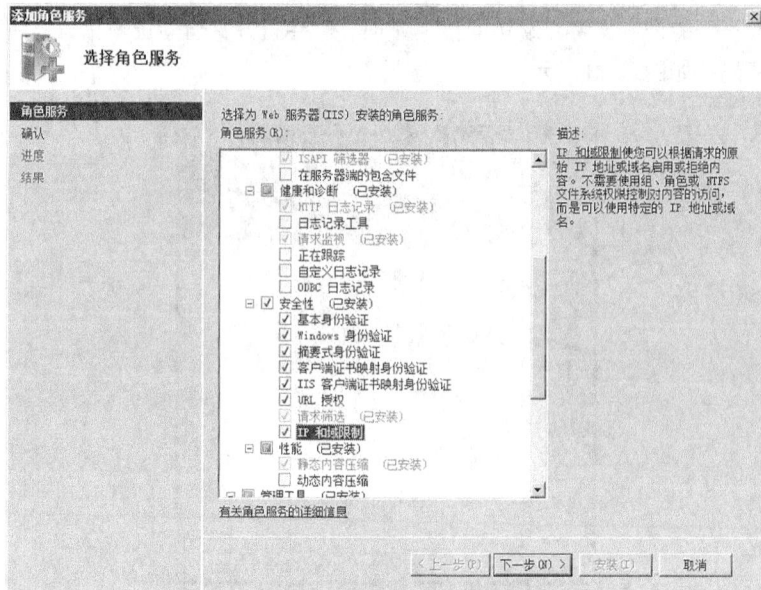

图7.75　"选择角色服务"对话框

进入网站的设置主页，双击"IPv4 地址和域限制"图标，如图 7.76 所示。

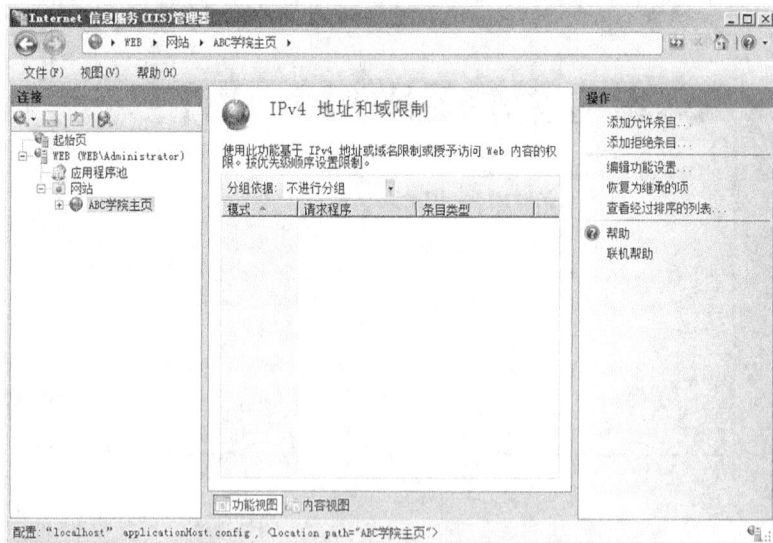

图7.76　设置"IPv4地址和域限制"

打开"IPv4 地址和域限制"页后，单击"添加允许条目"或"添加拒绝条目"按钮，在弹出的"添加允许限制规则"对话框中设置 IP 地址限制，如图 7.77 所示。

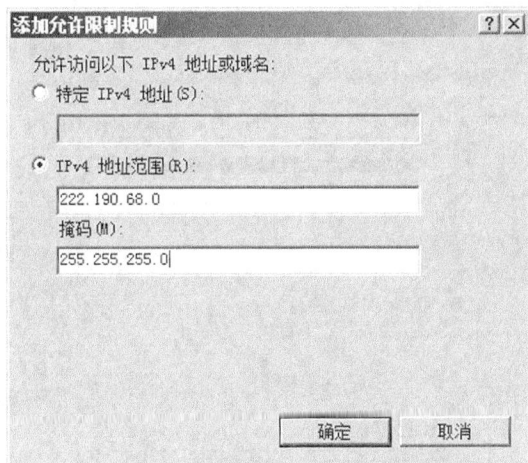

图7.77　"添加允许限制规则"对话框

用户还可以根据域名来限制要访问的计算机，如图 7.78 所示。

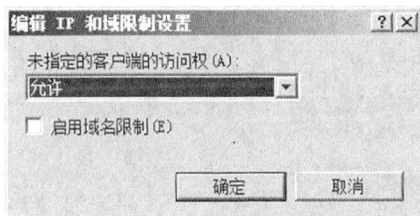

图7.78　"编辑 IP 和域限制设置"对话框

（8）创建 Web 网站虚拟目录

实际目录就是主目录下的子文件夹，可以作为小型网站的发布。而虚拟目录则是在主目录以外的其他文件夹中发布网页，且客户浏览器感觉不到虚拟目录，用一个别名（alias）作为目录实际位置的映射，要更改目录的 URL，需更改别名与目录实际位置的映射。

① 创建实际目录

单击"内容视图"超链接切换视图模式，此时在列表框中显示网站主目录下所有的文件和文件夹，单击"操作"窗格中的"浏览"超链接，打开网站的主目录，在该目录下创建一个文件夹，创建一个名称为 index.htm 的测试网页文件，刷新内容视图，就可在内容视图中看到刚创建的实际目录，打开浏览器，访问实际目录，如图 7.79 所示。

② 创建虚拟目录

创建一个新文件夹，将文件夹的读取、执行、列出文件夹目录权限都要授予 IIS_IUSRS 账户，在刚创建好的文件夹中创建一个名称为 index.htm 的文件，在网站的内容视图中，单击"添加虚拟目录"超链接。打开"添加虚拟目录"对话框后，设置"别名"和"物理路径"，如图 7.80 所示，添加虚拟目录。虚拟目录添加完成后，将在"内容视图"中显示新创建的虚拟目录，访问虚拟目录。

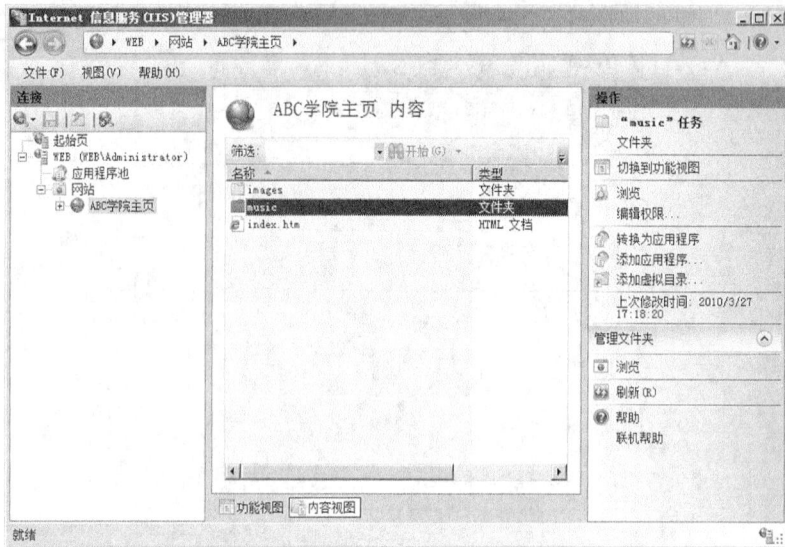

图7.79　创建实际目录

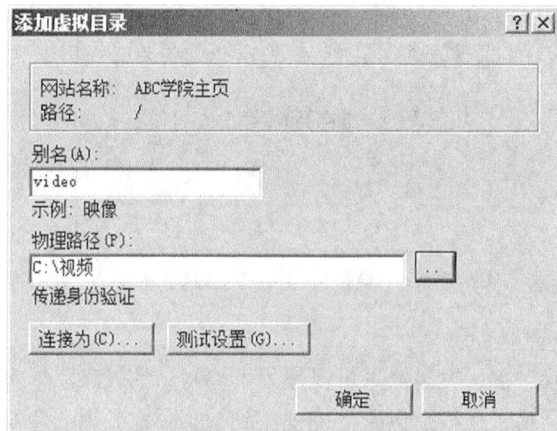

图7.80　"添加虚拟目录"对话框

选择相应的虚拟目录，单击"操作"窗格中的"高级设置"超链接，可以管理虚拟目录。

3. 在同一服务器上创建多个 Web 网站

架设多个不同的 Web 网站有以下 3 种方式。

（1）使用不同的 IP 地址在一台服务器上创建多个 Web 网站

① 为 Web 服务器的网卡绑定多个 IP 地址。

打开"Internet 协议（TCP/IP）属性"对话框，单击"高级"按钮，在"高级 TCP/IP 设置"对话框中单击"添加"按钮，为网卡再添加一个 IP 地址和子网掩码，如图 7.81 所示。

② 为站点创建 Web 发布主目录，并将它的读取、执行、列出文件夹目录权限授予 IIS_IUSRS 账户，为站点创建测试网页。在文件夹中创建一个 index.htm 文件，将其作为该 Web 网站的测试文件。

③ 设置已创建 Web 站点的 IP 地址绑定。

打开"Internet 信息服务（IIS）管理器"窗口，首先在"连接"窗格中的控制树中选中"网站"节点，单击"操作"窗格中的"添加网站"超链接，在"添加网站"对话框中，设置"网站名称""物理路径"和"IP 地址"，其他参数保持不变，完成两个站点的创建，如图 7.82 所示。

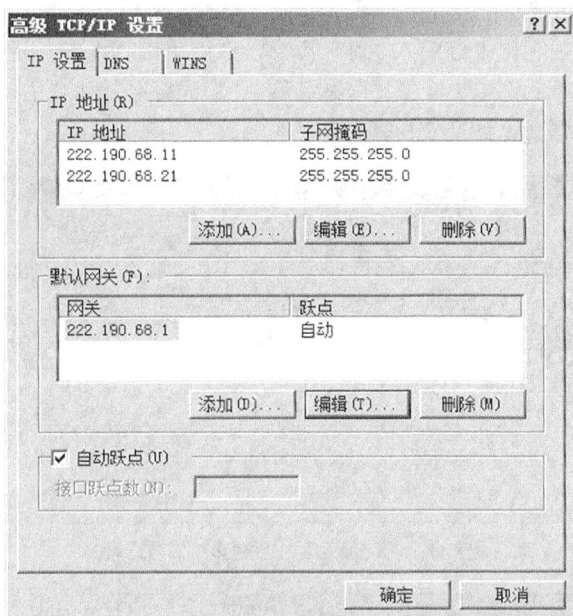

图7.81 绑定IP地址

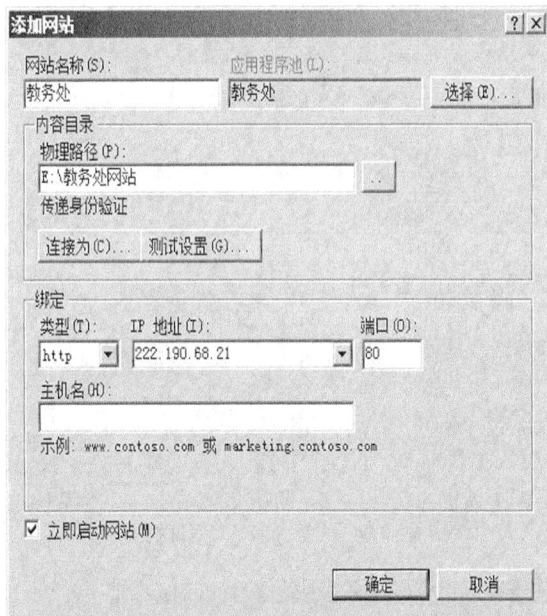

图7.82 "添加网站"对话框

（2）使用不同主机名在一台服务器上创建多个 Web 网站

① 在域名服务器中创建多条别名资源记录，并且都指向一台真实的 Web 服务器，如图 7.83 所示。

② 为站点创建 Web 发布主目录，并将它的读取、执行、列出文件夹目录权限授予 IIS_IUSRS 账户，在文件夹中创建一个 index.htm 文件，将其作为该 Web 网站的测试文件。

③设置已创建 Web 站点的主机名绑定，打开"Internet 信息服务（IIS）管理器"窗口，首先在"连接"窗格中的控制树中选中"网站"节点，然后单击"操作"窗格中的"添加网站"超链接，在"添加网站"对话框中，设置"网站名称""物理路径"和"主机名"，其他参数保持不变，即完成两个站点的创建，如图 7.84 所示。

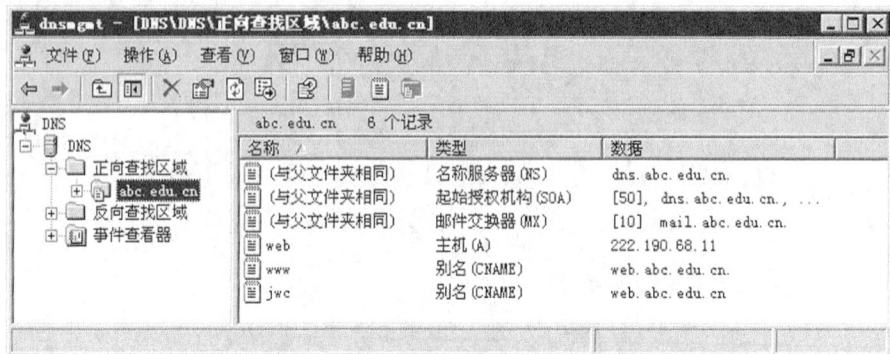

图7.83 DNS服务器中创建多个别名记录

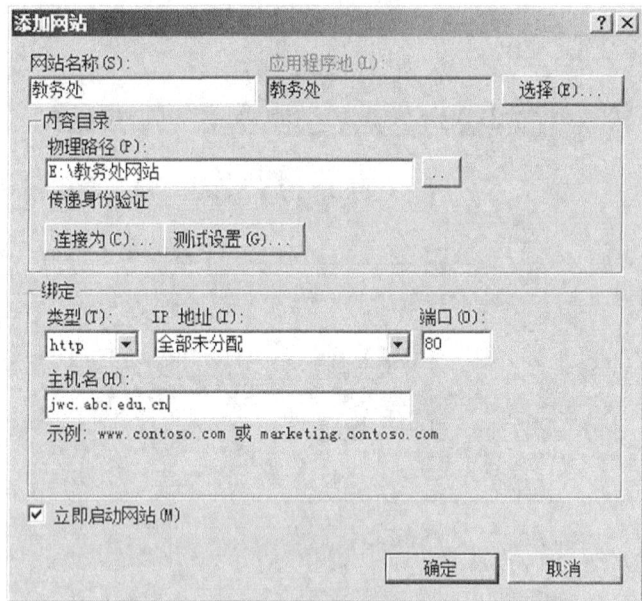

图7.84 "添加网站"对话框

（3）使用不同的端口号在一台服务器上创建多个 Web 网站

为站点创建 Web 发布主目录，并将它的读取、执行、列出文件夹目录权限授予 IIS_IUSRS 账户，在文件夹中创建一个 index.htm 文件，将其作为 Web 网站的测试文件；打开"Internet 信息服务（IIS）管理器"窗口，首先在"连接"窗格中的控制树中选中"网站"节点，单击"操作"窗格中"添加网站"超链接，在"添加网站"对话框中，设置"网站名称""物理路径"和"端口"，其他参数保持不变，完成不同端口创建不同网站，如图 7.85 所示。

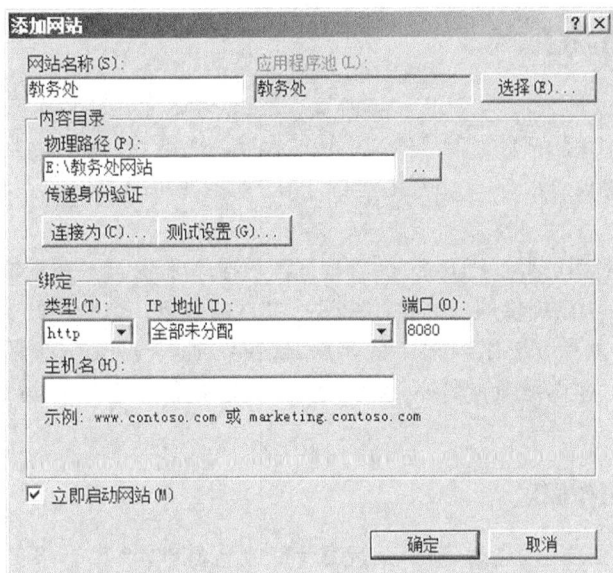

图7.85　"添加网站"对话框

7.3.3　IIS 7.0 的新特性

自 IIS 7.0 发布以来,它的某些新特性一直是人们关注和议论的焦点,IIS 服务器 7.0 的新特性主要体现在以下几个方面。

(1)模块化的网络核心允许用户增加和删除特定的功能。如果要使用服务统计构件,仅需几个模块(不包括 ISAPI)。

(2)一个统一标准的 HTTP 管道,它对应于本地管理方面的应用程序。用户可以对经典的 ASP 网页使用基于窗体的认证系统。

(3)用户可以建立自己的 IHttpModule 以及 IHttpHandlers,并且把它们插入到统一的管道。

(4)新款分布式的 XML 设置系统,它利用了 ASP.NET 的设置系统的优点。

(5)改善的诊断和问题解答机制,包括了新 Runtime 状态以及跟踪功能。

(6)新型可扩展,面向任务的管理员用户界面。

总而言之,IIS 服务器 7.0 将为 Web 管理员以及 Web 爱好者提供更加丰富,更加易用的管理工具。

在 IIS 服务器 7.0 中,无论是管理方面还是安全方面都得到了全新的设计,而从用户群的角度上讲,利用 IIS 服务器 7.0,个人用户可以更快、更简便地建立自己的站点,而企业用户则可以更加全面、更加安全地维护和管理自己的 Web 环境。

7.4　FTP 服务器

FTP 可以帮助用户在客户机与远程主机间进行文件传输。

7.4.1　FTP 服务器概述

FTP（File Transfer Protocol，文件传输协议）是 Internet 上用来传送文件的协议。它是为了能够在 Internet 上互相传送文件而制定的文件传送标准，规定了 Internet 上文件的传送方式。也就是说，通过 FTP 协议可以与 Internet 上的 FTP 服务器进行文件的上传（Upload）或下载（Download）等操作。

和其他 Internet 应用一样，FTP 也是依赖于客户程序/服务器关系的概念。在 Internet 上，有一些网站依照 FTP 协议提供服务，让用户进行文件的存取，这些网站就是 FTP 服务器。用户要连接到 FTP 服务器，就要用到 FPT 的客户端软件，通常 Windows 都有 ftp 命令，这实际是一个命令行的 FTP 客户程序，另外，常用的 FTP 客户程序还有 CuteFTP、Ws_FTP、FTP Explorer 等。

7.4.2　FTP 工作原理

以下载文件为例，当用户启动 FTP 从远程计算机上复制文件时，事实上启动了两个程序：一个是本地机上的 FTP 客户程序，它向 FTP 服务器提出复制文件的请求；另一个是启动在远程计算机上的 FTP 服务器程序，它响应用户的请求并把指定的文件传送到用户的计算机中。FTP 采用客户机/服务器方式，用户端要在自己的本地计算机上安装 FTP 客户端程序。FTP 客户程序有字符界面和图形界面两种。字符界面的 FTP 的命令复杂、繁多，图形界面的 FTP 客户程序，操作上要简捷方便得多。

要连上 FTP 服务器（即登录），必须要有该 FTP 服务器的账号。如果是该服务器主机的注册客户，用户会有一个 FTP 登录账号和密码，用这个账号和密码连接到该服务器。但 Internet 上有很大一部分 FTP 服务器被称为匿名（Anonymous）FTP 服务器。这类服务器用于向公众提供文件复制服务，因此不要求用户事先在该服务器进行登记注册。

Anonymous（匿名文件传输）能够使用户与远程主机建立连接，并以匿名身份从远程主机上复制文件，而不必是该远程主机的注册用户。用户使用特殊的用户名 anonymous 和 guest 即可有限制地访问远程主机上公开的文件。现在许多系统要求用户将 E-mai1 地址作为口令，以便更好地对访问进行跟踪。出于安全的目的，大部分匿名 FTP 主机一般只允许远程用户下载（download）文件，而不允许上传（upload）文件。也就是说，用户只能从匿名 FTP 主机复制需要的文件，而不能把文件复制到匿名 FTP 主机。另外，匿名 FTP 主机还采用了其他一些保护措施以保护自己的文件不至于被用户修改和删除，并防止计算机病毒的侵入。在具有图形用户界面的 WWW 环境于 1995 年开始普及以前，匿名 FTP 一直是 Internet 上获取信息资源的最主要方式。在 Internet 成千上万的匿名 FTP 主机中存储着无以计数的文件，这些文件包含了各种各样的信息、数据和软件。人们只要知道特定信息资源的主机地址，就可以用匿名 FTP 登录获取所需的信息资料。虽然目前 WWW 环境已取代匿名 FTP 成为最主要的信息查询方式，但是匿名 FTP 仍是 Internet 上传输分发软件的一种基本方法。

7.4.3　搭建 FTP 服务器

由于 FTP 依赖 Microsoft Internet 信息服务（IIS），因此计算机上必须安装 IIS 和 FTP 服务。在 Windows Server 2008 系统的安装过程中，IIS 是默认不安装的，在系统安装完毕后可以通过添加角色功能安装 IIS。

1. 安装 IIS 中的 FTP 角色

安装 IIS 和 FTP 服务，按照下列步骤操作。

打开"服务器管理器"，启动"添加角色向导"，在"选择服务器角色"对话框中选中"Web 服务器（IIS）"复选框。

在"选择角色服务"对话框中，勾选"FTP 服务器"复选框，如图 7.86 所示。打开"是否添加 FTP 发布服务所需的角色服务"对话框，单击"添加必需的角色服务"按钮。

在"确认安装选择"对话框中显示前面所进行的设置，确认正确后，单击"安装"按钮开始安装 FTP 角色服务。

在"安装进度"对话框中显示服务器角色的安装过程，在"安装结果"对话框中显示安装 FTP 角色服务已经成功安装。

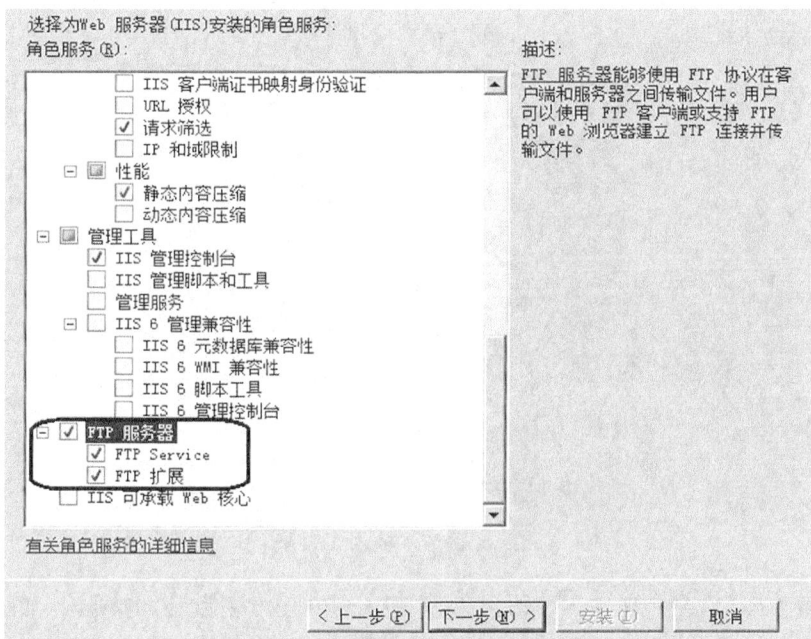

图7.86　"选择角色"对话框

完成 FTP 角色安装后，可以利用"服务器管理器"启动和停止 FTP 服务。

2. 配置 FTP 服务器

配置 FTP 服务器要求配置静态 IP 地址（如 192.168.1.100），并为其注册一个域名（可选）。

（1）打开"Internet 信息服务（IIS）管理器"窗口，右击"Default FTP Site"节点，如图 7.87 所示，选择"属性"命令，打开 FTP 站点的"属性"对话框后，切换到"FTP 站点"选项卡，如图 7.88 所示。

① 设置 FTP 站点标识（FTP 服务器名称）、IP 地址（使 FTP 客户端只能利用设置的这个 IP 地址来访问该 FTP 站点）、TCP 端口（默认的端口号为 21）。

② 设置 FTP 站点连接限制。

不受限制：同时发生的连接数不受任何限制。

连接数限制为：限制允许同时发生的连接数为某一个特定值。

连接超时（秒）：当某条 FTP 连接在一段时间内没有反应时，服务器就自动断开该连接，默认为 120 秒。

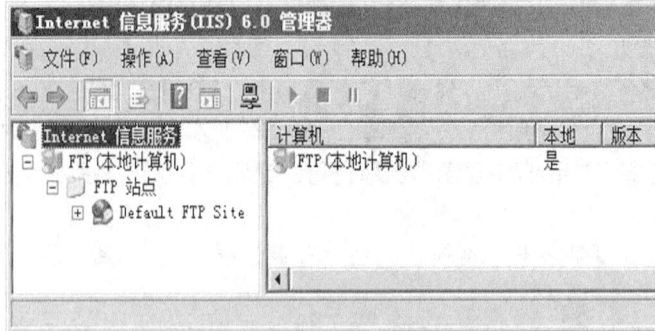

图7.87　IIS管理器

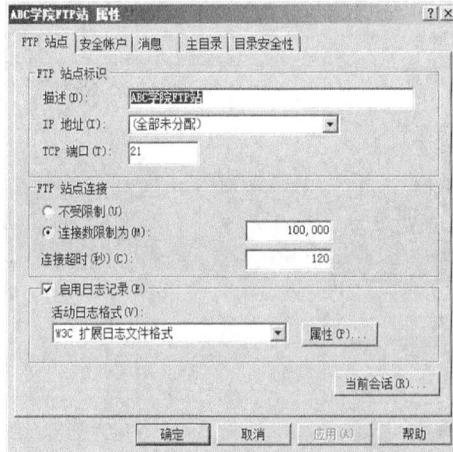

图7.88　FTP站点"属性"对话框

（2）设置主目录。在 FTP 站点"属性"对话框中，切换到"主目录"选项卡，如图 7.89 所示。

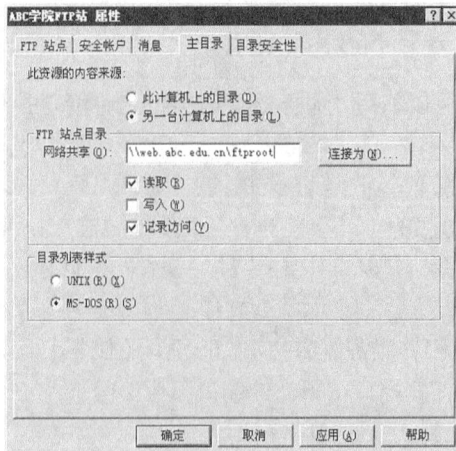

图7.89　FTP站点属性"主目录"

设置主目录位置：此计算机上的目录或另一台计算机上的目录。

设置 FTP 访问权限：读取（用户可以读取主目录的文件）、写入（用户可将在主目录中添加、删除和更改文件）、记录访问（将连接到 FTP 站点的行为记录到日志文件中）。

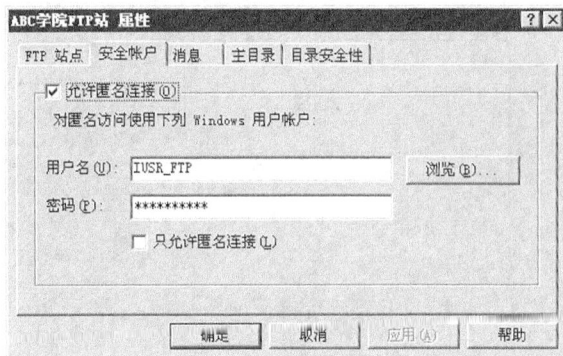

图7.90　FTP站点属性"安全账户"

（3）设置安全账户。在 FTP 站点"属性"对话框中，切换到"安全账户"选项卡，如图 7.90 所示。有两种验证方式：匿名（Anonymous）FTP 验证和基本 FTP 验证（用正式的用户账户和密码登录）。

（4）设置消息。打开 FTP 站点的"属性"对话框，切换到"消息"选项卡，能够设置访问 FTP 站点的消息，如图 7.91 所示。

横幅：用户访问 FTP 站点时，首先看到的文字，用来介绍 FTP 站点的名称和用途。

欢迎：用户登录成功后，看到的欢迎词。

退出：用户退出时，看到的欢送词。

最大连接数：当用户连接超过最大连接时的错误提示。

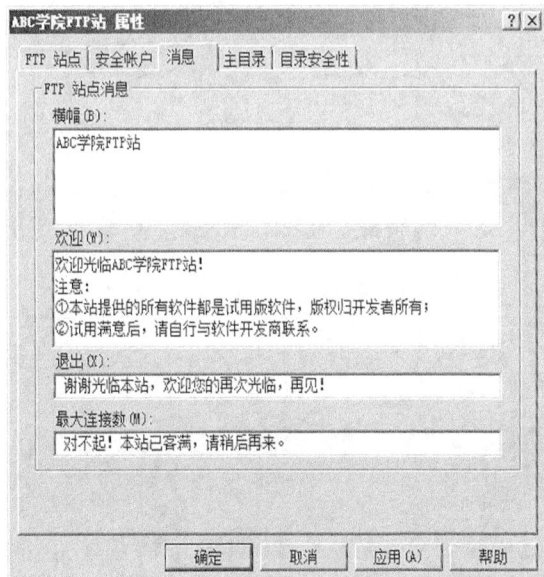

图7.91　FTP站点属性"消息"

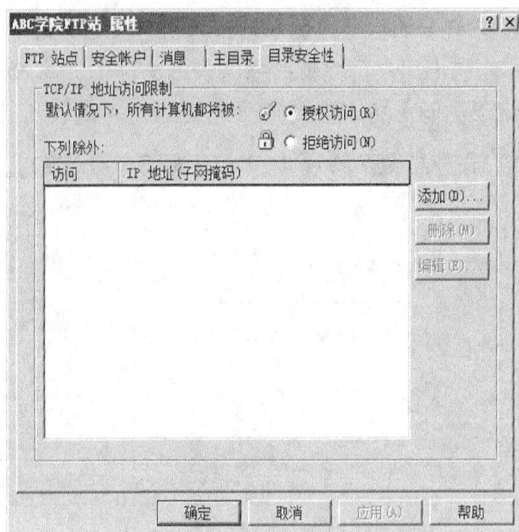

图7.92　FTP站点属性"目录安全性"

（5）设置目录安全性。在 FTP 站点"属性"对话框中，切换到"目录安全性"选项卡，设置目录安全性，如图 7.92 所示。有如下两种限制方式。

① 授权访问：用于给 FTP 服务器加入"黑名单"。

② 拒绝访问：除列表中的 IP 地址的主机能访问外，其他所有主机都不能访问该 FTP 站点，主要用于内部的 FTP，以防止外部主机访问该 FTP 站点。

完成 FTP 站点的配置后，在已组成局域网的客户端（如 Windows 7）浏览器输入 ftp://192.168.1.100，测试 FTP 服务器站点，如图 7.93 所示。如果用"Windows 资源管理器"查看 FTP 服务器站点，如图 7.94 所示。如果本机设定了 DNS 服务，也可用域名来访问 FTP 文件夹。

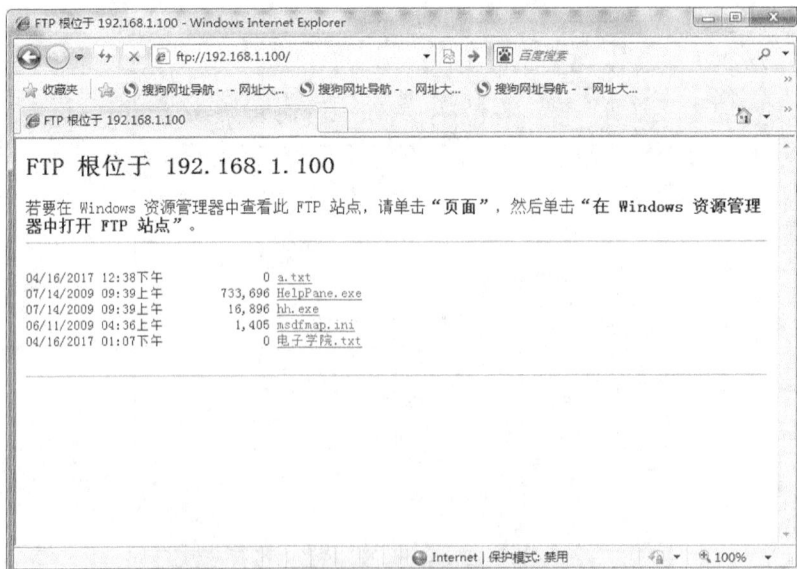

图7.93　客户端（Windows 7）浏览器访问FTP服务器站点

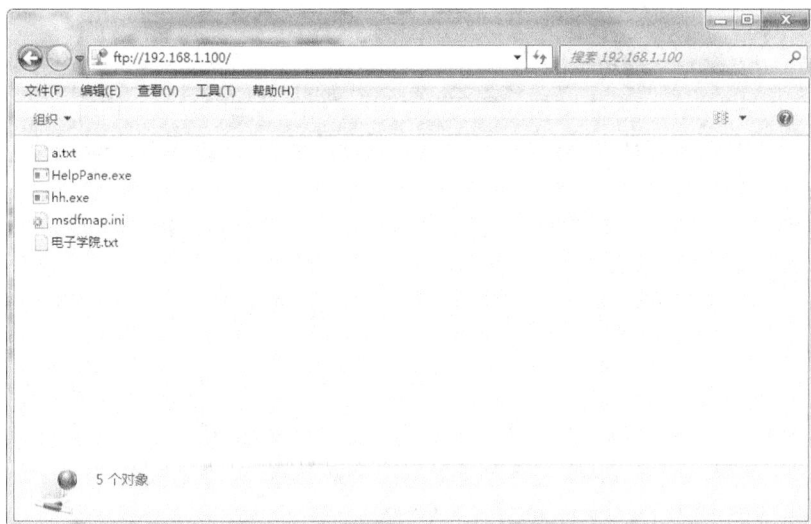

图7.94　"Windows资源管理器"查看FTP服务器站点

本章小结

　　本章主要介绍了 Windows Server 2008 网络操作系统中几个常用服务器 DNS、DHCP、IIS、FTP 的概念、原理、安装、配置与管理等。

　　DNS（域名服务器）是一种分布式的、静态层次的、C/S 模式的数据库管理系统，提供了域名地址与 IP 地址的转换服务，包括两种查询：正向查询将域名解析成 IP 地址，反向查询则将 IP 地址解析成域名；DHCP 服务器为网络客户机分配动态的 IP 地址，通过在 DHCP 服务器与客户端两次握手实现 IP 租约的提供；IIS 7.0 为用户提供了一个集成性、稳定性、扩展性、安全及可管理性的 Internet 服务器平台，可为用户创建和管理 Web 和 FTP 站点；Web 服务是 Internet 上实现信息资源共享的最广泛应用，而使用 FTP 服务是在 Internet 上传输文件最有效的方法之一。

实训　Web 服务器的配置

1．实训目的
（1）Internet 信息服务及安装方法。
（2）掌握虚拟目录的概念及设置。
（3）掌握 Web 站点的创建及属性设置。
（4）测试 Web 站点。

2．实训环境
　　安装好 Windows Server 的服务器（IP 地址为 172.168.0.121）与一台安装好 Windows 7 的客户机组成的局域网。

3．实训步骤

（1）安装 Internet 信息服务（IIS）。

① "服务器管理器"→单击"添加角色"，打开"添加角色向导"对话框。

② 选择"Internet 信息服务（IIS）"→单击"详细信息"→选择要安装的服务→"确定"。

（2）通过 IE 访问默认的 Web 站点。

在已安装好 IIS 服务的计算机中打开浏览器 IE，在地址栏中输入 http://localhost 或 http://计算机名，即可浏览默认的 Web 站点。

（3）将 D:\jsj 文件夹设置名为"PowerPoint"的 Web 站点，其 IP 地址为 172.168.0.121，端口号为 8080。

① "服务器按理器"→"Internet 信息服务"，打开"Internet 信息服务器窗口"。

② 在"Internet 信息服务（IIS）管理器"窗口中右击服务器节点，在快捷菜单中选择"新建"→"Web 站点"→进入 Web 站点创建向导，设置 Web 站点说明为"PowerPoint"，设置 Web 站点的 IP 地址 172.168.0.121 和端口号 8080，设置 Web 站点主目录的路径 D:\jsj，设置主目录的访问权限。

（4）通过 http://172.168.0.121:8080 来访问该 Web 站点。

在服务器或任何一台工作站上打开浏览器，在地址栏中输入 http://172.168.0.121:8080，即可浏览该 Web 站点。

（5）创建了一个别名为 asp 的虚拟目录，其对应的路径为 D:\asp。

① 右击"Internet 信息服务器"窗口中的"默认 Web 站点"，在快捷菜单中选择"新建"→"虚拟目录"，单击"下一步"按钮，在"别名"文本框中输入"asp"。

② "下一步"→输入或选择目录路径"D:\asp"。

③ "下一步"→勾选"读取"和"运行脚本"复选框。

④ "下一步"，完成虚拟目录创建。

提示：设置 Web 共享属性可快速创建虚拟目录。方法：资源管理器中右击"asp"文件夹，选择"属性"选项，单击"Web 共享"选项卡，选中"共享这个文件夹"单选按钮，打开"编辑别名"对话框，在文本框中输入别名"asp"，单击"确定"按钮。

（6）启动、停止和暂停 Web 服务。

① "开始"→"程序"→"管理工具"→"Internet 服务管理器"，打开"Internet 信息服务管理器"窗口，展开"Internet 信息服务"节点和服务器节点。

② 右键单击默认的 Web 站点，选择相应命令。

4．实训思考

如何配置 DNS 服务器实现在客户端用域名访问 Web 站点？

习 题

1. 选择题

（1）当 DHCP 客户计算机第一次启动或初始化 IP 时，将（　　　）消息广播发送给本地子网。

A. DHCPDISCOVER
B. DHCPREQUEST
C. DHCPOFFER
D. DHCPPACK

（2）Internet 信息服务不包含（　　）服务。

A. WWW 服务
B. FTP 服务
C. SMTP 服务
D. DNS 服务

（3）DHCP 作用域创建后，其作用域文件夹有四个子文件夹，其中存放可供分配的 IP 地址的是（　　）文件夹。

A. 地址租约
B. 地址池
C. 保留
D. 作用域选项

（4）设置 DNS 服务器要经过以下四个环节，正确的顺序是（　　）。

①安装 DNS 服务②配置 DNS 服务器③创建区域④添加资源记录

A. ①②③④
B. ①③②④
C. ④①②③
D. ④③①②

2. 简答题

（1）DNS 是怎样运作的？

（2）为什么要对 IP 进行动态管理？

（3）简述 DHCP 的工作原理。

（4）如何新建与配置 Web 服务器？

（5）在一台主机上如何建立多个 Web 站点？

（6）说明站点、虚拟目录、C:\intpub\wwwroot 三者的关系和区别。

（7）在一台主机上如何建立多个 FTP 站点？

8 Chapter

第 8 章
网络安全

学习目标
- 了解网络安全基本知识
- 掌握计算机病毒的基本知识
- 理解计算机病毒的原理和木马原理
- 掌握防火墙技术
- 掌握数字加密和数字签名原理

网络安全是指网络系统的硬件、软件及其系统中的数据受到保护，不因偶然的或者恶意的原因而遭到破坏、更改、泄露，系统连续可靠正常地运行，网络服务不中断。

8.1　网络安全概述

随着计算机技术的日新月异，互联网正在以令人惊讶的速度改变着人们的生活，从政府到商业再到个人，互联网的应用无处不在，如政府部门信息系统、电子商务、网络炒股、网上银行、网上购物等。Internet 所具有的开放性、国际性和自由性在增加应用自由度的同时，也带来了许多信息安全隐患，如何保护政府、企业和个人的信息不受他人的入侵，更好地增加互联网的安全性，是一个亟待解决的重大问题。

8.1.1　网络安全隐患

由于在互联网设计初期很少考虑到网络安全方面的问题，所以实现的互联网存在着许多安全隐患，可能被人利用。安全隐患主要有以下几种。

1．黑客入侵

这里的黑客（hacker）一般指一些恶意（一般是非法地）试图破解或破坏某个程序、系统及网络安全的人。黑客入侵其他人的计算机的目的一般是获取利益或证明自己的能力，他们利用自己在计算机方面的特殊才能对网络安全造成了极大的破坏。

2．计算机病毒的攻击

计算机病毒是对网络安全最严重的威胁。计算机病毒的种类很多，通过网络传播的速度非常快，普通家用 PC 基本都被病毒入侵过。

3．陷阱和特洛伊木马

陷阱和特洛伊木马通过替换系统的合法程序，或者在合法程序中插入恶意源代码以实现非授权进程，从而达到某种特定目的。

4．来自内部人员的攻击

内部人员攻击主要是指在信息安全处理系统范围内或对信息安全处理系统有直接访问权限的人对网络的攻击。

5．修改或删除关键信息

通过对原始内容进行一定的修改或删除，从而达到某种破坏网络安全的目的。

6．拒绝服务

当一个授权实体不能获得应有的对网络资源的访问或紧急操作被延迟时，就发生了拒绝服务。

7．人为地破坏网络设施，造成网络瘫痪

人为地从物理上对网络设施进行破坏，使网络不能正常运行。

8.1.2　网络攻击

在攻击网络之前，入侵者首先要寻找网络中存在的漏洞，漏洞主要存在于操作系统和计算机网络数据库管理系统中，找到漏洞后入侵者就会发起攻击。这里的攻击是指一个网络可能受到破坏的所有行为。攻击的范围从服务器到网络互联设备，再到特定主机，方式有使其无法实现应有

的功能、完全破坏、完全控制等。

网络攻击从攻击行为上可分为以下两类。

（1）被动攻击：攻击者简单地监视所有信息流以获得某些秘密。这种攻击可以基于网络或者基于系统。这种攻击是最难被检测到的，对付这类攻击的重点是预防，主要手段是数据加密。

（2）主动攻击：攻击者试图突破网络的安全防线。这种攻击涉及网络传输数据的修改或创建错误数据信息，主要攻击形式有假冒、重放、欺骗、消息篡改、拒绝服务等。这类攻击无法预防，但容易检测，所以对付这类攻击的重点是检测，而不是预防，主要手段有防火墙、入侵检测系统等。

8.1.3 网络基本安全技术

针对目前网络的安全形势，实现网络安全的基本措施主要有防火墙、数字加密、数字签名、身份认证等，这些措施在一定程度上增强了网络的安全性。

（1）防火墙：设置在被保护的内部网络和有危险性的外部网络之间的一道屏障，系统管理员按照一定的规则控制数据包在内外网之间的进出。

（2）数字加密：通过对传输的信息进行一定的重新组合，而使只有通信双方才能识别原有信息的一种手段。

（3）数字签名：可以被用来证明数据的真实发送者，而且，当数字签名用在存储的数据或程序时，可以用来验证其完整性。

（4）身份认证：用多种方式来验证用户的合法性，如密码技术、指纹识别、智能 IC 卡、网银 U 盾等。

8.2 计算机病毒与木马

计算机病毒是网络环境中破坏计算机功能或数据的第一杀手,其中木马则是一种典型的计算机病毒。

8.2.1 计算机病毒的基本知识

计算机病毒是指编写或者在计算机程序中插入的破坏计算机功能或者数据,影响计算机使用并且能够自我复制的一组计算机指令或者程序代码。它能够通过某种途径潜伏在计算机存储介质（或程序）中,当达到某种条件时即被激活,具有对计算机资源进行破坏的作用。只要计算机接入互联网或插入移动存储设备,就有可能中计算机病毒。

1. 计算机病毒的特点

（1）寄生性：计算机病毒寄生在其他程序或指令中,当执行这个程序或指令时,病毒会起破坏作用,而在未启动这个程序或指令之前,它是不易被人发觉的。

（2）传染性：计算机病毒不但本身具有破坏性,还具有传染性,一旦病毒被复制或产生变种,其速度之快令人难以预防。

（3）隐蔽性：计算机病毒具有很强的隐蔽性,有的可以通过杀毒软件查出来,有的根本查不出来,有的则时隐时现、变化无常,这类病毒处理起来通常很困难。

（4）潜伏性：病毒入侵后，一般不会立即发作，需要等待一段时间，只有在满足其特定条件时病毒才启动其表现模块，显示发作信息或对系统进行破坏。可以分为利用系统时钟提供的时间作为触发器和利用病毒体自带的计数器作为触发器两种。

（5）破坏性：计算机中毒后，凡是利用软件手段能触及计算机资源的地方均可能遭到计算机病毒的破坏。其表现为：占用 CPU 系统开销，从而造成进程堵塞；对数据或文件进行破坏；打乱屏幕的显示；无法正常启动系统等。

2. 计算机病毒的分类

综合病毒本身的技术特点、攻击目标、传播方式等各个方面，一般情况下，可将病毒大致分为：传统病毒、宏病毒、恶意脚本、木马程序、黑客程序、蠕虫程序、破坏性程序。

（1）传统病毒：能够感染的程序。通过改变文件或者其他设置进行传播，通常包括感染可执行文件的文件型病毒和感染引导扇区的引导型病毒，如 CIH 病毒。

（2）宏病毒（macro）：利用 Word、Excel 等的宏脚本功能进行传播的病毒，如著名的梅丽莎（macro. melissa）。

（3）恶意脚本（script）：进行破坏的脚本程序，包括 HTML 脚本、批处理脚本、Visual Basic 和 JavaScript 脚本等，如欢乐时光（VBS. Happytime）。

（4）木马（trojan）程序：当病毒程序被激活或启动后用户无法终止其运行。广义上说，所有的网络服务程序都是木马，判定是否是木马病毒的标准无法确定。通常的标准是在用户不知情的情况下安装，隐藏在后台，服务器端一般没有界面无法配置，如 QQ 盗号木马。

（5）黑客（hack）程序：利用网络攻击其他计算机的网络工具，被运行或激活后就像其他正常程序一样提供界面。黑客程序用来攻击和破坏别人的计算机，对使用者自己的机器没有损害。

（6）蠕虫（worm）程序：蠕虫病毒是一种可以利用操作系统的漏洞、电子邮件、P2P 软件等自动传播自身的病毒，如冲击波。

（7）破坏性程序（harm）：病毒启动后，破坏用户的计算机系统，如删除文件、格式化硬盘等。常见的是 bat 文件，也有一些是可执行文件，还有一部分是和恶意网页结合使用。

8.2.2 计算机病毒工作原理

1. 程序型病毒工作原理

程序型病毒通过网络、U 盘和光盘等为载体传播，主要感染.exe 和.dll 等可执行文件和动态连接库文件，当染毒文件被运行，病毒就进入内存，并获取了内存控制权，开始感染所有之后运行的文件。例如运行了 Word.exe，则该文件被感染，病毒把自己复制一份，加在 Word.EXE 文件的后面，会使该文件长度增加 1 到几个 KB。随着时间的推移病毒会继续感染下面运行的程序，周而复始，时间越长，染毒文件越多。到了一定时间，病毒开始发作（根据病毒作者定义的条件，有的是时间，如 CIH，有的是感染规模等），执行病毒作者定义的操作，如无限复制，占用系统资源、删除文件、将自己向网络传播甚至格式化磁盘等。

2. 引导型病毒工作原理

引导型病毒感染的不是文件，而是磁盘引导区，它把自己写入引导区，这样，只要磁盘被读写，病毒就首先被读取入内存。当计算机启动时病毒会随计算机系统一起启动（这点和 QQ 开机启动原理差不多），接下来，病毒获得系统控制权，改写操作系统文件，隐藏自己，让后启动的杀毒软件难以找到自己，这样引导型病毒就可以根据自己的病毒特性进行相应操作。

8.2.3　木马原理

木马的全称是特洛伊木马，是一种恶意程序。它悄悄地在宿主机器上运行，可在用户毫无察觉的情况下，让攻击者获得远程访问和控制用户计算机的权限。

特洛伊木马有一些明显的特点。它的安装和操作都是在隐蔽中完成的，用户无法察觉。攻击者常把特洛伊木马隐藏在一些小软件或游戏中，诱使用户在自己的计算机上运行。最常见的情况是，用户从不正规的网站下载和运行了带恶意代码的软件、游戏，或者不小心点击了带恶意代码的邮件附件。

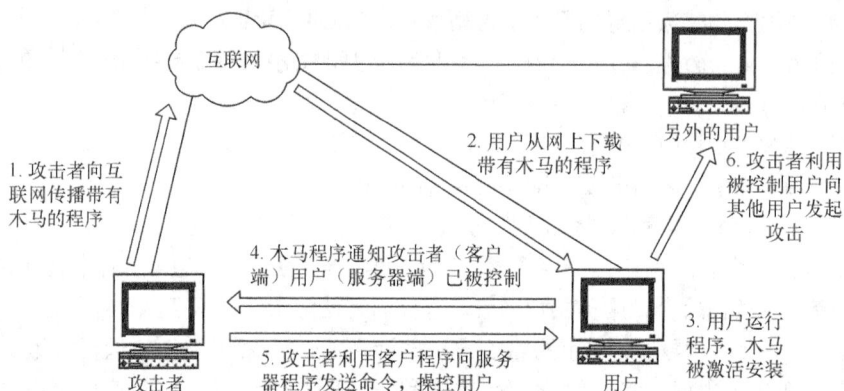

图8.1　木马攻击原理

大部分木马包括客户端和服务器端两个部分。攻击者利用一种称为绑定程序的工具将木马服务器部分绑定到某个合法软件上，只要用户一运行该软件，特洛伊木马的服务器部分就会在用户毫无察觉的情况下完成安装。当服务器端程序在被感染的机器上成功运行以后，会通知客户端用户已被控制，攻击者就可以利用客户端与服务器端建立连接（这种连接大部分是 TCP 连接，少量木马用 UDP 连接）。攻击者利用客户端程序向服务器程序发送命令，并进一步控制被感染的计算机。被感染的计算机又可以作为攻击端，对网络中的其他计算机发起攻击。此过程如图8.1 所示。

因为客户端和服务器端可以通过程序设计实现不同的功能，网络上的木马程序有很多种，比较著名的有"冰河""灰鸽子""QQ 盗号木马"等。

8.2.4　常见 autorun.inf 文件

autorun.inf 文件本身并不是一个病毒文件，它可以实现双击盘符自动运行某个程序的功能，但是很多病毒利用这个文件的特点，自动运行一些病毒程序。当硬盘或 U 盘在双击时弹出图 8.2 所示的对话框，计算机很可能已经中毒。

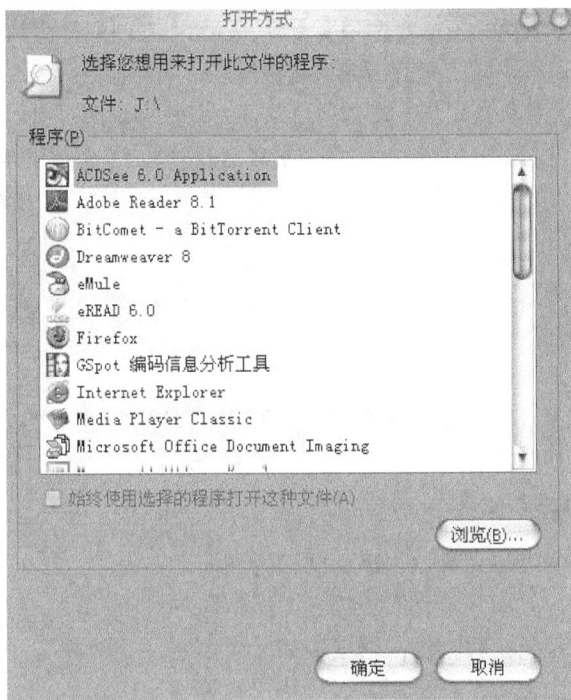

图8.2　打开方式

之所以打不开硬盘或 U 盘，都是因为 autorun.inf 文件。下面介绍一下叫作 icnskem.exe 的病毒的 autorun.inf 文件，如图 8.3 所示。

autorun.inf 文件可以双击打开，或者把名称改为 autorun.txt 再打开，打开以后可以看到如图 8.4 所示的内容。如果用双击打开，病毒 icnskem.exe 会自动运行；如果在盘符上单击右键，选择"打开"选项，也会运行 icnskem.exe；即使在盘符上单击右键，选择"资源管理器"选项，还是运行 icnskem.exe。读者可以将这个病毒的 autorun.inf 文件和"熊猫烧香"病毒的 autorun.inf 文件进行一下对比。

图8.3　autorun.inf文件图标

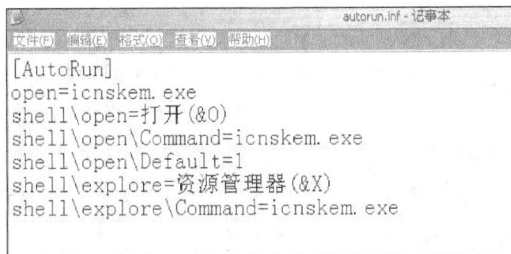

图8.4　autorun.inf文件的内容

8.2.5　杀毒软件工作原理

病毒是用某种语言写出来的一段代码，每种病毒都会具有一些独一无二的特征，叫作病毒特征码。当病毒通过网络传播开后，软件公司得到病毒样本，开始分析样本，找到病毒特征码，然后更新其病毒库，令其在杀毒时也查找这种病毒码，然后通知用户升级其杀毒软件。然后用户升级，再杀毒，结果该病毒被杀死，同时新的病毒被发现，周而复始。

杀毒软件的核心技术是杀毒引擎，每种杀毒软件的杀毒引擎都有自己独特的技术（算法）对磁盘文件进行高速检查，因为每个公司的杀毒引擎算法各有不同，杀毒的效果和时间也有所区别，一般来说，提高病毒判断的准确性是以牺牲查毒时间为代价的，所以，可能有的软件查不出来的毒其他的软件可以查出。

8.3 防火墙

防火墙（Firewall）作为网络安全重要的保护屏障，是目前企业网络安全的主要手段。

8.3.1 防火墙的基本概念

防火墙是网络安全的保障，可以实现内部可信任网络与外部不可信任网络（互联网）之间或内部网络不同区域之间的隔离与访问控制，阻止外部网络中的恶意程序访问内部网络资源，防止更改、复制、损坏用户的重要信息。防火墙如图8.5所示。

防火墙是一种网络安全保障方式，主要目的是通过检查入、出一个网络的所有连接，来防止某个需要保护的网络遭受外部网络的干扰和破坏。从逻辑上讲，防火墙是一个分离器、限制器、分析器，可有效地检查内部网络和外部网络之间的任何活动；从物理上讲，防火墙是集成在网络特殊位置的一组硬件设备——路由器和三层交换机、PC之间。防火墙可以是一个独立的硬件系统，也可以是一个软件系统。

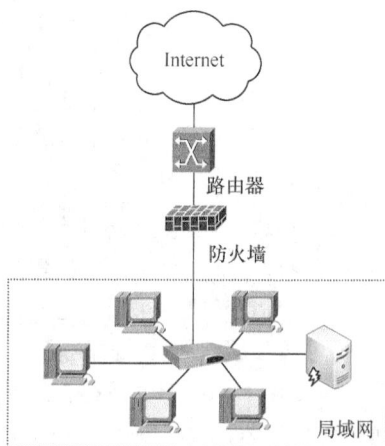

图8.5 防火墙位置

8.3.2 防火墙的分类

防火墙的分类方法有很多种，按照工作的网络层次和作用对象可分为4种类型。

1. 包过滤防火墙

包过滤防火墙又被称为访问控制表（Access Control List，ACL），它根据预先静态定义好的规则审查内、外网之间通信的数据包是否与自己定义的规则（分组包头源地址、目的地址端口号、协议类型等）相一致，从而决定是否转发数据包。包过滤防火墙工作于网络层和传输层，可将满足规则的数据包转发到目的端口，不满足规则的数据包则被丢弃。许多规则是可以复合定义的。包过滤防火墙如图8.6所示。

包过滤防火墙的优点如下。

（1）不用改动用户主机上的客户端程序。

（2）可以与现有设备集成，也可以通过独立的包过滤软件实现。

（3）成本低廉、速度快、效率高，可以在很大程度上满足企业的需要。

包过滤防火墙的缺点如下。

（1）工作在网络层，不能检测对于高层的攻击。

（2）如果使用很复杂的规则，会大大降低工作效率。

（3）需要手动建立安全规则，要求管理人员清楚了解网络需求。

（4）包过滤主要依据 IP 包头中的各种信息，但 IP 包头信息可以被伪造，这样就可以轻易地绕过包过滤防火墙。

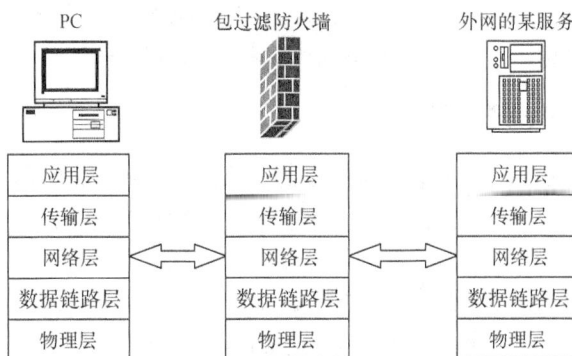

图8.6　包过滤防火墙

2. 应用程序代理防火墙

应用程序代理防火墙又称为应用网关防火墙，可在网关上执行一些特定的应用程序和服务器程序，实现协议的过滤和转发功能。它工作于应用层，掌握着应用系统中可作为安全决策的全部信息。其特点是完全阻隔了网络信息流，当一个远程用户希望和网内的用户通信时，应用网关会阻隔通信信息，然后对这个通信数据进行检查，若数据符合要求，应用网关会作为一个桥梁转发通信数据。应用程序代理防火墙如图 8.7 所示。

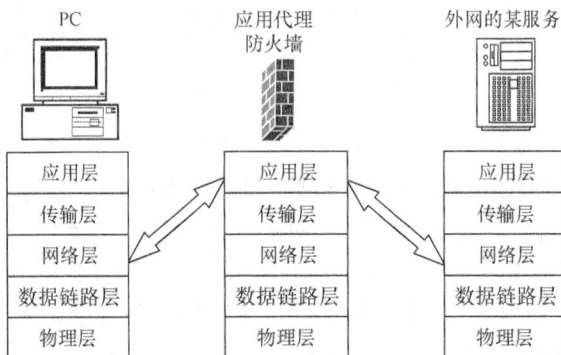

图8.7　应用程序代理防火墙

3. 复合型防火墙

出于对更高安全性的要求，常把基于包过滤的方法与基于应用程序代理的方法结合起来形成复合型防火墙产品。这种结合通常是以下两种方案。

（1）屏蔽主机防火墙体系结构：在该结构中，分组过滤路由器或防火墙与 Internet 相连，同时一个堡垒主机安装在内部网络，通过在分组过滤路由器或防火墙上设置过滤规则，使堡垒主机成为 Internet 上其他节点所能到达的唯一节点，从而确保内部网络不受未授权外部用户的攻击。

（2）屏蔽子网防火墙体系结构：堡垒主机放在一个子网内形成非军事化区，两个分组过滤路由器放在该子网的两端，使该子网与 Internet 及内部网络分离。在屏蔽子网防火墙体系结构中，堡垒主机和分组过滤路由器共同构成了整个防火墙的安全基础。

4. 个人防火墙

目前网络上有许多个人防火墙软件，很多都集成在杀毒软件当中，它是应用程序级的，在某一台计算机上运行，保护其不受外部网络的攻击。

一般的个人防火墙都具有"学习"机制，就是说一旦主机防火墙收到一种新的网络通信要求，它会询问用户是允许还是拒绝，并应用于以后该通信要求。现在很多杀毒软件都集成相应防火墙功能。

8.3.3　网络地址转换 NAT 技术

网络地址转换 NAT 的作用原理就是通过替换一个数据包的源地址和目的地址，来保证这个数据包能被正确识别。具体地说，通过这种地址映射技术，内部计算机上使用私有地址（10.0.0.0～10.255.255.255，172.16.0.0～172.16.255.255，192.168.0.0～192.168.255.255），当内部网络计算机通过路由器向外部网络发送数据包时，私有地址被转换成合法的 IP 地址（全局地址）在 Internet 上使用，最少只需一个合法 IP，就可以实现私有地址网络内所有计算机与 Internet 的通信。这一个或多个合法地址，就代表整个内部网络与外部网络进行通信，如图 8.8 所示。

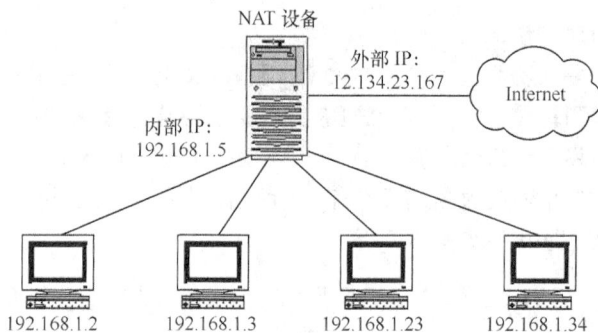

图8.8　内外网之间的通信

私有地址作为内部网络使用的 IP 地址，是不会在互联网通信中使用的，所以不同的局域网在共享上网的时候可以重复使用私有地址，所以 NAT 技术不仅很好地解决了目前 IPv4 版本 IP 地址不足的现实问题，也因为有效地隐藏内部网络中的计算机，从而避免内部网络被外部网络攻击，提高了网络的安全性。

一般 NAT 技术都在路由器上实现，所以在互联网的通信中，路由器的路由表里是不可能出现私有地址的。

NAT 技术的缺点是需要转换每个通信数据包包头的 IP 地址而增加网络延迟，而且当内部网络用户过多时，NAT 的服务质量就不能保证了。

8.4　数字加密与数字签名

数字加密和数字签名都是防御网络攻击的手段，数字加密主要是为了保证数据的机密性，而数字签名是为了保证数据的完整性。

8.4.1　数字加密

1.　数字加密的原理

在现实的网络中，要想让其他人无法窃取某个数据是非常困难的，比较现实的一种方法就是采用数字加密技术，也就是说，即使别人得到这个数据，也会因为无法解密这个加过密的数据，而无法了解它的意思。

数据加密是指将原始的数据通过一定的加密方式加密成非授权人难以理解的数据，授权人在接收到加密数据后，会利用自己知道的解密方式把数据还原成原始数据。

下面介绍一些数据加密的常用术语。

（1）明文：没有加密的原始数据。

（2）密文：加密后的数据。

（3）加密：把明文转换成密文的过程。

（4）解密：把密文转换成明文的过程。

（5）算法：加密或解密过程中使用的一系列运算方式。

（6）密钥：用于加密或解密的一个字符串。

图 8.9 所示为一个最简单的加密解密模型，通过这个模型，能清楚地了解加密和解密的过程。

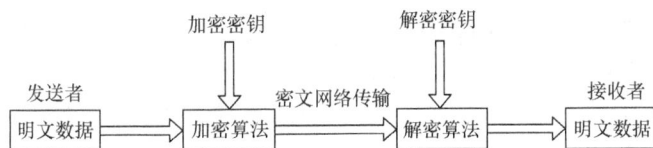

图8.9　简单的加密解密模型

2.　经典的数字加密技术

经典的数字加密技术主要包括替换加密和换位加密两种。

（1）替换加密：用某个字母替换另一个字母，替换的方式事先确定，例如替换方式是字母按顺序往后移 5 位，hello 在网络中传输时就用 mjqqt。这种加密方式比较简单，密钥就是 5，接收者只要按照每个字符的 ASC II 码值减去 5，再做模 26 的求余运算即可得到原始数据。

（2）换位加密：按照一定的规律重新排列传输数据。例如预先设置换位的顺序是 4213，明文 bear 在网络中传输时就是 reba。这种加密方式也比较简单，曾经被大量使用，但是由于计算机的运算速度提高得很快，可以利用穷举法破译。

3.　秘密密钥与公开密钥加密技术

（1）秘密密钥技术：也叫作对称密钥加密技术。在这种技术中，将算法内部的转换过程设计得非常复杂，而且有很长的密钥，密文的破解非常困难，即使被破解，也会因为没有密钥而无法解读。这种技术最大的特点就是把算法和密钥分开进行处理，密钥最为关键，而且在加密和解密过程中，使用的密钥相同。秘密密钥的加密解密模型如图 8.10 所示。

最著名的密钥加密算法是数据加密标准（Data Encryption Standard，DES）。该算法的基本思想是将明文分割成 64 位的数据块，并在一个 64 位的密钥控制下，对每个 64 位明文块加密，最后形成整个加密密文。

（2）公开密钥加密技术：也叫作非对称密钥加密技术。公开密钥加密技术在加密和解密过程中使用两个不同的密钥，这两个密钥在数学上是相关的，它们成对出现，但互相不能破解。这样接收者可以公开自己的加密密钥，发送者可以利用它来进行加密，而只有拥有解密密钥的授权接收者才能把数据解密成原文。公开密钥的加密解密模型如图 8.11 所示。

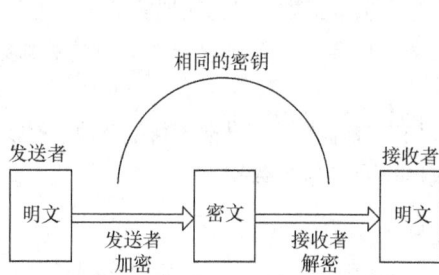

图8.10　秘密密钥的加密解密模型　　　　图8.11　公开密钥的加密解密模型

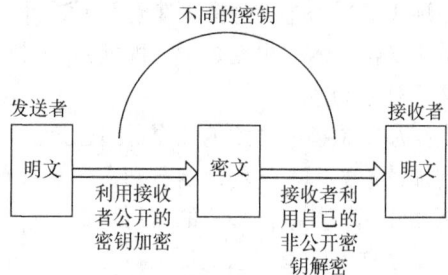

最著名的公开密钥加密算法是 RSA（三位发明者名字首字母组合）。该算法的基本思想是在生成的一对密钥中，任何一个都可以作为加密或解密密钥，另一个相反，一个密钥用于公开供发送者加密使用，另一个密钥严格被接收者保密，当接收者收到密文时，用于解密加密数据。

8.4.2　数字签名

数字加密主要用于防止信息在传输过程中被其他人截取利用，而如何确定发送信息人的身份，则需要用数字签名来解决。

数字签名是指在计算机网络中，用电子签名来代替纸质文件或协议的签名，以保证信息的完整性、真实性和发送者的不可否认性。

目前使用较多的还是利用报文摘要和公开密钥加密技术相结合的方式进行数字签名。

1. 报文摘要

报文摘要的设计思想是把一个任意长度的明文数据转换成一个固定长度的比特串，在签名时，只要对这个报文摘要签名即可，不用对整个明文数据进行签名。

将明文转换为固定长度比特串的方法是利用单向散列函数，单向散列函数具有以下特性。

（1）处理任意长度的数据，生成固定大小的比特串。

（2）生成的比特串是不可预见的，看上去与原始明文没有任何联系，原始明文有任何变化，新的比特串会与原来的不同。

（3）生成的比特串具有不可逆性，不能通过它还原成原始明文。

目前使用最多的报文摘要算法是 MD 5 和 SHA-1，以后可能会使用 SHA-224、SHA-256、SHA-384 及 SHA-512 等算法。

2. 数字签名的过程

数字签名的过程如图 8.12 所示。

（1）发送端把明文利用单向散列函数转换成消息摘要。

（2）发送者利用自己的私钥对消息摘要进行签名。

（3）发送端把明文和签名的消息摘要通过网络传递给接收端。

（4）接收端对明文和消息摘要分别处理，明文通过单向散列函数转换为消息摘要，签名的消息摘要被接收端用发送端的签名公钥还原成消息摘要。

（5）把最后生成的两个消息摘要进行比较，判定数据的真实性和完整性。

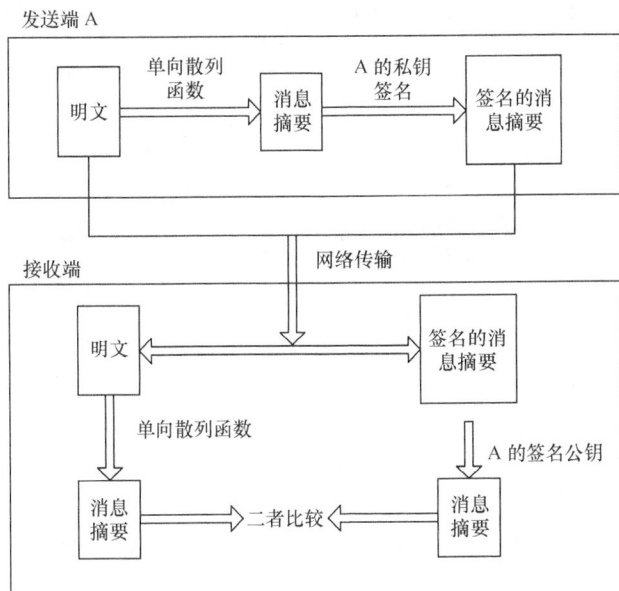

图8.12　数字签名的过程

　　最后要说明一点就是数字加密和数字签名的区别，数字加密的发送者使用接收者的公钥加密，接收者使用自己的私钥解密；数字签名的发送者使用自己的私钥加密，接收者使用发送者的公钥解密。

本章小结

　　本章主要阐述了计算机病毒概念、特点和类型，同时简要介绍防火墙技术、数字加密和数字签名等网络安全防护知识。通过对本章内容的学习和理解，要求读者能掌握计算机网络安全防护知识，做好对常见计算机病毒防范工作。

实训　ACL 访问控制列表配置

1．实验目的
掌握路由器动态路由 OSPF 和 ACL 的配置命令。
2．实验环境
Cisco Packet Tracer 模拟软件。
3．实验内容
实验内容包括：（1）配置路由器基本信息；（2）配置路由器动态路由 OSPF；（3）配置路由器 ACL。
实验过程如下。

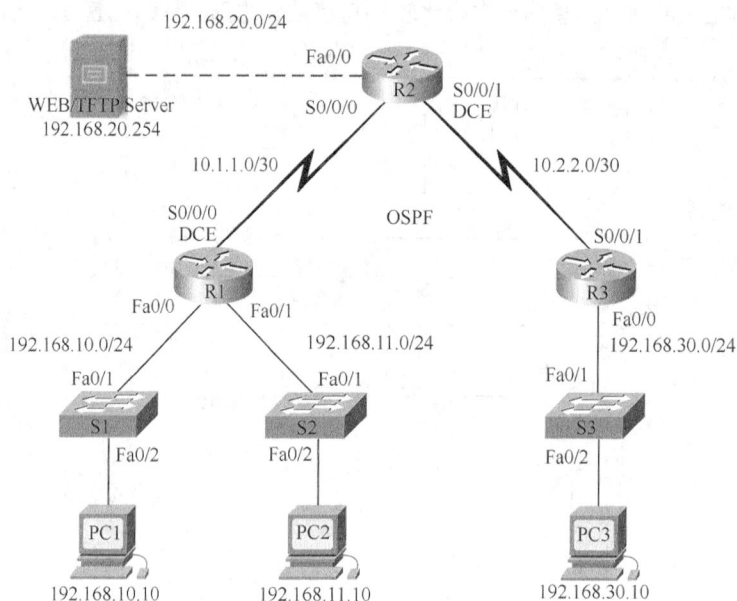

地址表

设备	接口	IP 地址	子网掩码	默认网关
R1	Fa0/0	192.168.10.1	255.255.255.0	不适用
	Fa0/1	192.168.11.1	255.255.255.0	不适用
	S0/0/0	10.1.1.1	255.255.255.252	不适用
R2	Fa0/0	192.168.20.1	255.255.255.0	不适用
	S0/0/0	10.1.1.2	255.255.255.252	不适用
	S0/0/1	10.2.2.1	255.255.255.252	不适用
	Lo0	209.165.200.225	255.255.255.224	不适用
R3	Fa0/0	192.168.30.1	255.255.255.0	不适用
	S0/0/1	10.2.2.2	255.255.255.252	不适用

PC1	网卡	192.168.10.10	255.255.255.0	192.168.10.1
PC2	网卡	192.168.11.10	255.255.255.0	192.168.11.1
PC3	网卡	192.168.30.10	255.255.255.0	192.168.30.1
Web Server	网卡	192.168.20.254	255.255.255.0	192.168.20.1

任务 1　配置路由器基本信息

按照拓扑图和地址表配置相应路由器端口及 PC 基本信息。注意配置 R1 的 S0/0/0 端口和 R2 的 S0/0/1 端口作为 DCE 端口，需要设置时钟频率 clock rate（例如 clock rate 64000）。

任务 2　配置路由器动态路由 OSPF

```
R1 (config)#router ospf 1 //使用进程 ID 1 在 R1 上为所有直连网络启用 OSPF
R1 (config-router)#network 192.168.10.0 0.0.0.255 area 0  //申明直联网段
192.168.10.0 在骨干区域 0
R1 (config-router)#network 192.168.20.0 0.0.0.255 area 0
R1 (config-router)#network 10.1.1.0 0.0.0.3 area 0

R2 (config)#router ospf 1
R2 (config-router)#network 192.168.20.0 0.0.0.255 area 0
R2 (config-router)#network 10.1.1.0 0.0.0.3 area 0
R2 (config-router)#network 10.2.2.0 0.0.0.3 area 0

R3 (config)#router ospf 1
R3 (config-router)#network 10.2.2.0 0.0.0.3 area 0
R3 (config-router)#network 192.168.30.0 0.0.0.3 area 0
```

任务 3　配置路由器标准访问控制列表 ACL

本任务要配置一个标准 ACL，阻止来自 192.168.11.0/24 网络的流量。此 ACL 将应用于 R3 串行接口的入站流量。请记住，每个 ACL 都有一条隐式的 "deny all" 语句，这会导致不匹配 ACL 中任何语句的所有流量都受到阻止。因此，请在该 ACL 末尾添加 permit any 语句。

步骤 1　创建 ACL。

R3（config）# access-list 1 deny 192.168.11.0 0.0.0.255　//创建 1 号的标准命名 ACL 并拒绝源地址为 192.168.11.0/24 的任何数据包

R3（config）# access-list 1 permit any　　　//允许所有其他流量

步骤 2　应用 ACL。

应用 ACL1，过滤通过串行接口 s0/0/1 进入 R3 的数据包。

R3（config）#interface serial 0/0/1

R3（config-if）#ip access-group 1 in

步骤 3　测试 ACL。

从 PC2 ping PC3，以此测试该 ACL。由于该 ACL 的目的是阻止源地址属于 192.168.11.0/24 网络的流量，因此 PC2（192.168.11.10）应该无法 ping 通 PC3。

在 R3 的特权执行模式下，发出 show access-lists 命令，查看标准 ACL。

任务 4　配置路由器扩展访问控制列表 ACL

需要更高的精度时，应该使用扩展 ACL。扩展 ACL 过滤流量的依据不仅仅限于源地址。扩展 ACL 可以根据协议、源 IP 地址、目的 IP 地址，以及源端口号和目的端口号过滤流量。

此网络的另一条策略规定，只允许 192.168.10.0/24 LAN 中的设备访问内部网络，而不允许此 LAN 中的计算机访问 Internet。因此，必须阻止这些用户访问 IP 地址 209.165.200.225。由于此要求的实施涉及源地址和目的地址，因此需要使用扩展 ACL。

本任务需要在 R1 上配置扩展 ACL，阻止 192.168.10.0/24 网络中任何设备发出的流量访问 209.165.200.225 主机。此 ACL 将应用于 R1 Serial 0/0/0 接口的出站流量。

步骤 1　配置命名扩展 ACL。

R1（config）#access-list 101 deny ip 192.168.10.0 0.0.0.255 host 209.165.200.225 //创建 101 号的命名扩展 ACL 并阻止从 192.168.10.0/24 到逻辑端口 loopback0（这里代表互联网端口）的流量。

前面讲过，如果没有 permit 语句，隐式"deny all"语句会阻止所有其他流量。因此，应添加 permit 语句，确保其他流量不会受到阻止。

R1（config））#permit ip any any

步骤 2　应用 ACL。

如果是标准 ACL，最好将其应用于尽量靠近目的地址的位置，而扩展 ACL 则通常应用于靠近源地址的位置。101 号 ACL 将应用于串行接口并过滤出站流量。

R1（config）#interface serial 0/0/0

R1（config-if）#ip access-group 101 out

步骤 3　测试 ACL。

从 PC1 ping R2 的环回接口 loopback0。这些 ping 会失败，因为来自 192.168.10.0/24 网络的流量只要目的地址为 209.165.200.225，都会被过滤掉。如果 ping 任何其他目的地址，则应该成功。用 PC1 ping PC2，确认此点。

4. 实验思考

（1）掌握了路由器动态路由 OSPF 配置命令。

（2）学会使用路由器标准 ACL 和扩展 ACL 的配置命令。

习　题

1. 选择题

（1）大部分木马包括（　　　）两部分。

A. 木马头和木马尾　　　　　　　　　　B. 客户端和服务器端

C. 源程序和木马体　　　　　　　　　　D. 数据头和据

（2）防火墙可以位于下列哪个设备中，除了（　　　）。

A. 路由器　　　　　　B. 打印机　　　　　C. PC 机　　　　　D. 三层交换机

（3）常用的公开密钥加密算法是（　　　）。

A. DES　　　　　　　B. EDS　　　　　　C. RSA　　　　　　D. RAS

2. 填空题

（1）网络基本安全技术包括_____、_____、_____、_____。

（2）计算机病毒分为 7 类，分别是_____、_____、_____、_____、_____、_____、_____。

（3）防火墙按照工作的网络层次和作用对象来分，分为_____、_____、_____、_____。

3. 简答题

（1）网络攻击分为哪两种，具体含义是什么？

（2）简述杀毒软件的工作原理。

（3）简述 NAT 技术。

9

Chapter

第 9 章
云计算技术

学习目标
- 了解云计算基本概念
- 了解云计算主流解决方案

云计算的定义有多种说法。对于到底什么是云计算，现阶段广为接受的是美国国家标准与技术研究院（NIST）的定义：云计算是一种按使用量付费的模式，这种模式提供可用的、便捷的、按需的网络访问，进入可配置的计算资源共享池（资源包括网络、服务器、存储、应用软件、服务），这些资源能够被快速提供，只需投入很少的管理工作，或与服务供应商进行很少的交互。

9.1 云计算基本概念

狭义的云计算是指 IT 基础设施的交付和使用模式，指通过网络以按需、易扩展的方式获得所需的资源（硬件、平台、软件）。提供资源的网络被称为"云"。"云"中的资源在使用者看来是可以无限扩展的，并且可以随时获取，按需使用，随时扩展，按使用付费。这种特性经常被称为像水电一样使用 IT 基础设施。

广义的云计算是指服务的交付和使用模式，指通过网络以按需、易扩展的方式获得所需的服务。这种服务可以是 IT 和软件、互联网相关的，也可以是任意其他的服务。有人打了个比方：这就好比是从古老的单台发电机模式转向了电厂集中供电的模式。它意味着计算能力也可以作为一种商品进行流通，就像煤气、水电一样，取用方便，费用低廉。最大的不同在于，它是通过互联网进行传输的。

通常将提供资源的网络称为"云"，云计算的核心思想是：将大量用网络连接的计算资源统一管理和调度，构成一个计算资源池向用户按需服务，如图 9.1 所示。

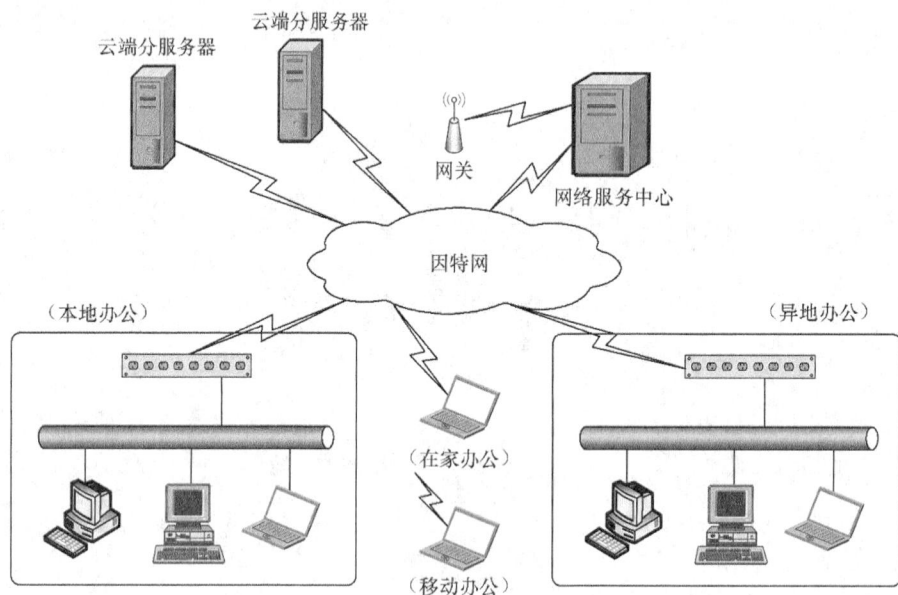

图9.1 云计算示意图

云计算是继 20 世纪 80 年代大型计算机到客户端/服务器(C/S)的大转变之后的又一种巨变，它描述了一种基于互联网的新的 IT 服务增加、使用和交付模式，通常涉及通过互联网来提供动态的、易扩展的，而且常常是虚拟化的资源。

9.2 云计算特点

1. 超大规模

"云"具有相当的规模。Google 云计算已经拥有 100 多万台服务器，Amazon、IBM、微软和 Yahoo 等公司的"云"均拥有几十万台服务器。"云"能赋予用户前所未有的计算能力。大型企业的企业私有云一般拥有数百上千台服务器。公有云的规模则更加庞大。图 9.2 所示即为亚马逊云计算服务器机房一角。

图9.2 亚马逊云计算服务器机房

2. 虚拟化

云计算支持用户在任意位置、使用各种终端获取服务。所请求的资源来自"云"，而不是固定的有形体。应用在"云"中某处运行，但实际上用户无需了解其运行的具体位置，只需要一台终端设备就可以通过网络来获取各种能力超强的服务。

3. 按需服务

"云"是庞大的资源池，用户按需购买服务，像自来水、电和煤气那样，按需购买"云"的计算能力、存储能力等。

4. 高可靠性

"云"使用了数据多副本容错、计算结点同构可互换等措施来保障服务的高可靠性，当任一节点数据受损，都可以从其他副本进行恢复，因此使用云计算比使用本地计算机更加可靠。

5. 通用性

云计算不针对特定的应用，在"云"的支撑下可以构造出干变万化的应用，同一片"云"可以同时支撑不同的应用运行。

6. 高性价比

"云"的特殊容错措施使得可以采用极其廉价的结点来构成"云"。"云"的自动化管理使数据中心管理成本大幅降低。"云"具有前所未有的性能价格比

7. 高可扩展性

"云"的规模可以动态伸缩，满足应用和用户规模增长的需要。

8. 潜在的危险性

云计算服务除了提供计算服务外，还必然提供存储服务。但是云计算服务当前垄断在私人机构（企业）手中，而他们仅仅能够提供商业信用。对于政府机构、商业机构（特别像银行这样持

有敏感数据的商业机构）对于选择云计算服务应保持足够的警惕。一旦商业用户大规模使用私人机构提供的云计算服务，无论其技术优势有多强，都不可避免地让这些私人机构以"数据（信息）"的重要性挟制整个社会。对于信息社会而言，"信息"是至关重要的。云计算中的数据对于数据所有者以外的其他用户云计算用户是保密的，但是对于提供云计算的商业机构而言确实毫无秘密可言。所有这些潜在的危险，是商业机构和政府机构选择云计算服务、特别是国外机构提供的云计算服务时，不得不考虑的一个重要的前提。

9.3 网格计算与云计算关系

网格（Grid），是 20 世纪 90 年代中期发展起来的下一代因特网核心技术，网格是在网络基础上，基于 SOA，使用互操作、按需集成等技术手段，将分散在不同地理位置的资源虚拟成为一个有机整体，实现计算、存储、数据、软件和设备等资源的共享，从而大幅提高资源的利用率，使用户获得前所未有的计算和信息能力。

网格计算的思路是聚合分布资源，支持虚拟组织，提供高层次地服务，例如分布协同科学研究等。而云计算的资源相对集中，主要以数据中心的形式提供底层资源的采用，并不强调虚拟组织(VO)的概念。

网格计算用聚合资源来支持挑战性的应用，这是初衷，由于高性能计算的资源不够用，要把分散的资源聚合起来；逐渐强调适应普遍的信息化应用，特别在中国，就是强调支持信息化的应用。但云计算从一开始就支持广泛企业计算、Web 应用，普适性更强。

在对待异构性方面，二者理念上有所不同。网格计算用中间件屏蔽异构系统，力图使用户面向一样的环境，把困难留在中间件，让中间件完成任务。而云计算实际上承认异构，用镜像执行，或者提供服务的机制来解决异构性的问题。

网格计算采用执行作业形式，在一个阶段内完成作用产生数据。而云计算支持持久服务，用户能够利用云计算作为其部分 IT 基础设施，实施业务的托管和外包。

网格计算更多地面向科研应用，商业模型不清晰。而云计算从诞生开始就是针对企业商业应用，商业模型比较清晰。总之，云计算是以相对集中的资源，运转分散的应用;而网格计算则是聚合分散的资源，支持大型集中式应用。

网格计算与云计算的关系，就像 OSI 与 TCP/IP 之间的关系，两者相互促进，协同发展，没有网格计算打下的基础，云计算不会这么快到来。

网格计算以科学研究为主，非常重视标准规则，也非常复杂，实现起来难度大，而且缺乏成功的商业模式。云计算是网格计算的一种简化形态，可以说云计算的成功也体现了网格计算的成功。

9.4 云计算服务

根据资源和服务的特征来区分，云计算包括以下几个层次的服务：基础设施即服务（IaaS）、平台即服务（PaaS）和软件即服务（SaaS），一般我们统一简称为 XaaS。

1. IaaS（Infrastructure-as-a-Service）：基础设施即服务

消费者通过 Internet 可以从完善的计算机基础设施获得服务。例如：硬件服务器租用。最具代表性的产品和服务有 AmazonEC2、IBMBlueCloud、CiscoUCS 等。

2. PaaS（Platform-as-a-Service）：平台即服务

PaaS 实际上是指将软件研发的平台作为一种服务，以 SaaS 的模式提交给用户。因此，PaaS 也是 SaaS 模式的一种应用。但是，PaaS 的出现可以加快 SaaS 的发展，尤其是加快 SaaS 应用的开发速度。例如 GoogleAppEngine、WindowsAzurePlatform 和 Heroku。

3. SaaS（Software-as-a-Service）：软件即服务

SaaS 是一种通过 Internet 提供软件的模式，用户无需购买软件，而是向提供商租用基于 Web 的软件，来管理企业经营活动。例如：百度云盘等网络存储服务。

这三种服务所代表的云计算层次体系，如图 9.3 所示

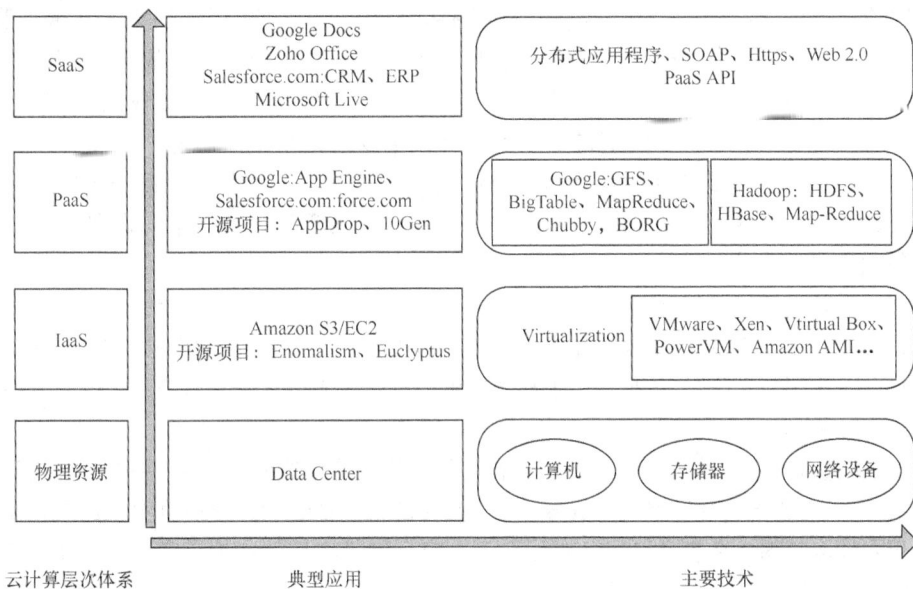

图9.3　云计算层次体系

9.5　云计算核心技术

云计算是一种以数据和处理能力为中心的密集型计算模式其中以虚拟化技术、分布式数据存储技术、资源管理、编程模式、大规模数据管理、信息安全、云计算平台管理技术最为关键。

1. 虚拟化技术

虚拟化是云计算最重要的核心技术之一，它为云计算服务提供基础架构层面的支撑。

从技术上讲，虚拟化是一种在软件中仿真计算机硬件，以虚拟资源为用户提供服务的计算形式。旨在合理调配计算机资源，使其更高效地提供服务。它把应用系统各硬件间的物理划分打破，从而实现架构的动态化，实现物理资源的集中管理和使用。虚拟化的最大好处是增强系统的弹性和灵活性，降低成本、改进服务、提高资源利用效率。

从表现形式上看，虚拟化又分两种应用模式。一是将一台性能强大的服务器虚拟成多个独立的小服务器，服务不同的用户；二是将多个服务器虚拟成一个强大的服务器，完成特定的功能。这两种模式的核心都是统一管理，动态分配资源，提高资源利用率。在云计算中，这两种模式都有比较多的应用。

2. 分布式数据存储技术、资源管理

云计算的另一大优势就是能够快速、高效地处理海量数据。为了保证数据的高可靠性，云计算通常会采用分布式存储技术，将数据存储在不同的物理设备中。

分布式存储与传统的网络存储并不完全一样，传统的网络存储系统采用集中的存储服务器存放所有数据，存储服务器成为系统性能的瓶颈，不能满足大规模存储应用的需要。分布式网络存储系统采用可扩展的系统结构，利用多台存储服务器分担存储负荷，利用位置服务器定位存储信息，它不但提高了系统的可靠性、可用性和存取效率，还易于扩展。

在当前的云计算领域，Google的GFS和Hadoop开发的开源系统HDFS是比较流行的两种云计算分布式存储系统。云计算采用了分布式存储技术存储数据，那么自然要引入分布式资源管理技术。在多节点的并发执行环境中，各个节点的状态需要同步，并且在单个节点出现故障时，系统需要有效的机制保证其他节点不受影响。而分布式资源管理系统恰恰是这样的技术，它是保证系统状态的关键。

另外，云计算系统所处理的资源往往非常庞大，少则几百台服务器，多则上万台，同时可能跨越多个地域，且云平台中运行的应用也是数以千计，如何有效地管理这批资源，保证它们正常提供服务，需要强大的技术支撑。因此，分布式资源管理技术的重要性可想而知。

3. 编程模式

从本质上讲，云计算是一个多用户、多任务、支持并发处理的系统。高效、简捷、快速是其核心理念，它旨在通过网络把强大的服务器计算资源方便地分发到终端用户手中，同时保证低成本和良好的用户体验。在这个过程中，编程模式的选择至关重要。云计算项目中分布式并行编程模式将被广泛采用。

分布式并行编程模式创立的初衷是更高效地利用软、硬件资源，让用户更快速、更简单地使用应用或服务。在分布式并行编程模式中，后台复杂的任务处理和资源调度对于用户来说是透明的，这样用户体验能够大大提升。MapReduce是当前云计算主流并行编程模式之一。MapReduce模式将任务自动分成多个子任务，通过Map（映射）和Reduce（归约）两个函数实现基本的并行计算任务，完成大规模数据的编程和计算处理。

4. 大规模数据管理

处理海量数据是云计算的一大优势。那么如何处理则涉及很多层面的东西，因此高效的数据处理技术也是云计算不可或缺的核心技术之一。对于云计算来说，数据管理面临巨大的挑战。云计算不仅要保证数据的存储和访问，还要能够对海量数据进行特定的检索和分析。由于云计算需要对海量的分布式数据进行处理、分析，因此，数据管理技术必须能够高效地管理大量的数据。

Google的BT（BigTable）数据管理技术和Hadoop团队开发的开源数据管理模块HBase是业界比较典型的大规模数据管理技术。

5. 云计算平台管理

云计算资源规模庞大，服务器数量众多并分布在不同的地点，同时运行着数百种应用，如何有效地管理这些服务器，保证整个系统提供不间断的服务是巨大的挑战。云计算系统的平台管理技术，需要具有高效调配大量服务器资源，使其更好协同工作的能力。其中，方便地部署和开通新业务、快速发现并且恢复系统故障、通过自动化、智能化手段实现大规模系统可靠的运营是云计算平台管理技术的关键。

对于提供者而言，云计算可以有三种部署模式，即公共云、私有云和混合云。三种模式对平台管理的要求大不相同。对于用户而言，由于企业对于ICT资源共享的控制、对系统效率的要求

以及 ICT 成本投入预算不尽相同，企业所需要的云计算系统规模及可管理性能也大不相同。因此，云计算平台管理方案要更多地考虑到定制化需求，能够满足不同场景的应用需求。

包括 Google、IBM、微软、Oracle/Sun 等在内的许多厂商都有云计算平台管理方案推出。这些方案能够帮助企业实现基础架构整合，实现企业硬件资源和软件资源的统一管理、统一分配、统一部署、统一监控和统一备份，打破应用对资源的独占，让企业云计算平台价值得以充分发挥。

9.6 主流云平台

1. 国外云平台

当今国外云平台主要以美国亚马逊、微软、谷歌公司为代表。

亚马逊是最大的电子商务零售商，但也有云计算业务 AmazonWebServices。AWS 是"安全的云服务平台，为企业的升级和发展提供计算能力、数据库存储、内容发布和其他功能"。该公司称，超过 100 万个新创公司、企事业和公共机构使用 AWS。

Amazon 提供的云计算服务产品主要有弹性计算云（EC2）、简单存储服务（S3）、简单数据库服务（Simple DB）、简单队列服务（SQS）、弹性 MapReduce 服务、内容推送服务（CloudFront）、AWS 导入/导出、关系数据库服务（RDS）等。

微软公司以 Windows 和 Xbox 产品出名，但也有自己的云计算产品"Windows Azure"。Windows Azure 定位为平台服务，是一套全面的开发工具、服务和管理系统。它可以为开发者提供一个平台，并允许开发者使用微软全球数据中心的储存、计算能力和网络基础服务，从而开发出可运行在云服务器、数据中心、Web 和 PC 上的应用程序。

Azure 服务平台包括以下主要组件：Windows Azure；Microsoft SQL 数据库服务，Microsoft .Net 服务；用于分享、储存和同步文件的 Live 服务；针对商业的 Microsoft SharePoint 和 Microsoft Dynamics CRM 服务。

Google 拥有全球最强大的搜索引擎，而且是当今最大的云计算技术的使用者。 Google 云计算技术包括 Google 文件系统 GFS、分布式计算编程模型 MapReduce、分布式锁服务 Chubby、分布式结构化数据存储系统 Bigtable 等。

2. 国内云平台

国内云平台，主要以阿里巴巴、百度、腾讯三家公司的产品为代表。

阿里云是国内最大的云计算平台，经过长时间的市场考验，产品线已经完整成熟，用户基础也相当扎实，目前而言，阿里云是国内最为成熟的云计算平台。阿里云提供的云计算服务产品主要有弹性计算、数据库、存储、网络、大数据、人工智能、云安全等。

百度云是百度提供的公有云平台，于 2015 年正式开放运营。2016 年，百度正式对外发布了"云计算+大数据+人工智能"三位一体的云计算战略。百度云提供的云计算服务产品主要有计算与网络、存储和 CDN、数据库、安全和管理、数据分析等。

腾讯云依托腾讯公司强大的用户基础与社交推广，也发展非常迅猛。腾讯云有着深厚的基础架构，并且有着多年对海量互联网服务的经验，不管是社交、游戏还是其他领域，都有多年的成熟产品来提供产品服务。腾讯在云端完成重要部署，为开发者及企业提供云服务、云数据、云运营等整体一站式服务方案，具体包括云服务器、云存储、云数据库和弹性 web 引擎等基础云服务，腾讯云分析（MTA）、腾讯云推送（信鸽）等腾讯整体大数据能力，以及 QQ 互联、QQ 空间、微云、微社区等云端链接社交体系。

本章小结

本章主要阐明了云计算的基本概念，具有规模大、虚拟化、按需服务、通用性、高可靠性、性价比高等特点；简单描述了云计算服务和云计算核心技术；介绍了当前主流的云平台应用。

习　题

1. 填空题

（1）云计算主要包含哪三个层次的服务_____。

（2）国内主流云计算产品有_____。

（3）云计算服务的主要特点有_____。

2. 简答题

（1）云计算服务的主要技术有哪些，各自的功能要点有什么？

（2）IAAS 服务的主要功能是什么？

（3）思考 IAAS、PAAS 与 SAAS 三者间的关系。

10

第 10 章
网络故障

学习目标
- 了解网络故障基本知识
- 掌握网络故障的排除方法

网络建成运行后，网络故障诊断是网络管理的重要技术工作。搞好网络的运行管理和故障诊断工作，提高故障诊断水平需要注意以下几方面的问题：认真学习有关网络技术理论；清楚网络的结构设计，包括网络拓扑结构、设备连接、系统参数设置及软件使用；了解网络正常运行状况，注意收集网络正常运行时的各种状态和报告输出参数；熟悉常用的诊断工具，准确地描述故障现象。更重要的是，要建立一个系统化的故障处理思想并合理应用于实际中，以将一个复杂的问题隔离、分解或缩减排错范围，从而及时修复网络故障。

10.1 网络故障的成因

当今的网络互联环境是复杂的，计算机网络是由计算机集合和通信设施组成的系统，利用各种通信手段，把地理上分散的计算机连在一起，达到相互通信而且共享软件、硬件和数据等资源的系统。计算机网络的发展，导致网络之间出现了各种连接形式。采用统一的协议实现不同网络的互联，使互联网络很容易扩展。因特网就是用这种方式完成网络之间互联的网络。因特网采用 TCP/IP 作为通信协议，将世界范围内的计算机网络连接在一起，成为当今世界上最大的和最流行的国际性网络。因其复杂性还在日益增长，故随之而来的网络发生故障的概率也越来越高，主要原因如下。

（1）现代的因特网络要求支持更广泛的应用，包括数据、语音、视频及它们的集成传输。

（2）新业务的发展使网络带宽的需求不断增长，这就要求新技术不断出现。例如：十兆以太网向百兆、千兆以太网的演进；MPLS 技术的出现；提供 QoS 的能力等。

（3）新技术的应用同时还要兼顾传统的技术。例如，传统的 SNA 体系结构在某些场合仍在使用，DLSw 作为通过 TCP/IP 承载 SNA 的一种技术而被应用。

（4）对网络协议和技术有着深入的理解，能够正确地维护网络尽量不出现故障，并确保出现故障之后能够迅速、准确地定位问题并排除故障的网络维护和管理人才缺乏。

10.2 网络故障分类

在现行的网络管理体制中，由于网络故障的多样性和复杂性，网络故障分类方法也不尽相同。根据网络故障的性质可以分为物理故障与逻辑故障，也可以根据网络故障的对象分为线路故障、路由器故障和主机故障，排除网络故障的基本思路如图 10.1 所示。

1. 按网络故障的性质划分

（1）物理故障

物理故障是指设备或线路损坏、插头松动或线路受到严重电磁干扰等情况。例如，网络中某条线路突然中断，如已安装了网络监控软件就能够从监控界面上发现该线路流量突然下降或系统弹出报警界面，更直接的反映就是处于该线路端口上的无线电管理信息系统无法使用。可用 ping 命令检查线路与网络管理中心服务器端口是否已连通，如果未连通，则检查端口插头是否松动，如果松动则插紧，然后再用 ping 命令检查；如果已连通则故障解决了。也有可能是线路远离网络管理中心端插头松动，需要检查终端设备的连接状况。如果插口没有问题，则可利用网线测试设备进行通路测试，发现问题应重新更换一条网线。

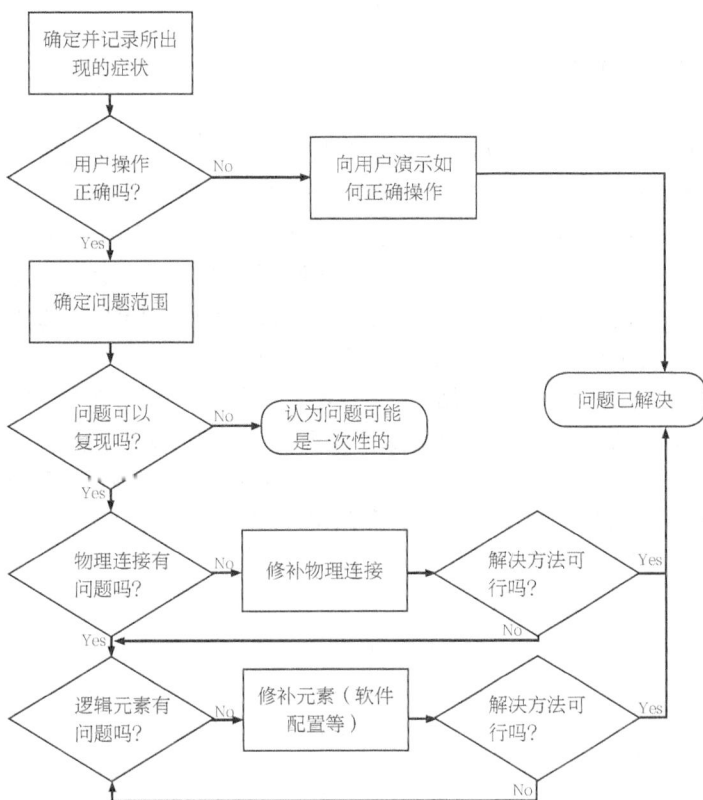

图10.1　排除网络故障的思路

　　另一种常见的物理故障就是网络插头的误接。这种情况经常是因没有搞清网络插头规范或没有弄清网络拓扑结构而导致的。要熟练掌握网络插头规范，如 T568A 和 T568B，搞清网线中每根线的颜色和意义，做出符合规范的插头。还有一种情况，例如两个路由器直接连接，这时应该让一个路由器的出口连接另一路由器的入口，而这个路由器的入口连接另一个路由器的出口，这时制作的网线就应该满足这一特性，否则也会导致网络误接。不过这种网络连接故障很隐蔽，要诊断这种故障没有什么特别好的工具，只有依靠网络管理的经验来解决。

　　（2）逻辑故障

　　逻辑故障中一种常见情况就是配置错误，是指因为网络设备的配置原因而导致的网络异常或故障。配置错误可能是路由器端口参数设定有误、路由器路由配置错误或者网络掩码设置错误以致路由循环或找不到远端地址等。例如，同样是网络中某条线路故障，发现该线路没有流量，但又可以 ping 通线路两端的端口，这时很可能就是路由配置错误而导致的循环了。

　　逻辑故障中另一类故障就是一些重要进程或端口关闭，以及系统的负载过高。例如，路由器的 SNMP 进程意外关闭或“死掉”，这时网络管理系统将不能从路由器中采集到任何数据，因此网络管理系统便失去了对该路由器的控制。还有一种情况，也是线路中断，没有流量，这时用 ping 命令发现线路近端的端口 ping 不通。检查发现该端口处于 down 的状态，就是说该端口已经关闭，因此导致故障发生。这时重新启动该端口就可以恢复线路的连通了。此外，还有一种常见情况是路由器的负载过高，表现为路由器 CPU 温度太高、CPU 利用率太高以及内存余量太小等，虽然这种故障不会直接影响网络的连通，但会影响到网络提供服务的质量，而且也容易导致硬件设备的损坏。

2. 按网络故障的对象划分

（1）线路故障

最常见的情况就是线路不通，诊断这种故障可用 ping 检查线路远端的路由器端口是否还能响应，或检测该线路上的流量是否还存在。一旦发现远端路由器端口不通，或该线路没有流量，则该线路可能出现了故障。这时有几种处理方法。首先是 ping 线路两端路由器端口，检查两端的端口是否关闭了。如果其中一端端口没有响应则可能是路由器端口故障。如果是近端端口关闭，则可检查端口插头是否松动，路由器端口是否处于 down 的状态；如果是远端端口关闭，则要通知线路对方进行检查。进行这些故障处理之后，线路往往就通畅了。

如果线路仍然不通，一种可能就是线路本身的问题，看是否是线路中间被切断；另一种可能就是路由器配置出错了，例如，路由循环就是远端端口路由又指向了线路的近端，这样与线路远端连接的网络用户就不通了，这种故障可以用 traceroute 命令来诊断。解决路由循环的方法就是重新配置路由器端口的静态路由或动态路由。线路连接故障的诊断思路如图 10.2 所示。

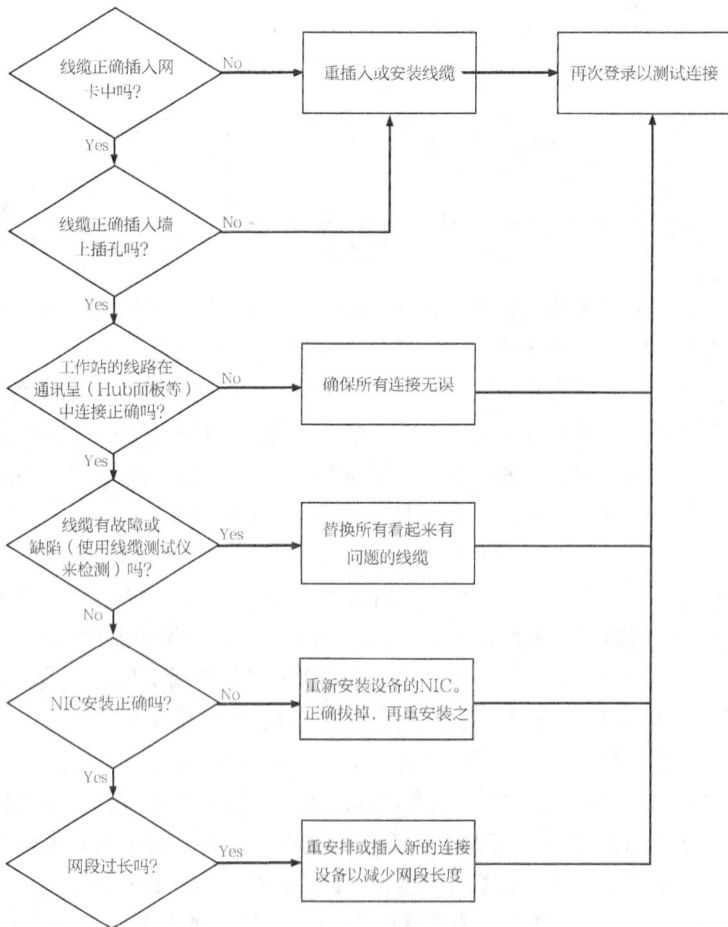

图10.2 线路连接故障的诊断思路

（2）路由器故障

事实上，线路故障中的很多情况都涉及路由器，因此也可以把一些线路故障归结为路由器故障。但线路涉及两端的路由器，因此在考虑线路故障时要涉及多个路由器。有些路由器故障仅仅涉及它本身，这些故障比较典型的就是路由器 CPU 温度过高、CPU 利用率过高或路由器内存余量太小。其中最危险的是路由器 CPU 温度过高，因为这可能导致路由器的烧毁。而路由器 CPU 利用率过高和路由器内存余量太小都将直接影响到网络服务的质量，例如路由器的丢包率会随内存余量的下降而上升。检测这种类型的故障，需要利用 MIB 变量浏览器，从路由器 MIB 变量中读出有关的数据，通常情况下网络管理系统有专门的管理进程不断地检测路由器的关键数据，并及时给出警报。要解决这种故障，只有对路由器进行升级、扩充内存，或重新规划网络的拓扑结构。

另一种路由器故障就是自身的配置错误。例如配置的协议类型不对、端口不对等。这种故障比较少见，在使用初期配置好路由器基本上就不会出现这种情况了。

（3）主机故障

常见的现象就是主机的配置不当。例如，主机配置的 IP 地址与其他主机冲突，或 IP 地址根本就不在子网范围内，都将导致该主机不能连通。例如某无线电管理处的网段范围是172.16.19.1～172.16.19.253，所以主机 IP 地址只有设置在此段区间内才有效。还有一些服务设置的故障。例如，E-mail 服务器设置不当导致不能收发 E-mail，或者域名服务器设置不当导致不能解析域名等。主机故障的另一种原因可能是主机的安全故障。例如，主机没有控制其上的finger、rpc 及 rlogin 等多余服务，而恶意攻击者可以通过这些多余进程的正常服务或 bug 攻击该主机，甚至得到该主机的超级用户权限等。

另外，还有一些主机的其他故障，例如共享本机硬盘等，将导致恶意攻击者非法利用该主机的资源。发现主机故障是一件困难的事情，特别是恶意攻击导致的故障。一般可以通过监视主机的流量、扫描主机端口和服务来防止可能的漏洞。当发现主机受到攻击之后，应立即分析可能的漏洞，并加以预防，同时通知网络管理人员注意。现在，很多城市都安装了防火墙，如果防火墙的地址权限设置不当，也会造成网络的连接故障。只要在设置防火墙时加以注意，这种故障就能解决。

3. 按照网络故障的表现划分

（1）连通性表现

网络的连通性是故障发生后首先应当考虑的原因。连通性的问题通常涉及网卡、跳线、信息插座、网线、交换机和 Modem 等设备及通信介质。其中任何一个设备的损坏，都会导致网络连接的中断。连通性通常可以采用软件和硬件工具进行测试验证。

排除了由于计算机网络协议配置不当而导致故障的可能后，接下来要做的事情就复杂了。查看网卡和 Hub 的指示灯是否正常，测量网线是否畅通。

如果主机的配置文件和配置选项设置不当，同样会导致网络故障。如服务器的权限设置不当，会导致资源无法共享；计算机网卡配置不当，会导致无法连接网络。当网络内所有的服务都无法实现时，应当检查交换机。如果没有网络协议，则网络内的网络设备和计算机之间就无法通信，所有的硬件只不过是各自为政的单机，不可能实现资源共享。网络协议的配置并非一两句话能说得明白，需要长期的知识积累与总结。

连通性问题一般的可能原因有 3 种。

① 硬件、媒介、电源故障。

② 配置错误。

③ 不正确的相互作用。

（2）性能表现

① 网络拥塞。

② 到目的地不是最佳路由。

③ 供电不足。

④ 路由环路。

⑤ 网络错误。

10.3 网络故障的排除方法

1. 总体原则

故障处理系统化是合理地一步一步找出故障原因并解决的总体原则。它的基本思想是将故障可能的原因所构成的一个大集合缩减（或隔离）成几个小的子集，从而使问题的复杂度降低。

在网络故障的检查与排除中，掌握合理的分析步骤及排查原则是极其重要的，这一方面能够快速地定位网络故障，找到引发相应故障的成因，从而解决问题；另一方面也会让人们在工作中事半功倍、提高效率并降低网络维护的繁杂程度，最大限度地保持网络的不间断运行。

2. 网络故障解决的处理流程

在开始动手排除故障之前，最好先准备一支笔和一个记事本，然后，将故障现象认真仔细地记录下来。在观察和记录时不要忽视细节，很多时候正是一些小的细节使得整个问题变得明朗化。排除大型网络故障如此，排除十几台计算机的小型网络的故障也是如此。图 10.3 所示为网络故障解决的处理流程图。

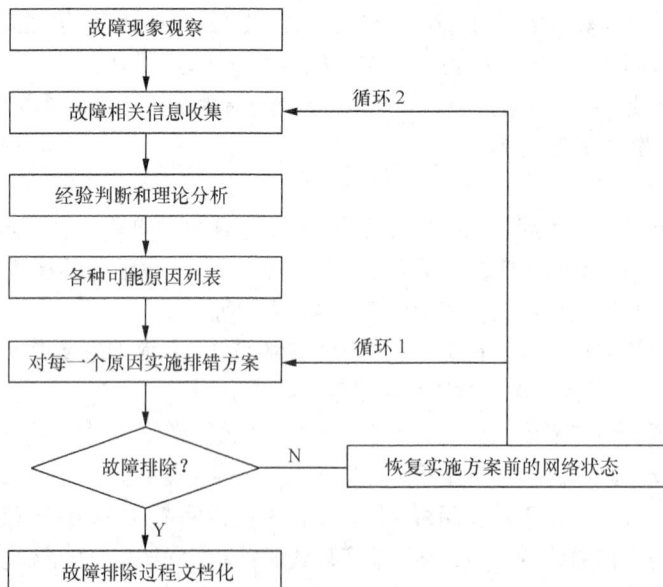

图10.3　网络故障解决的处理流程图

3. 网络故障的确认与定位

确认及识别网络故障是网络维护的基础。在排除故障之前，必须清楚地知道网络上到底出了什么问题，究竟是不能共享资源，还是连接中断等。知道出了什么问题并能够及时确认、定位，是成功排除故障的最重要的步骤。要确认网络故障，首先需要清楚网络系统正常情况下的工作状态，并以此作为参照，才能确认网络故障的现象，否则，对故障进行确认及定位将无从谈起。

（1）识别故障现象

在确认故障之前，应首先清楚如下几个问题：

① 当被记录的故障现象发生时，正在运行什么进程（即用户正对计算机进行什么操作）。

② 这个进程之前是否运行过。

③ 以前这个进程的运行是否正常。

④ 这个进程最后一次成功运行是什么时候。

⑤ 自该进程最后一次成功运行之后，系统做了哪些改变。这包括很多方面，如是否更换了网卡、网线及系统是否新安装了某些新的应用程序等。在弄清楚这些问题的基础上，才能对可能存在的网络故障有个整体的把握，才能对症下药，排除故障。

（2）确认网络故障

在处理由用户报告的问题时，对故障现象的详细描述尤为重要，特别是在目前大部分网络用户缺乏相关知识的应用环境下，事实上，很多用户报告的故障现象甚至不能称为故障。仅凭他们的描述便下最终的结论，很多时候显得很草率。这时就需要网络管理员亲自操作一下刚才出错的程序，并注意出错信息。通过这些具体的信息才能最终确认是否存在相应的网络故障，这在某种程度上也是一个对网络故障现象进行具体化的必要阶段。

① 收集有关故障现象的信息。

② 对问题和故障现象进行详细的描述。

③ 注意细节。

④ 把所有的问题都记录下来。

⑤ 不要匆忙下结论。

（3）分析可能导致错误的原因

作为网络管理员应当全面地考虑问题，分析导致网络故障的各种可能，如网卡硬件故障、网络连接故障、网络设备故障及 TCP / IP 协议不当等，不要着急下结论，可以根据出错的可能性把这些原因按优先级别进行排序，然后一个个排除。

（4）定位网络故障

对所有列出的可能导致错误的原因逐一进行测试。很多人在这方面容易犯的错误是，往往根据一次测试就断定某一区域的网络运行正常或不正常，或者在认为已经确定了的第一个错误上停下来，而忽视其他故障。因为网络故障很多时候并不是由一个因素导致的，往往是多个因素综合作用而造成的，所以单纯地头痛医头脚痛医脚，很可能同一故障再三出现，这样会大大增加网络维护的工作量。

除了测试之外，网络管理员还要注意：千万不要忘记去看一看网卡、交换机、Modem 及路由器面板上的 LED 指示灯。通常情况下，绿灯表示连接正常（Modem 需要几个绿灯和红灯都要亮），红灯表示连接故障，不亮表示无连接或线路不通，长亮表示广播风暴，指示灯有规律地闪烁才是网络正常运行的标志。同时不要忘记记录所有观察及测试的手段和结果。

（5）隔离错误部位

经过测试后，基本上已经知道了故障的部位，对于计算机的故障，可以开始检查该计算机网卡是否安装好、TCP / IP 是否安装并设置正确及 Web 浏览器的连接设置是否得当等一切与已知故障现象有关的内容。需注意的是，在打开机箱时，不要忘记静电对计算机芯片的危害，要用正确的方法拆卸计算机部件。

（6）故障分析

处理完问题后，作为网络管理员，还必须搞清楚故障是如何发生的，是什么原因导致了故障的发生，以后如何避免类似故障的发生，拟定相应的对策，采取必要的措施并制定严格的规章制度。例如，某一故障是由于用户安装了某款垃圾软件造成的，那么就应该相应地通知用户日后对该类软件敬而远之，或者规定不准在局域网内使用。

虽然网络故障的原因千变万化，但总的来讲也就是硬件问题和软件问题，或者更准确地说就是网络连接性的问题、配置文件选项的问题及网络协议的问题。

10.4　网络故障的示例

某大楼包含若干个单位，为了保证每个单位都能独立上网，并且要求它们的上网状态不受其他单位影响，因此通过大楼核心交换机对每个单位设置了不同的虚拟工作子网。由于各家单位分布在不同的楼层，每个楼层分布的单位数也不完全相同，有的楼层有两三家单位，有的楼层多达五六家单位，不同楼层的单位工作子网全部通过对应楼层的交换机，连接到大楼局域网中，并通过大楼网络中的硬件防火墙访问 Internet 网络。

1. 网络故障出现

某天早上，大楼网络管理员在扫描诊断局域网核心交换机各个交换端口的工作状态时，发现其中某个交换端口处于 down 状态。查看网络管理档案，找到连接该端口的是四楼某二层交换机，远程登录该楼层交换机时，发现迟迟无法登录成功，使用 ping 命令测试该交换机的 IP 地址时，返回的结果为"Request time out"。根据上述故障现象，管理员推测可能是楼层交换机工作状态出现了意外，于是到该故障交换机现场，切断该设备电源，过一段时间后再次接通电源，进行重新启动，管理员又使用了 ping 命令测试该交换机的 IP 地址，此时返回的结果已经正常，而且远程登录操作也能够顺利进行。然而，半个小时之后，该故障交换机再次出现了相同的故障现象，并且进行 ping 命令测试时，又返回了不正常的测试结果；后来管理员又经过反复启动测试，发现故障交换机始终无法正常 ping 通。

2. 排查网络故障

既然经过反复重启不能解决问题，管理员推测引起该故障的原因可能比较复杂。基于这类故障现象在网络管理过程中经常会出现，于是管理员按照下面的思路进行了深入排查。

（1）网络设备故障排查。考虑到整个大楼网络中，只有四楼的某个楼层交换机出现这种现象，管理员初步判断可能是该楼层交换机自身问题引起的，为能尽快找出故障原因，管理员使用一台工作状态正常的交换机来替换故障交换机，观察故障现象是否仍然存在；同时，将那台被怀疑可能存在问题的交换机连接到一个独立的网络工作环境，经过半个小时的测试和观察，发现那台被连接到独立网络环境的故障交换机工作状态是正常的，而且在该网络环境下可以 ping 通它的 IP地址，而那台新替换的交换机连接到大楼网络后，却不能正常 ping 通了。依照这些现象，管理员认为可能不是四楼交换机自身故障。

（2）网络故障范围排查。在排除了交换机自身故障后，管理员对整个大楼网络的组网结构和网络状态重新进行了回顾。由于大楼中其他楼层的用户都能正常上网，唯独四楼的一部分用户不能上网；查阅四楼的组网资料，管理员发现四楼分布了五家单位，布置了两台楼层交换机，通过级联方式连接在一起，同时在这两台交换机中划分了五个虚拟工作子网，保证了每家单位都能独立地工作于自己的虚拟工作子网中。既然核心交换机上的对应端口已经被 down 掉，应当在四楼的所有单位都不能上网，为什么现在只有一部分用户上报故障现象呢？管理员进一步联系其他几家没有报修网络故障的单位，也陆续出现了网络访问不正常现象，因此整个四楼的所有单位都是不能正常上网的，那么引起该故障的原因应该在这几家单位的虚拟工作子网中。

（3）网络故障原因排查。将故障排查范围定位于四楼五家单位后，管理员认为既然重新启动四楼某个交换机就能够暂时地将网络故障恢复，只是在其工作半个小时后，才会再次出现相同的网络故障现象；根据这种特殊的现象，管理员推测可能出现了网络广播风暴，造成交换机在一定时间内发生了堵塞现象，最终堵死了核心交换机的对应交换端口。为了便于分析网络故障产生的因素，管理员利用专业网络监听工具对四楼交换机的级联端口进行了网络传输数据包分析，结果发现无论是输入数据包流量，还是输出数据包流量，都非常地大，几乎超过了正常数值的 100 倍左右，可以判断四楼网络出现了网络堵塞现象是网络故障的主要原因。

管理员为进一步判断造成网络堵塞的原因，确定究竟是网络病毒引起的，还是网络环路引起的，再观察故障交换机级联端口的状态信息变化，特别是输出广播包的变化。如果输出广播包每秒钟都在不停增大，基本上能确定四楼网络存在环路现象，因此管理员使用 Console 控制线直接连接到故障交换机上，以系统管理员身份登录进入该系统后台，同时使用 display 命令查看该交换机级联端口输出广播包的变化，且每隔一秒钟查看一次，比较每次查看结果，经过反复测试，发现故障交换机输出广播包大小在不断地增大，说明在四楼的五家单位中一定存在网络环路现象。

（4）网络故障位置排查。管理员分析网络环路现象成因，排查网络设备的连接情况。先查看四楼两台交换机，确定它们之间的物理连接是正常的；再查看两台交换机各个交换端口与各个房间的上网插口直接相连，也是正常连接，只要各个房间不随意使用交换机进行级联，应该不会出现网络环路现象。因此四楼网络环路现象极有可能是因为有办公室在使用交换机进行扩展上网，于是对各个办公房间进行检查，结果有多个房间使用了下级交换机进行扩展上网；管理员依次在端口视图模式状态下，ping 故障交换机 IP 地址，结果在第六个交换端口无法正常 ping 通，再用 display 命令查看该交换端口的状态信息，发现该交换端口的输入、输出数据包大小明显不正常，于是管理员估计该交换端口一定是造成故障交换机工作状态不正常的原因。根据交换端口号，确定对应的那个上网房间，发现该房间中仅有的两个上网端口都连接了小集线器，而这两台集线器下面都连接有几台计算机，并且还有一条网络线将它们直接连接在一起，这两个集线器间就形成一个网络环路，该环路造成的广播风暴最终堵塞了故障交换机的级联端口，从而导致整个四楼网络都不能正常上网。

3．解决网络故障

根据网络故障排查结果，将该多余网络线缆拔除之后，管理员重新查看该交换端口状态信息，结果输入、输出数据包大小都恢复了正常，再次查看核心交换机上对应的交换端口状态时，状态"down"已经变成了"up"，而且此时也能正常 ping 通四楼的故障交换机了，这说明网络故障果然是由四楼某个房间用户非正常扩展使用交换机或集线器引起的，也是用户随意插拔网线造成网络环路所引起的。

4．网络故障总结

通过对上述网络故障的深入排查，可以看出，在管理维护网络过程中，必须要对整个网络的组网结构有一个全面、清晰的了解，同时要仔细考虑交换端口的上网配置。当遇到网络故障时，一定结合故障现象，按照网络故障排查方法，分析网络故障的可能成因，逐步缩小故障排查范围，同时借助专业网络测试工具测试数据包流量大小的变化，准确定位故障节点，从而快速有效地解决网络故障。

本章小结

计算机网络技术发展迅速，网络故障也十分复杂，本节概括介绍了常见的网络故障及其排查方法。针对具体的诊断技术，总体来说是遵循先软后硬的原则，但是具体情况要具体分析，这些经验就需要长期积累。对于网络管理人员，在网络维护中的还需要注意以下几个方面。

第一，建立完整的组网文档，以供维护时查询。如系统需求分析报告、网络设计总体思路和方案、网路拓扑结构的规划、网络设备和网线的选择、网络的布线、网络的 IP 分配、网络设备分布等。

第二，做好网络维护日志的良好习惯，尤其是有一些发生概率低但危害大的故障和一些概率高的故障，对每台机器都要做完备的维护文档，以有利于以后故障的排查。这也是一种经验的积累。

第三，提高网络安全防范意识，提高口令的可靠性，并为主机加装最新的操作系统的补丁程序和防火墙、防黑客程序等来防止可能出现的漏洞。

习 题

1. 选择题

（1）在一个原先运行良好的网络中，有一台路由器突然不通。有一个以太网口状态灯不亮，最有可能的情况是（　　）。

　A. 端口已坏　　　　　　B. 协议不正确　　　　　C. 有病毒　　　　　D. 都正确

（2）当用户解决了一个网络问题时，（　　）会知道问题是否已经解决。

　A. 问一下用户故障的表现是否仍然存在

　B. 运行原先确定问题的性质时使用的测试程序

　C. 使用 ping 命令查询远程站点

　D. 显示 run 命令的结果

（3）当用户进行了修改，但是网络仍然不能工作时，用户应该执行故障诊断过程中的（　　）步骤。

　A. 设计一个操作计划

　B. 对结果进行评估

　C. 重复执行原来的操作，直到问题得到解决为止

　D. 对结果进行评估

（4）故障诊断过程中的（　　）步骤需要询问用户，以便了解解决问题所需要的信息。

　A. 定义问题的性质　　　　　　　　　　B. 收集有关的情况，并且对问题进行分析

　C. 确定问题的原因　　　　　　　　　　D. 设计一个操作计划

（5）故障诊断过程中的哪个步骤需要进行测试以便了解所做的修改是否起作用？（　　）

A. 实施操作计划　　　　　　　　　　　B. 对结果进行评估

C. 重复执行操作，直到问题得到解决为止　　D. 将解决方案记入文档

（6）情况收集到之后，应该执行故障诊断过程中的哪个步骤？（　　）

A. 设计一个操作计划　　　　　　　　　　B. 对结果进行评估

C. 确定产生问题的原因　　　　　　　　　D. 确定问题的性质

（7）进行故障诊断时，每次只改变一个变量，下面哪个选项不是这样做的好处？（　　）

A. 只进行一个变量的修改可使撤销修改的工作更加容易进行

B. 这有助于将问题隔离出来

C. 它延长了解决问题所需要的时间

D. 它使你能够排除产生问题的单个原因

2. 简答题

简述网络故障主要的几种检测方法。

11 Chapter

第 11 章
网络技术应用

学习目标
● 了解当前网络最新的技术 FTTH、三网
  融合和物联网技术
● 了解 3 种网络的定义、特点和性能等

网络新技术层出不穷，如光纤通信的 OTN、ASON 技术，无线通信的 4G 技术（TD-LTE、FDD-LTE），下一代 Internet 网络的 IPv6 技术等。当前，应用最广泛、人们最关心的网络新技术还是 FTTH、三网融合和物联网技术。

11.1 光纤到户 FTTH

随着互联网的持续快速发展，网上新业务层出不穷，特别是网络游戏、会议电视、视频点播等业务，人们对网络接入带宽的需求持续增加，人们日益增长的通信需求对通信网络的传输和交换能力提出了新的要求。骨干网传输速率和交换能力的提高和计算机速度的提高使得接入网成为整个通信网中的瓶颈。

要为未来的用户提供各种业务，尤其是高质量的视频业务，现有的接入网技术并不能满足传输带宽的要求。而 FTTH 被广泛认为是一种理想的最终综合接入方案。

FTTH 以巨大宽带支持现在和未来的所有业务，包括传统的电信业务、传统的数据业务和传统的电视业务，以及未来的数字电视、电视点播（VOD）等。FTTH 以巨大的带宽能力，赢得接入宽带网的最终解决方案，成为光纤接入网发展的最终目标。

11.1.1 FTTH 的定义

FTTH（Fiber To The Home，光纤到户）是指光纤直接通达住户（家庭），定义是从电信局端一直到用户家庭全为光纤线路，没有铜线。而这里的用户，即"H"，不仅包括传统意义上的家庭，还包括家庭办公室或小型办公室，而不是只到门口，更不是到大楼（FTTB，Fiber To The Biulding）。

11.1.2 FTTH 主要性能指标

FTTH 是全业务的综合接入解决方案。虽然 FTTH 的主要推动力是将来的宽带视频业务，但 FTTH 必须能够支持现有的各种窄带和宽带业务，以及将来可能出现的新业务。FTTH 系统必须能够提供综合接入，使用户在同一时间能够同时享受多种服务。

FTTH 所应支持的主要业务包括如下。

（1）视频：HDTV，采用 MPEG-2 标准压缩，原始图像的像素从 1080×1920 到 4320×7680，采用杜比数码 5.1 声道解码器系统的多路高保真声音；标准 DTV，采用 MPEG-2 标准压缩，原始图像的像素在 640×720 左右，普通单声道或立体声；各种采用 MPEG-1 和 MPEG-4 以及其他压缩技术的静止图像业务和低分辨率的监控图像业务。

（2）数据：各种码速率的数据业务，速率从每秒几千字节到数十兆。

（3）语音：包括传统 POTS 电话和数字电话业务，多路高保真声音。

（4）多媒体：各种混合的不同质量的数据、语音和图像业务。

11.1.3 FTTH 组成方式

FTTH 系统是一种接入网技术，总体上由 3 个部分组成：网络部分、接入部分和用户部分，如图 11.1 所示。网络部分的主要功能是提供到各种网络（PSTN、IP 网）的接口和对各种业务的汇聚与分解。

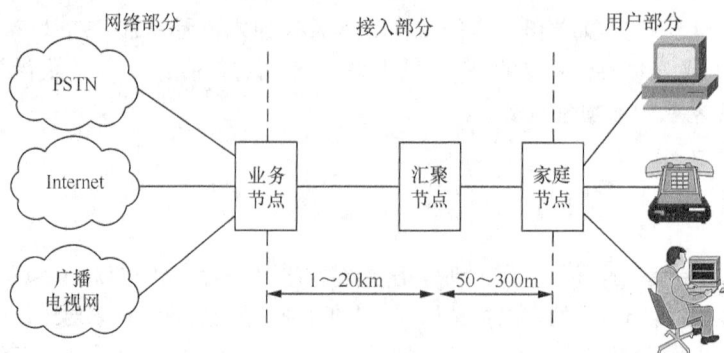

图11.1　FTTH系统的结构组成

接入部分由汇聚节点和传输线路组成。汇聚节点的作用是一方面将通过线路将来自不同的家庭的业务信号汇聚在一起，以便在综合的接入系统中传输，另一方面将来自各种网络的多用户多业务信号进行必要的分路或分解，以便向各个家庭传送。

家庭节点是对一个用户的多种业务进行汇合和分解，提供到各种不同家庭终端的接口。在通常情况下，从业务节点到汇聚节点的距离在 1～20km 之间，从汇聚节点到家庭的距离在 50～300m 之间。如果家庭到业务节点之间距离很近的情况，如 1km，则汇聚节点可以移到网络端与业务节点合并。这样，整个系统就是一个纯粹的点到点系统，不同用户之间以光纤从物理上区分开。图 11.1 的系统，业务节点又称为光线路终端（OLT），家庭节点又称为 ONU 或光网络终端（ONT）。

FTTH 系统能够很好兼容现有 PSTN 网络和 NGN 网络，可以实现在一根光纤上传送普通电话、宽带数据、模拟电视等业务，真正实现了光纤入户、三网融合。FTTH 系统在小区、大楼的工程应用。

FTTH 进入千家万户，对改善人民生活质量，满足社会需求具有重大意义。实现 FTTH 的网上购物、支付、医疗、教育等各项业务，带来巨大的经济效益和社会效益，以及能源节省、环境保护的效果。

11.2　物联网 IoT

物联网 IoT（The Internet of Things）的概念是在 1999 年提出的，比尔·盖茨在华盛顿湖畔的智能化豪宅，联想、长虹等国内厂商推出的闪联标准，国内外运营商推出的手机支付、路灯监控等 M2M 应用都是物联网的雏形。

物联网的概念最早是从 RFID（射频识别）技术这个领域来的，1999 年专门做 RFID 的 EPCglobal 前身——麻省理工 Auto-ID 中心提出。它当时指每一个物品上都贴一个电子标签，这样通过后台信息系统构成一个借助于 Internet、所有物品都能互相联系起来的一个物联网。但是这个概念当年并没有太多人关注，真正受到关注是从 2005 年 ITU（国际电信联盟）重新定义了物联网的概念开始。它主要是从信息和通信的角度去考虑，集中在 3 个"Any"（anytime、anyplace、anyone）去获取信息。2005 年 11 月，在突尼斯举行的信息社会世界峰会（WSIS）上，ITU 发布了《ITU 互联网报告 2005：物联网》，报告指出，无所不在的"物联网"通信时代即将来临，世界上所有的物体从轮胎到牙刷、从房屋到纸巾都可以通过因特网主动进行交换。射频识别技术（RFID）、传感器技术、纳米技术、智能嵌入技术将得到更加广泛的应用。

11.2.1 物联网的概念

所谓物联网（Internet of Things），指的是将各种信息传感设备，如射频识别（RFID）装置、传感器节点、GPS、激光扫描器、嵌入式通信模块、摄像头等组成的传感网络，传感网络将所获取的物理世界的各种信息经由通信网络传输，到达集中化的信息处理与应用平台，为用户提供智能化的解决方案，以实现智能化识别、定位、跟踪、监控和管理的一种网络。物联网就是"物物相连的互联网"。这有两层意思：第一，物联网的核心和基础仍然是互联网，是在互联网基础上的延伸和扩展的网络；第二，其用户端延伸和扩展到了任何物品与物品之间，进行信息交换和通信。

物联网实现了人类社会与物理系统的整合，增强了社会生产生活中信息互通性和决策智能化，提高了全社会的智能化和自动化水平。

物联网和目前的互联网有着本质的区别。人们如果想在互联网上了解一个物品，必须要通过人去收集这个物品的相关信息，然后放置到互联网上供人们浏览，人在其中要做很多的信息收集工作，且难以动态了解其变化，互联网主要是人与人沟通的虚拟平台。而物联网则不需要，它是物体自己"说话"，通过在物体上植入各种微型感应芯片、借助无线通信网络与现在的互联网相互连接，让其"开口说话"。可以说，互联网是连接的虚拟世界，物联网则是连接物理的、真实的世界，而物物相连的规模将大大超过人与人、人与物互联的互联网规模。图 11.2 所示是物联网 IOT 的基本理论模型。

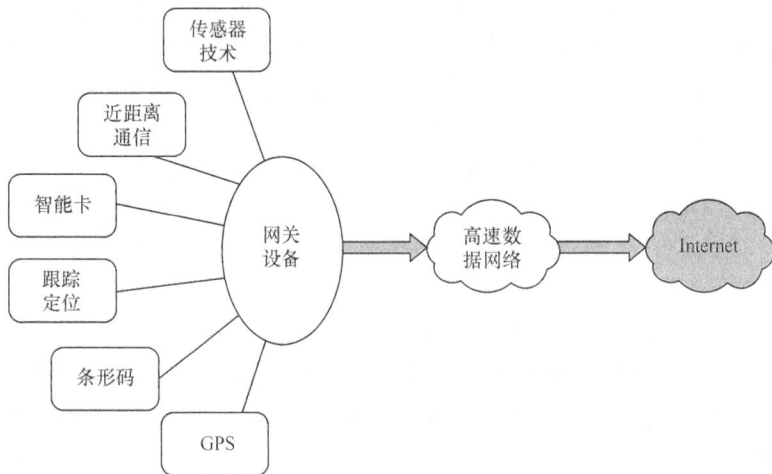

图11.2 物联网IoT基本理论模型

11.2.2 物联网的三个重要特征

（1）全面感知：利用 RFID、传感器、二维码，以及其他各种的感知设备随时随地采集各种动态对象，全面感知世界。

（2）可靠的传送：利用以太网、无线网、移动网将感知的信息进行实时的传送。

（3）智能控制：利用云计算、模糊识别等各种智能计算技术，对海量的数据和信息进行分析和处理，对物体实施智能化的控制，真正达到了人与物的沟通。

11.2.3 物联网的核心技术

物联网核心技术包括射频识别（RFID）装置、无线传感网络（WSN）、红外感应器、全球定位系统、Internet 与移动网络、网络服务、行业应用软件。在这些技术当中，又以底层嵌入式设备芯片开发最为关键，引领整个行业的上游发展，以下着重介绍 RFID 技术和 WSN 技术。

1. RFID 技术

RFID 作为物联网中最为重要的核心技术，对物联网的发展起着至为重要的作用。RFID 目前仍然面临着诸多问题有待解决。RFID 存在诸多国际标准，如影响力最大的 EPCglobal 标准，支持各频段的 ISO/IEC 标准，以及日本制造商 SONY、NEC 等支持的 UID 标准。各国际标准间互不兼容，导致 RFID 应用难以大范围内推广。目前，欧盟下的 GRIFS 项目致力于各 RFID 标准开发机构间相互合作。RFID 的标签成本仍然过高和中国自主制定的 RFID 标准推广问题都成为制约物联网问题的瓶颈之一。除此之外，目前 RFID 应用大多集中于闭环市场，如集中于医疗、军工等，到普及的开环市场还有一段时间。

RFID 射频识别是一种非接触式的自动识别技术，它通过射频信号自动识别目标对象并获取相关数据，识别工作无须人工干预，可工作于各种恶劣环境。RFID 可识别高速运动物体并可同时识别多个标签，操作快捷方便。

2. WSN 技术

WSM（无线传感器网络）就是由部署在监测区域内大量的廉价微型传感器节点组成，通过无线通信方式形成的一个多跳自组织网络。传感器网络将能扩展人们与现实世界进行远程交互的能力。无线传感器网络是一种全新的信息获取平台，能够实时监测和采集网络分布区域内的各种检测对象的信息，并将这些信息发送到网关节点，以实现复杂的指定范围内目标检测与跟踪，具有快速展开、抗毁性强等特点，有着广阔的应用前景。美国商业周刊和 MIT 技术评论在预测未来技术发展的报告中，分别将无线传感器网络列为 21 世纪最有影响的 21 项技术和改变世界的十大技术之一。

WSN 网络通常分为物理层、MAC 层、网络层、传输层，应用层。物理层定义 WSN 中的 Sink、Node 间的通信物理参数，使用哪个频段，使用何种信号调制解调方式等。MAC 层定义各节点的初始化，通过收发信号指示（Beacon）、请求（Request）、交互（Associate）等消息完成自身网络定义，同时定义 MAC 帧的调试策略，避免多个收发节点间的通信冲突。在网络层，完成逻辑路由信息采集，使收发网络包裹能够按照不同策略到使用最优化路径到达目标节点。传输层提供包裹传输的可靠性，为应用层提供入口。应用层最终将收集后的节点信息整合处理，满足不同应用程序的计算需要。

11.2.4 物联网发展面临的主要问题

1. 技术标准问题

标准化无疑是影响物联网普及的重要因素。目前 RFID、WSN 等技术领域还没有一套完整的国际标准，各厂家的设备往往不能实现互操作。

2. 安全与隐私问题

个人隐私与数据安全因素的考虑会影响物联网的设计，避免个人数据遭遇窃听及破坏的威胁。除此之外，专家称物联网的发展会改变人们对于隐私的理解，在当前流行的网络社区里，个人隐私是公众热议的话题。

3．协议问题

物联网是互联网的延伸，物联网在核心层面是基于 TCP/IP，但在接入层面，协议类别五花八门，GPRS/CDMA、短信、传感器、有线等多种通道，物联网需要一个统一的协议栈。

4．IP 地址问题

每个物品都需要在物联网中被寻址，这就需要一个地址。物联网需要更多的 IP 地址，IPv4资源即将耗尽，那就需要 IPv6 来支撑。IPv4 向 IPv6 过渡是一个漫长的过程，因此物联网一旦使用 IPv6 地址，就必然会存在与 IPv4 的兼容性问题。

5．终端问题

物联网终端除具有本身功能外，还拥有传感器和网络接入等功能，且不同行业需求千差万别，如何满足终端产品的多样化需求，对运营商来说是一大挑战。

11.2.5　物联网技术的应用

1．智能家居

智能家居产品融合自动化控制系统、计算机网络系统和网络通信技术于一体，将各种家庭设备（如音视频设备、照明系统、窗帘控制、空调控制、安防系统、数字影院系统、网络家电等）通过智能家庭网络联网实现自动化，如通过中国电信的宽带、固话和 4G 无线网络，可以实现对家庭设备的远程操控。

与普通家居相比，智能家居不仅提供舒适宜人且高品位的家庭生活空间，实现更智能的家庭安防系统，还将家居环境由原来的被动静止结构转变为具有能动智慧的工具，提供全方位的信息交互功能。

2．智能医疗

智能医疗系统借助简易实用的家庭医疗传感设备，对家中病人或老人的生理指标进行自测，并将生成的生理指标数据通过固定网络或 4G 无线网络传送到护理人或有关医疗单位。

根据客户需求，中国电信还提供相关增值业务，如紧急呼叫救助服务、专家咨询服务、终生健康档案管理服务等。智能医疗系统真正解决了现代社会子女们因工作忙碌无暇照顾家中老人的无奈，可以随时表达孝子情怀。

3．智能城市

智能城市产品包括对城市的数字化管理和城市安全的统一监控。前者利用"数字城市"理论，基于 3S（地理信息系统 GIS、全球定位系统 GPS、遥感系统 RS）等关键技术，深入开发和应用空间信息资源，建设服务于城市规划、城市建设和管理，服务于政府、企业、公众，服务于人口、资源环境、经济社会的可持续发展的信息基础设施和信息系统。

后者基于宽带互联网的实时远程监控、传输、存储、管理的业务，利用无处不达的宽带和 4G 网络，将分散、独立的图像采集点进行联网，实现对城市安全的统一监控、统一存储和统一管理，为城市管理和建设者提供一种全新、直观、视听觉范围延伸的管理工具。

4．智能交通

智能交通系统包括公交行业无线视频监控平台、智能公交站台、电子票务、车管专家和公交手机一卡通 5 种业务。

5．智能物流

智能物流打造了集信息展现、电子商务、物流配载、仓储管理、金融质押、园区安保、海关保税等功能为一体的物流园区综合信息服务平台。

信息服务平台以功能集成、效能综合为主要开发理念，以电子商务、网上交易为主要交易形式，建设了高标准、高品位的综合信息服务平台，并为金融质押、园区安保、海关保税等功能预留了接口，可以为园区客户及管理人员提供一站式综合信息服务。

11.3　三网融合

三网融合是一种广义的、社会化的说法，在现阶段它并不意味着电信网、计算机网和有线电视网三大网络的物理合一，而主要是指高层业务应用的融合。其表现为技术上趋向一致，网络层上可以实现互联互通，形成无缝覆盖，业务层上互相渗透和交叉，应用层上趋向使用统一的 IP 协议，在经营上互相竞争、互相合作，朝着向人类提供多样化、多媒体化、个性化服务的同一目标逐渐交汇在一起，行业管制和政策方面也逐渐趋向统一。

11.3.1　三网融合基本概念

所谓"三网融合"，就是指电信网、广播电视网和计算机通信网的相互渗透、互相兼容、并逐步整合成为全世界统一的信息通信网络，能够提供包括语音、数据、图像等综合多媒体的通信业务。三网融合实现后，人们可以用电视遥控器打电话，在手机上看电视剧，随需选择网络和终端，只要拉一条线、接入一张网，甚至可能完全通过无线接入的方式就能搞通信、电视、上网等各种应用需求，如图 11.3 所示。

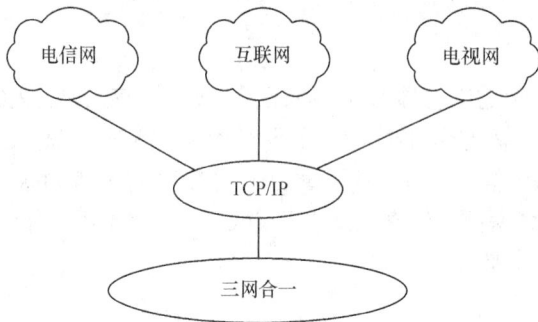

图11.3　三网融合示意图

"三网融合"是为了实现网络资源的共享，避免低水平的重复建设，形成适应性广、容易维护、费用低的高速带宽的多媒体基础平台。

11.3.2　三网各自的特点

1．电信网

目前我国的网络用户数突破 8 亿，宽带网民占网民总数近 2/3。计算机网络具有覆盖面广、管理严密等特点，而且通信运营商经过长时间的发展积累了长期大型网络设计运营经验。计算机网络能传送多种业务，但仍然主要以传送电话业务和数据业务为主，例如固定电话、FTTH 网络、移动电话业务。其网络特点是能在任意两个用户之间实现点对点、双向、实时的连接；通常使用电路交换系统和面向连接的通信协议，通信期间每个用户都独占一条通信信道；用户之间可以实时地交换各种信息数据。其优点是能够保证服务质量，通信的实时性很好。随着数据业务的增长，从传统的 56kbit/s 窄带拨号到 FTTH 方式，FTTH 光纤到家技术提供一种宽带接入方式，它无需很大程度改造现有的电信网络连接，只需在用户端接入 FTTH-Modem，便可提供宽带数据服务和传统语音服务，两种业务互不影响。FTTH 可以提供 50Mbit/s 的速率，10km 左右的有效传输距离，比较符合现阶段一般用户的互联网接入要求。对于没有综合布线的小区来讲，FTTH 是一种经济便捷的接入途径。

2．有线电视网

我国的有线电视起步较晚，但发展迅速，目前我国有线电视用户约 2.23 亿户，拥有世界第一大有线电视网。在我国，有线电视网普及率高，接入带宽最宽，同时掌握着众多的视频资源。但是网络大部分是以单向、树状网络方式连接到终端用户，用户只能在当时被动地选择是否接收此种信息。如果将有线电视网从目前的广播式网络全面改造为双向交互式网络，便可将电视与电信业务集成一体，使有线电视网成为一种新的计算机接入网。有线电视网正摆脱单一的广播业务传输网络而向综合信息网发展。在三网融合的过程中，有线电视网的策略是首先用电缆调制解调器抢占 IP 数据业务，再逐渐争夺语音业务和点播业务。

3．互联网

2018 年，根据中国互联网络信息中心发布了第 42 次《中国互联网络发展状况统计报告》，我国的网民人数达到 8.02 亿人。互联网对社会发展起到了巨大的推动作用。由于互联网的飞速发展，用户对通信信道带宽能力的需求日益增长，需要建立真正的信息高速公路和高速宽带信息网络。互联网的主要特点是采用分组交换方式和面向无连接的通信协议，适用于传送数据业务，但带宽不定。在互联网中，用户之间的连接可以是一点对一点的，也可以是一点对多点的；用户之间的通信在大多数情况下是非实时的，采用的是存储转发方式；通信方式可以是双向交互式的，也可以是单向的。互联网络的结构比较简单，当前我国已经兴建了独立的以 IP 为主要业务对象的新型骨干传送网。

互联网的最大优势在于 TCP/IP 是目前唯一可被三大网共同接受的通信协议，IP 技术更新快、成本低。但是互联网最大的问题是缺乏大型网络与电话业务方面的技术和运营经验；由于其具有开放性的特点，缺乏对全网有效的控制能力，很难实现统一网管；还无法保证提供高质量的实时业务。

11.3.3　三网融合的技术优势

1．数字技术

数字传输取代传统的模拟传输已是信息社会发展的必然方向。数字技术的主要优势有：信号质量好，抗干扰能力强；传输效率高，多功能复用；双向交互性，便于网络化等，得到了广泛应用。数字技术将不同的信号统一为二进制比特流，在信息的前期处理、传输、交换、接收等过程中已经实现了融合，使得语音、数据和图像信号都可以通过二进制比特流在网络间进行传输和交流，而无任何区别。

2．光通信技术

从技术的角度看，光通信技术的发展速度大大出乎人们的预料，经过几年的发展就出现了 10Gbit/s、40Gbit/sDWDM（波分复用），现在又在向全光网前进。利用波分复用技术在单一光纤上传输 320Gbit/s 的系统已得到商用。巨大可持续发展容量的光纤传输网是三网融合传输各类业务的理想平台。光通信的快速发展使得传输成本大幅下降。因而从传输平台来说具备了三网融合的技术条件。

3. TCP/IP

TCP/IP 的普遍使用，使得各种业务都可以以 IP 为基础实现互通。TCP/IP 不仅成为占主导地位的通信协议，而且还为三大网络找到了统一的通信协议，从而在技术上为三网融合奠定了最坚实的联网基础。从接入网，到骨干网，整个网络将实现协议的统一，各种终端最终都能实现透明的连接。

4. 三网融合的好处

（1）信息服务将由单一业务转向文字、话音、数据、图像、视频等多媒体综合业务。

（2）有利于极大地减少基础建设投入，并简化网络管理，降低维护成本。

（3）将使网络从各自独立的专业网络向综合性网络转变，网络性能得以提升，资源利用水平进一步提高。

（4）三网融合是业务的整合，它不仅继承了原有的话音、数据和视频业务，而且通过网络的整合，衍生出了更加丰富的增值业务类型，如图文电视、VOIP、视频邮件和网络游戏等，极大地拓展了业务提供的范围。

（5）三网融合打破了电信运营商和广电运营商在视频传输领域长期的恶性竞争状态，各大运营商将在一口锅里抢饭吃，看电视、上网、打电话资费可能打包下调。

三网融合应用广泛，遍及智能交通、环境保护、政府工作、公共安全、平安家居、智能消防、工业监测、老人护理、个人健康等多个领域。以后的手机可以看电视、上网，电视可以打电话、上网，计算机也可以打电话、看电视。三者之间相互交叉，形成你中有我、我中有你的格局。

本章小结

本章概要介绍了当前网络最新的技术 FTTH、三网融合和物联网技术，了解了 FTTH 的定义、特点和组成方式；明确了物联网技术的定义、特定、核心技术和应用范围；认识到三网融合技术的概念、技术优势和好处。

习　题

1. 填空题

（1）FTTH 系统是一种接入网技术，总体上由三个部分组成：_____、_____和_____。

（2）三网融合中的三网分别为_____、_____和_____。

2. 简答题

（1）简述 FTTH 的定义。

（2）简述物联网的定义。

（3）物联网主要包括哪些技术？

（4）三网融合的好处有哪些？

12 Chapter

第 12 章
组网方案实例
——某大学校园网组网方案

学习目标
- 了解组网方案的编写
- 了解校园网的建设过程

随着计算机网络的发展，校园网已经成为学校实现信息化智能化管理的必然发展趋势，本章以校园网组网为例介绍网络组建过程。

12.1　方案的目的与需求

整个网络必须要能满足以下要求。

（1）稳定：网络必须能保证相对连续、稳定的工作。

（2）安全：整个网络有高的安全性，能够杜绝非法入侵，并且能够方便地监控网络的状态。

（3）灵活：当需求有所变化时，网络能够容易地被拓展。

（4）足够的带宽：能满足多媒体教学和高速访问 Internet 的需要，主干线 1Gbit/s 与 Internet 连接，100Mbit/s 与服务器连接，10/100Mbit/s 与应用终端连接。

（5）易于管理和维护：无线网络一旦投入使用，希望尽可能简化网络的管理和维护工作。

（6）在教学楼中部分地区实现无线上网。

12.2　组网方案

下面从功能需求分析、系统设计、系统实施等方面描述校园网组网方案。

12.2.1　需求分析

1．现状概述

学校所有的建筑物都已接入整个校园局域网，学校下设五个系院分别为信息与智能工程系、机电工程系、信息工程系、经济管理系和软件学院，信息节点的分布比较分散。将涉及图书馆、实验楼、教学楼、宿舍楼和办公楼等。网络的管理由网络中心统一管理，服务器位于网络中心，位置设在教学楼，其中图书馆、实验楼和教学楼为信息点密集区；老师和学生宿舍为网络利用率较高的区域。

2．需求分析

千兆专线接入 Internet，开通 WWW、FTP、E-mail、图书服务器和课程资源服务器 5 种服务。对外开通学校网站、FTP 服务器以及远程教育视频点播多媒体教学系统，对内开通课程资源服务器供教师使用，E-mail 服务器供全校师生使用，教师可使用校园网访问 Internet，同时提供 PPP 拨号服务，使得学生和部分零散用户可以通过电话拨号接入网络，同时针对笔记本电脑在有线网络的基础上构建无线校园网络。

12.2.2　系统设计

1．设计要求

校园网必须是一个集计算机网络技术、多项信息管理、办公自动化和信息发布等功能于一体的综合信息平台，并能够有效地促进现有的管理体制和管理方法，提高学校办公质量和效率，以促进学校整体教学水平的提高。

因此设计方案应遵循先进性、实用性、开放性和标准化的原则，在保证先进性的前提下尽量采用成熟、稳定、标准、实用的技术和产品，并努力使系统具有良好的可管理性、可维护性以及扩展性，同时要考虑投资的安全性及效益。

高校校园内的笔记本电脑的普及率非常高，针对大量的移动终端来讲，灵活的接入网络需求很强烈。通过无线网络利用教育科研信息网和互联网上的各种信息，可以实现资源共享，同时能为移动终端提供高效率的连接方式。

2. 技术选择

目前在规划校园一级的有线主干网络建设中，主要选用的技术如下。

（1）FDDI（光纤分布数据接口）。

（2）ATM（异步传输模式）。

（3）交换式快速以太网及千兆以太网。

光纤分布数据接口（FDDI）是目前成熟的 LAN 技术中传输速率最高的一种。这种传输速率高达 100Mbit/s 的网络技术所依据的标准是 ANSIX3T9.5。该网络具有定时令牌协议的特性，支持多种拓扑结构，传输媒体为光纤。使用光纤作为传输媒体具有多种优点，可防止传输过程中被分接偷听，也杜绝了辐射波的窃听，因而是最安全的传输媒体。FDDI 使用双环架构，两个环上的流量在相反方向上传输。双环由主环和备用环组成。在正常情况下，主环用于数据传输，备用环闲置，使用双环的用意是能够提供较高的可靠性和健壮性，是一种比较成熟的技术，但它也是一种共享介质的技术，随着联网设备的增加，网络效率会很快下降，100Mbit/s 的带宽会被所有用户平均分担，因此它不能满足网络中对于高带宽的需求，因此它不具备先进性。而且 FDDI 采用光纤，成本太高、耗资巨大、管理困难，而且网络扩展性差，为以后的升级带来了困难，所以不采用此方案。

ATM（Asynchronous Transfer Mode）异步传输模式，是一项数据传输技术，通常提供155Mbit/s 的带宽。它适用于局域网和广域网，它具有高速数据传输率，支持许多种类型如声音、数据、传真、实时视频、CD 质量音频和图像的通信，ATM 采用了虚连接技术，将逻辑子网和物理子网分离。类似于电路交换，ATM 首先选择路径，在两个通信实体之间建立虚通路，将路由选择与数据转发分开，使传输中间的控制较为简单，解决了路由选择的瓶颈问题。设立了虚通路和虚通道两级寻址，虚通道是由两节点间复用的一组虚通路组成的，网络的主要管理和交换功能集中在虚通道一级，降低了网管和网控的复杂性。在一条链路上可以建立多个虚通路。在一条通路上传输的数据单元均在相同的物理线路上传输，且保持其先后顺序，因此克服了分组交换中无序接收的缺点，保证了数据的连续性，更适合于多媒体数据的传输。因此对于校园网中的语音和视频点播多媒体系统来说比较适合。但是目前不同厂家的 ATM 产品互联还存在一些问题，而且 ATM 的技术不是很成熟，用于桌面级的应用成本太高，管理困难。从实用性、安全性及经济性等多个方面综合考虑，整体方案不采用 ATM。不过可以考虑部分多媒体方面的应用系统使用 ATM。

交换式快速以太网及千兆以太网是最近几年发展起来的先进的网络技术，随着工作站和服务器处理能力的迅速增强，缺乏足够带宽的应用数目不断增加，局域网络呈爆炸性发展，许多网络管理员正面临着一种对更大带宽和更高工作组效率的急迫需求。对更大带宽的需求是一个普遍的问题，无论该工作组是一个拥有数百个使用电子邮件和办公室日常处理应用的大型发展中的LAN，还是一个需要为电视会议、教学应用和万维网接入提供所需带宽的中等规模的 LAN，或者是一组使用 CAD 和图形应用的用户，甚至是一群分布在很广范围内的和一个或几个中心节点共享数据的远程办公室的集合。千兆以太网是建立在标准的以太网基础之上的一种带宽扩容解决方案。它与标准以太网及快速以太网技术一样，都使用以太网所规定的技术规范，千兆以太网还具备易于购买、易于安装、易于使用、易于管理与维护、易于升级、易于与已有网络以及已有应用进行集成等优点，不过其设备投入也比较大。

12.2.3　系统实施

1．网络规划

整个有线网络采用高速以太交换网体系结构、可扩展的星状拓扑结构、300m 以内的建筑物采用多模光缆布线结构；300m 以外的建筑物采用单模/多模混装光缆的布线结构，保障向千兆以太网技术迁移的可能性，每条光缆有 50％的冗余度。光缆敷设采用地下管道直埋式，主管道保障 50％的冗余度；主建筑物与网络中心之间采用单点对单点的无中继管理模式。

整个网络的接入口采用防火墙+路由器的方式进行过滤，以保证安全；整个网络的中心设备为核心交换机，每个汇聚层交换机都必须接入核心交换机；网管区域拥有整个网络的最高访问权限，在每台交换机上配置 Telnet 访问方式，用以正常的维护，5 台服务器使用交换机连接然后接入核心交换机；教学楼每个楼层都配备楼层主交换机，教室之间的连接采用共享式的连接，主要设备是普通交换机；实验室每层之间配备楼层交换机，各个实验室中有接入交换机，接入交换机汇总到楼层交换机，再接入核心交换机；教室宿舍采用的是校园局域网方式上网，并绑定固定寝室的 IP 地址，寝室楼层配备楼层交换机接入核心交换机；学生寝室划分在整个校园局域网中，但是不使用校园局域网方式上网，采用的是 ADSL 拨号方式上网，每个楼层由楼层交换机接入核心交换机；办公楼是整个办公区域，其中财务室使用单独的网段并配备防火墙，以保证其安全性。

无线网络需求区域分为室外区域和室内区域。室内无线上网区域主要集中在教学楼、实验楼和楼层办公室，在这些区域为了满足信号覆盖和高密度的上网用户，采用了室内型高速无线局域网 AP 产品，产品支持 IEEE 802.12b 协议，同时为了扩展性，要求可提供基于 IEEE 802.12g 协议下的 108Mbit/s 带宽增强技术，可提供给更多的用户以不亚于有线网络的感受访问无线网络；同时，自带的智能全向天线可满足室内的信号覆盖强度。室外的无线部署主要是教学楼、办公楼前广场、马路、绿地网球场、篮球场以及学生宿舍楼前的广场区域。采用了室外无线接入点产品，产品要采用先进的双路独立的 IEEE 802.12b 系统设计，非常适合于室外大范围的无线覆盖和网桥，同时为了扩展性，要求可提供基于 IEEE 802.12g 协议下的 108Mbit/s 带宽增强技术，可满足大量的并发无线用户流畅访问校园网的需求，使无线网络性能提高。考虑到整个网络呈星状拓扑结构，在每层需要进行无线覆盖的区域选择最佳地点放置无线热点 AP，放置时保证无线信号覆盖的范围，力求楼层内布点最少，范围最大覆盖。每层所布置的 AP 通过超五类屏蔽双绞线连接到中心机房的交换机上实现集中管理。考虑到在无线网络主要设备——无线热点 AP 选型上，要保证 AP 能长时间工作；有良好的兼容性，能兼容各种无线适配器，而且最好能支持目前无线传输的主流带宽，更重要的是能保证数据的稳定性和安全性。

2．设备选择

（1）有线网络设备。核心层采用了华三公司的 H3C S7500E 万兆核心交换机作为整个网络的核心连接设备；教学楼、实验室、办公楼和寝室等二级连接区域采用华三公司 H3C S3600 系列以太网交换机作为主接入设备,连接核心交换机;二级区域以下的对带宽要求不高的接入点采用华三公司 H3C S1024 系列以太网交换机连接;外网接入防火墙采用华三公司的 SecPath F5000-S 防火墙,内部对于安全性要求高的敏感区域(如财务室)采用华三公司的 SecPath F1000-S 系列防火墙。

(2)无线网络设备。无线 AP 选择华三公司 WA2610 多功能企业级无线 AP 接入局域网,无线网卡使用各种终端自带网卡。

3. 网络方案拓扑图

(1)整体框架(见图 12.1)

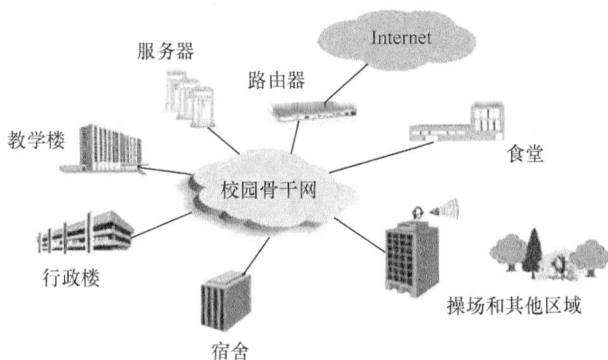

图12.1 整体框架

(2)主干部分拓扑(见图 12.2)

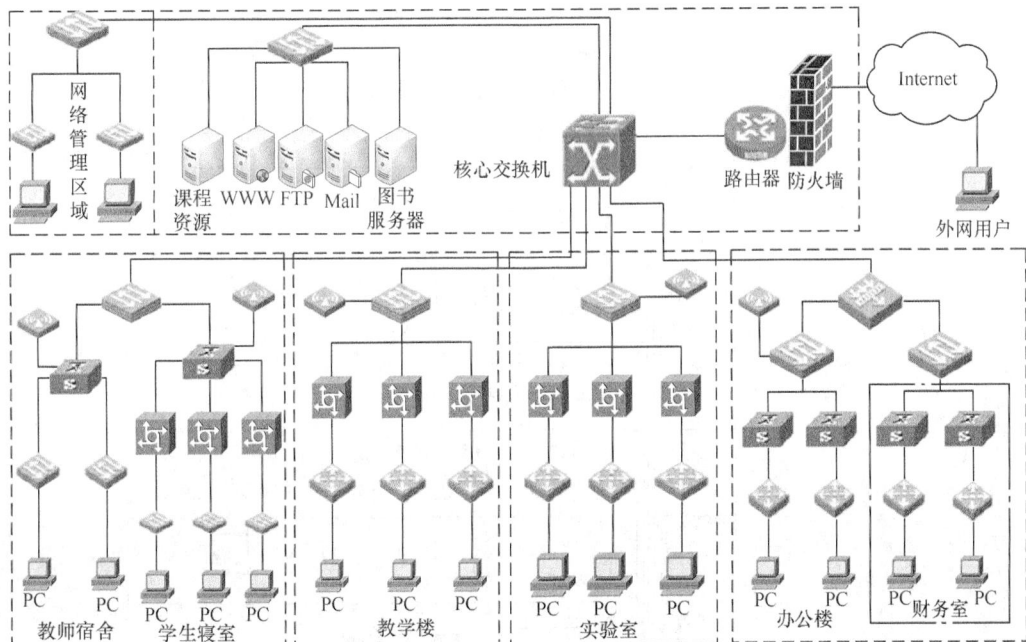

图12.2 主干部分拓扑

(3)无线网络整体结构(见图 12.3)

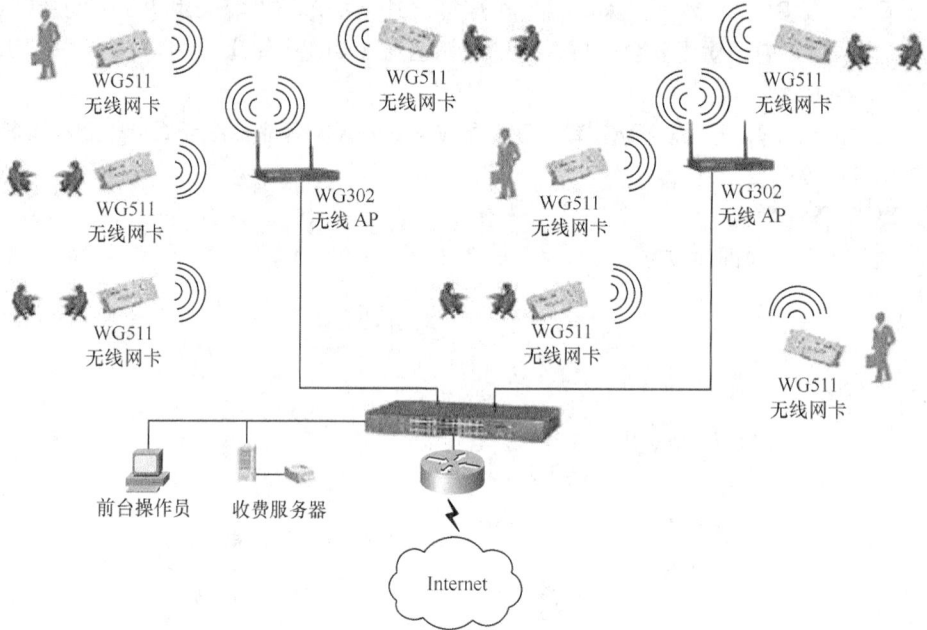

图12.3　无线网络整体结构

（4）无线网络拓扑（见图12.4）

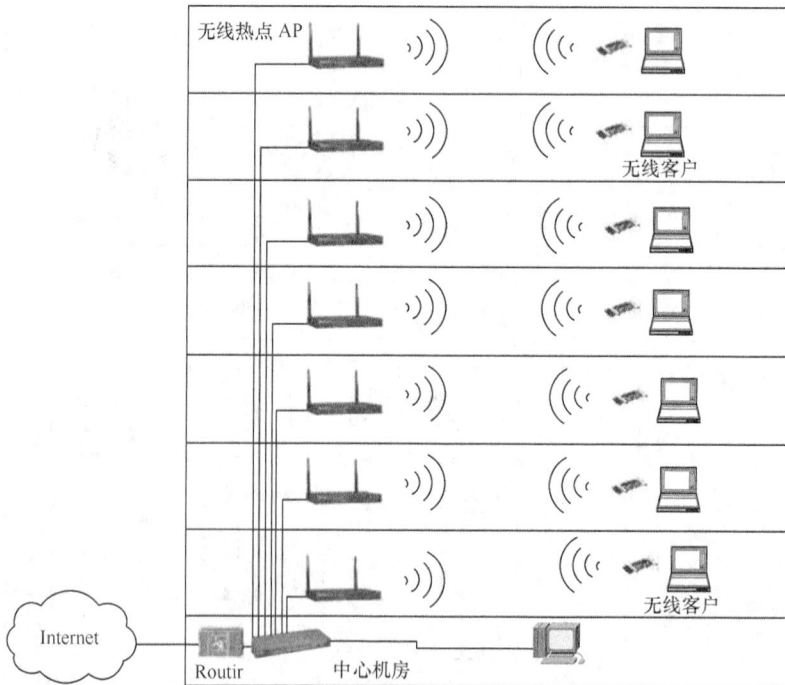

图12.4　无线网络拓扑

12.2.4 组网总结

整个网络有以下特点。

（1）网络的连通性

各计算机终端设备之间良好的连通性是需要满足的基本条件，网络环境就是为需要通信的计算机设备之间提供互通的环境，以实现丰富多彩的网络应用。

（2）网络的可靠性

网络在初始建设时不仅要考虑到如何实现数据传输，还要充分考虑网络的冗余与可靠性，否则运行过程中一旦网络发生故障，系统又不能很快恢复工作时，所带来的后果便是学校的时间损失，影响学校的声誉和形象。

（3）网络的安全性

网络的安全性有非常高的要求。在局域网和广域网中传递的数据都是相当重要的信息，因此一定要保证数据的安全性，防止非法窃听和恶意破坏。

（4）网络的可管理性

良好的网络管理要重视网络管理人力和财力的事先投入，能够控制网络，不仅能够进行定性管理，而且还能够定量分析网络流量，了解网络的健康状况。

（5）网络的扩展性

现行网络建设情况为未来的发展提供了良好的扩展接口，随着学校规模的扩大，网络的扩展和升级是不可避免的问题。

（6）网络的多媒体支持

在设计网络时即考虑到了多媒体的应用，所以网络建设好后对于视频会议、视频点播及 IP 电话等多媒体技术均有良好的支持。

在实际的工程应用方案中还应该有公司简介、工程的背景、技术要求、设备性能说明及工程报价等，根据需要进行增减。

网络工程是一个复杂的工程，在实际方案编写时要仔细考虑各种需求，在硬件更新特别快的今天，要考虑未来的需求，尽可能的设计出容易施工、维护及扩展升级的架构，这样才能够最大限度地保护现有投资。

习 题

简答题

（1）以太网交换器包括哪些结构？

（2）简述 FDDI 标准的体系结构。

（3）千兆位以太网技术的优势是什么？

参考文献

[1] 谢希仁编著. 计算机网络（第 6 版）. 北京: 电子工业出版社，2013 年 5 月.

[2] 张伍荣主编. Windows Server 2008 网络操作系统. 北京: 清华大学出版社，2011 年 6 月.

[3] 孙卫真主编. 计算机网络管理. 北京: 高等教育出版社，2016 年.

[4] 杭州华三通信技术有限公司. 路由交换技术第 1 卷（上册）（H3C 网络学院系列教程）. 北京: 清华大学出版社，2011 年.

[5] 杭州华三通信技术有限公司. 路由交换技术第 1 卷（下册）（H3C 网络学院系列教程）. 北京: 清华大学出版社，2011 年.